鋼　構　造　学

工学博士　伊藤　　學
博士（工学）奥井　義昭
共著

コロナ社

はしがき

鋼構造はコンクリート構造とともに土木・建築構造物の主役である。とくに軟弱地盤と耐震性が問題となるわが国では，材料である鋼材の優れた特性と多様な品種，粘り強い構造特性などを買われて，諸外国と比べ使われる機会が多い。土木工学の分野における鋼構造の代表的な用途は橋梁であるが，そのほかにも水門，管路，容器，鉄塔，海洋構造物など，多種に及んでいる。構造物の種類こそ違え，鋼構造として共通の基本的課題があるのはコンクリート構造などの場合と変わるところはない。また鋼構造を学ぶことによって，アルミニウム合金など他の金属材料でつくられる構造物にもその知識を応用することができよう。

本書の出自は1985年初版が誕生した，筆者伊藤の単著に成るコロナ社の土木系大学講義シリーズの中の「鋼構造学」である。その後，技術の進歩，変遷に伴って改訂，増補を重ね，多くの大学で教科書として採用していただき，また実務に携わる多くの技術者の方々の座右にも置いていただき，幸い30年を超えるロングセラーを続けてきた。

薄肉構造物としての鋼構造の基本的な理論背景には変わるところはないが，その材料，接合技術，そして設計方法などは時代とともに改革がなされてきた。とくにこの度，道路橋設計規準において性能規定型の技術基準に基づく限界状態設計法，照査式としては国際標準的な形での部分安全係数法（荷重・抵抗係数法）への移行に伴う大改訂が行われた。そこで，この機会に本書も新たな姿での再出発を図ることとした。幸い，橋梁設計技術者としての経歴を経て大学での教育研究者となられ，一時筆者の同僚でもあった奥井義昭教授に共著者として加わっていただき，それを実現することができた次第である。

引き続き本書を，大学教育の教科書としてのみならず，大学院生，実務技術者諸氏の参考書として利用していただければ幸いである。

2020年4月

伊　藤　　學

—— S I と重力単位系 ——

土木技術の分野でも，在来の重力単位系から国際単位系（Système International d'Unitites：以下略称SIで呼ぶ）への移行が全面的に行われることになった。したがって，本書では原則としてこれに準拠した単位系を用いている。ただ，在来の文献・資料では重力単位系によっており，今後も一部には重力単位系が用いられることもあるとみられるので，以下両単位系の関係について若干の説明をしておく。

単位系は，基本量およびそれに対する基本単位の選び方で決まる。SIと重力単位系の大きな違いは，前者は基本量として質量をとり，単位として〔kg〕を，後者は基本量として単位質量に働く重力の多きさを〔kgf〕を用いていることである[1)]。これらの単位系の関係について考えてみると

単位質量に働く重力の大きさ　　$1〔\mathrm{kgf}〕= 1〔\mathrm{kg}〕\times 9.8〔\mathrm{m/s^2}〕$

（工学単位系の基本量）　　$= 9.8〔\mathrm{kg{\cdot}m/s^2}〕$

$= 9.8〔\mathrm{N}〕$

ここで〔N〕：ニュートンというSI固有の名称をもつ単位

すなわち，SIで9.8〔N〕で表される力を，重力単位系では基本単位〔kgf〕を用いて1〔kgf〕と表している。したがって，この関係からそれぞれの単位系相互の換算ができる。また，SIにはニュートンのほかに圧力あるいは応力度などに用いるパスカル〔Pa〕など固有の名称をもつ単位がある。すなわち，力と圧力（応力度）の関連単位の換算表はつぎのようである。

（1）力

N	kgf
1	$1.019\,72\times 10^{-1}$
9.806 65	1

（2）圧力，応力度

Pa	$\mathrm{kgf/cm^2}$
1	$1.019\,7\times 10^{-5}$
$9.806\,65\times 10^{4}$	1

$1\,\mathrm{Pa} = 1\,\mathrm{N/m^2} = 1.019\,7\times 10^{-4}\,\mathrm{tf/m^2}$

1)　重力単位系で質量を表すと，（力＝質量×加速度）の関係から〔$\mathrm{kgf{\cdot}s^2/m}$〕となるが，便宜上〔kg〕を用いて1〔$\mathrm{kgf{\cdot}s^2/m}$〕＝1〔kg〕として扱っている。

また，$\times 10^6$ にはM（メガ），$\times 10^9$ にはG（ギガ）を用い，例えば

$$1\,\mathrm{MPa} = 1 \times 10^6\,\mathrm{Pa} = 1\,\mathrm{N/mm^2} = 10.197\,\mathrm{kgf/cm^2}$$

ということになる。設計規準では応力度の単位として$\mathrm{N/mm^2}$を用いているものが多いが，これはMPaと同じである。

目　　次

序　章　鋼構造の変遷と現状

第1章　総　説

第2章　構造材料としての鋼材

第3章　鋼 材 の 接 合

第4章　部材の耐荷性状とその設計

序　　章

鋼構造の変遷と現状

1. 橋にみる鉄鋼構造の歴史

鋼の一族である鉄材まで含めれば，これらの材料が構造要素として用いられたのはかなり古い時代からのようである。例えば，6，7世紀ころにはインダス川上流域に，また中国奥地にも，鉄の鎖を用いた原始的吊橋が存在したと伝えられている。しかし，鉄が構造材料の主役に躍進したのは18世紀後半以降，産業革命の契機ともなった鉄の大量生産が可能になってからである。

1779年につくられたイギリスのコールブルークデール（Coalbrookdale）橋は，アイアンブリッジの名のもとに世界最初の全鉄製の橋としていまも保存されている。支間30.5mの鋳鉄製アーチ橋である。19世紀に入ると，構造材料としてより優れた錬鉄が吊橋のチェーンケーブルに，あるいはアーチや桁構造に使われ，鉄製の橋はイギリスを中心にその数を増し，支間も長大化した。メナ

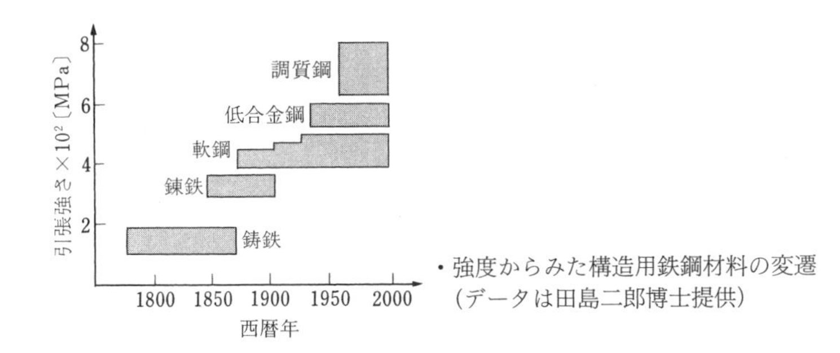

・強度からみた構造用鉄鋼材料の変遷
（データは田島二郎博士提供）

イ海峡につくられた吊橋（支間長 175 m）とブリタニアの箱橋（支間長 140 m）はその代表的なものである。19 世紀前半には船や建築物にも鉄が使われはじめ，1845 年には初の全鉄船グレートブリテン（Great Britain）号が誕生している。さらに 19 世紀後半，ベッセマの転炉製鋼法，ジーメンス・マルチンの平炉製鋼法，トーマスの塩基性炉と，製鋼法の相つぐ発達により，含有炭素を抑え，しなやかで延性に富み，一段と構造材料に適した性質をもつ鋼が大量に供給されるようになった。本格的に鋼を用いた最初の橋はアメリカ，セントルイスのイーズ（Eads）橋（1874 年）で，最大支間 158 m のトラス骨組のアーチが連なる道路・鉄道 2 階橋である。主要部材にはクロム鋼の円管が用いられた。なお，1881 には初の鋼船が建造された。ついで 1883 年，ニューヨークのブルックリン（Brooklyn）橋（支間長 486 m）が完成し，20 世紀にかけてのアメリカの長大吊橋黄金時代の幕を開けた。一方，ヨーロッパでは 1879 年に初の全鋼

・イーズ橋

・ブルックリン橋

製鉄道橋がイギリスのグラスゴーに，1889年にはベッセマ鋼を用いたエッフェル塔がパリに建設された。さらに翌1890年，スコットランドはフォース（Forth）の入江に主径間521mの巨大なカンチレバートラス2連を連ねる鉄道橋が完成した。5万トンを超える鋼材が使用され，最も大きい鋼管部材は直径4mにも及ぶ。このエッフェル塔とフォース鉄道橋はまさに19世紀の記念碑的構造物で，それ以後の鋼構造の発展を示唆するものであった。

・フォース鉄道橋

わが国の鉄構造物の歴史は文明開化とともに始まった。最初の鉄の橋は長崎のくろがね橋（1868年，明治元年）で，以後京浜地区，関西地区を中心に鋳鉄，錬鉄の橋がつぎつぎに架けられたが，当初は材料はもちろん，関西では橋桁そのものもヨーロッパからの輸入であった。なお，わが国で最初の鉄骨建築が完成をみたのは1886年である。橋に初めて鋼を使用したのは1888年，天竜川の鉄道橋で，この点では欧米にそう大きな遅れをとってはいない。

初期の構造用鋼材は高炭素鋼であったが，20世紀に入り，ニッケル，マンガン，クロムなどを混入した低合金鋼がつぎつぎと開発され，実用に供されるようになった。現在でもトラス橋としては世界最長支間のカナダのケベック（Quebec）橋（支間長549mのカンチレバートラス）には，部分的にニッケル鋼が初めて使用された。この橋は架設中の圧縮材の座屈と吊桁のつり上げ失敗による二度の大事故を克服して1917年に完成した。このあと，わが国では，関東大震災の復興事業を契機に，独自の鋼構造技術を生み出した。隅田川にはいまに残る名橋がつぎつぎと完成し，中でも永代（タイドアーチ橋，1926年），清洲（吊橋，1928年）の両橋はその形態といい，技術の内容といい，世界の水

・永代橋

・清洲橋

準を抜きん出たものであった。主要な引張材にはマンガンを含有する高強度のDucol鋼が初めて用いられた。

前述のブルックリン，フォース，ケベックの諸橋を皮切りに，19世紀末から20世紀前半にかけては，北米を中心に鋼橋の支間長は飛躍的な伸長を遂げた。特に，ニューヨーク，マンハッタンの周りにはつぎつぎと長大支間の鋼橋がつくられ，1931年にはついに1kmを超える支間の吊橋，ジョージ・ワシントン（Geoge Washington）橋が完成した。この地域では建築の分野でもいわゆる摩天楼ブームで，奇しくも同じ年に，以後約40年にわたり世界最高を誇ったエンパイヤステートビル（102階，381m）が完成している。また，この年同じニューヨークに，アーチ橋としてやはり半世紀にわたり世界一を保ったベイヨンヌ（Bayonne）橋（支間長504m）が建設された。アメリカ西海岸では，1937年，サンフランシスコのゴールデンゲート（Golden Gate）橋（支間長1280m）が世界記録を更新した。

長い間リベット（びょう）で組み立てられてきた鋼構造にも溶接工法が導入

・ゴールデンゲート橋

されるようになり，1927年世界初の全溶接橋がアメリカで建設され，1930年ころから部分的に試用しはじめていたわが国でも，1935年に至って初の全溶接構造である田端跨線橋（東京）がつくられた。現在ではヨーロッパのほとんどの国のほか中国などでも全溶接が主流である。一方，現場での溶接には慎重なわが国では，工場で溶接し，現場では戦後に開発された高力ボルト接合による組立てを行うことが多いが，美観・維持などの理由から現場溶接もしだいに増えつつある。

第二次大戦後の20世紀後半には，材料，工法，設計計算法など各分野で飛躍的な進歩を遂げた。すなわち，まず鋼材については，熱処理に工夫を加えた調質鋼の開発により，合金元素成分の工夫と相まって高張力鋼が大幅に活用できるようになった。このことは軽量化，ひいては鋼構造の適用範囲の拡大に役立っている。さらに，鋼構造の泣き所であるさびの問題に対処するため耐候性鋼材が開発され，特にアメリカでは広範に使用されている。また，新しい防食方法も工夫され，海中構造物などの発展に寄与した。製作面では溶接工法が大幅に普及し，高力ボルト接合と組んでリベット接合にとって代わった。溶接の採用は構造のむだをなくし，軽量化に資するとともに，設計の自由度を著しく拡大した。この結果，鋼床版をはじめとする立体的かつ合理的な構造物が出現した。現場における架設では，大型機械を駆使した大ブロック架設工法が省力化と工期の短縮を促した。さらに，構造解析理論の進歩とコンピュータの普及により，複雑な構造解析計算も容易に行えるようになった。このことは精度の向上と，複雑な，あるいは新形式の構造物の設計を可能にした。新形式の構造

西暦年		鉄鋼材料・構造の略史	鉄鋼の橋の略史
	鋳鉄	1735　ダービーのコークス高炉	
1750	錬鉄		
			1772　建築に鉄製の梁使用（ロシア）
			1779　世界初の鋳鉄鉄橋（コールブルークデール橋）
		1783　パドル錬鉄	
			1791　世界初の錬鉄を使った橋（ドイツ）
1800			
		木と鉄の船 建築に鋳鉄製床梁	
			1820　錬鉄チェーンの吊橋（イギリス）
			1823　ワイヤーケーブルの吊橋（フランス）
			1832　最初の全錬鉄橋（イギリス）
		1845　初の鉄船（グレートブリテン）	
1850	鋼		1850　プレートガーターの元祖，ブリタニアの箱橋
		1855　ベッセマ製鋼法	1855　ナイヤガラ吊橋（平行線ケーブル）
		1864　マルチン平炉製鋼法	1868　日本初の鉄の橋（長崎くろがね橋）
		1878　トーマス塩基性炉	1874　鋼を使ったアーチ，イーズ橋（アメリカ）
		1881　初の鋼船（セルビア号）	1883　最初の本格的大吊橋，ブルックリン橋
	高炭素鋼	1886　日本最初の鉄骨建築	1888　日本で初めて橋に鋼を使用（東海道線天竜川橋）
		1889　パリのエッフェル塔	1890　フォース鉄道橋，支間 500 m 突破
1900		1901　日本で官営八幡製鉄所操業開始	
			1917　カナダのケベック橋
1920			1926　永代橋（高張力鋼使用）
			1927　世界初の溶接橋
	低合金鋼	1931　エンパイヤステートビル（102 階）	1931　ニューヨークのジョージ・ワシントン橋，支間 1 km を突破
		1936　最大の客船クインエリザベスⅠ世号	1935　全溶接の田畑跨線橋
			1937　ゴールデンゲート橋
1940			1940　旧タコマ橋，風で崩落
		耐候性鋼開発	
		1952　US スチール，80 キロ鋼開発	合成桁，溶接工法普及はじまる ドイツで鋼床板箱桁，斜張橋
1960	調質高張力鋼		
			1966　セバーン橋，新形式の吊橋
		水深 300 m を超える海中石油掘削足場	
			1976　日本で本四架橋はじまる
			1977　ニューリバーゴージ橋，当時世界最長のアーチ，耐候性鋼裸使用
1980			
			1981　ハンバー橋（イギリス）
			1998　世界最長スパンの明石海峡大橋
2000			
			2008　世界最長スパンの斜張橋，蘇通大橋（中国）
2010			2009　世界最長スパンのアーチ橋，朝天門大橋（中国）

としては，コンクリートとの合成構造，鋼床版付き箱桁のような立体構造，斜張橋のような新しい吊構造が，第二次大戦後，橋梁をはじめとする各種構造物に適用されている。20 世紀末にかけて鋼構造物の長大化，高層化はますますめざましく，1998 年にはわが国で，それまでの記録を大幅に超えた世界最大支間の吊橋，明石海峡大橋（中央支間長 1 991 m）が完成した。今世紀に入ってからは中国での発展が顕著で，長支間吊橋，斜張橋が多く建設されている。現在，世界最長の吊橋は依然として明石海峡大橋であるが，斜張橋はロシアのルースキーアイランド（Russky Island）橋（中央支間長 1 104 m）が世界最長である。

鋼材の原材料である鉄鉱石は地球上の天然資源の中でもきわめて豊富に存在し，鋼材自体は 1.2 節で述べる数々の長所をもっている。したがって，今後も鋼構造には大きな発展が期待される。

2.　事 故 の 教 訓

残念ながら工学的構造物においては古来事故は絶えることがなく，土木構造物，そしてその中の鋼構造物も例外ではない。橋を例にとり，おもだったものを拾い上げてみても，初期の錬鉄チェーンの吊橋では設計荷重の見積りも不十分で，かつ材質，設計の欠陥のため，人馬の通行，強風などにより壊れるものが続出した。近代技術の萌芽が育ちはじめた 19 世紀後半にはトラス鉄道橋の 2 件の大事故があった。一つは 1879 年，スコットランドのテイ（Tay）橋が風速 35 m/s の強風のもとでさしかかった列車もろとも海中に崩落した事故，もう一つは，1876 年アメリカのオハイオ州でアシュタブラ（Ashutabula）橋が崩落したのに伴うもので，それぞれ約 80 名の人命が失われた。

今世紀に入ってからは，前述のケベック橋の架設中二度にわたる崩壊，風による不安定振動が原因となったタコマナロウズ（Tacoma Narrows）橋の落橋がある。さらに 1937 年にベルギーで，1962 年にはオーストラリアで，溶接鋼橋が鋼材の欠陥のためきれつを生じ落橋している。

これらの事例にみるように，技術の進歩が皮肉なことに，ときとして新しい

・タコマナロウズ橋の崩落

形の事故を招くことがある。事実，第二次大戦後，鋼構造が高度に発達した1970年ころにも，無理な設計，施工に起因する座屈などによる鋼桁の架設中の事故がヨーロッパ，オーストラリア，そしてわが国でも発生し，その後，北海やニューファウンドランド沖での石油掘削プラットホームの破壊，アメリカでの高速道路橋の落下，船の衝突による橋桁の崩壊などが起こり，その多くは人命を失う事故となった。さらに，1995年1月の阪神・淡路大震災は，それまでにみられなかった多様な被害を鋼構造物にもたらし，大きな衝撃を与えた。

しかし，事故や災害の苦い経験は技術の新たな発達を促す契機となる。テイ橋の事故は風荷重の評価に対する認識を改めさせ，ケベック橋の最初の事故は圧縮材の座屈に対する設計上の対策を進歩させ，タコマナロウズ橋の事故は風による構造物の振動に対する配慮を喚起し，溶接構造の破壊はその後の鋼材および溶接工法の改善につながったのである。ごく最近では，震災の教訓を踏まえたさらなる研究，技術開発が進められつつある。

3. 土木構造物における鋼構造の適用

鋼構造は建築物，船舶，車両，送電鉄塔，工場設備，機械など，ほかの工学分野でも広く使われているが，土木の分野だけをみても，陸上構造物のみならず，地中，水中，海洋と多岐にわたって適用されている。以下にそのおもなものを紹介しておこう。

・1 100 m以上の長大支間でほぼ独占的に使われる吊橋（明石海峡大橋）↑
・アーチ橋（大三島橋）↗
・トラス橋（天門橋）→
・鋼桁橋（河口湖大橋）↘
・都内高架橋の鋼橋脚↓

〔1〕 **橋梁**　橋は空間をまたぐ構造物であるから，その上部構造，すなわち橋桁は支間長が大きくなるにつれて自重による応力の占める割合が急増する。したがって，長支間になると重さのわりに強度の大きい鋼構造は著しく有利となる。橋桁にはほとんどあらゆる種類の構造様式が使い分けられており，しかも車両のような移動荷重，自然界からの風，地震，温度変化の影響など多様な外的作用を受けるので，橋は土木構造物の代表としての扱いを受けてきた。橋桁ばかりでなく，橋脚でも，場所が制限されている場合などには鋼構造が使われる。

〔2〕 **鉄塔**　送配電用，通信用，放送用，広告用，運搬用など種々の施設にみられるが，数のうえでは送電鉄塔が多い。ほとんどが立体トラス構造あるが，外観を工夫したスマートな形のものもつくられるようになった。人跡まれな山，谷を越えて建設される場合が多いので，軽量，単純で，運搬・組立ての容易な構造が望ましい。架渉線を通じての張力，風や雪氷による荷重作用に対して安全でなければならず，維持に手数がかからないようにすることも大切である。

〔3〕 **水門（ゲート）**　防潮，水量調節などに利用される水門は，水流を遮断する扉体，その荷重を受けて支持軀体に伝える支承部と固定部，および扉体を開閉する開閉装置などからなる。ローラーゲート，テンターゲートなどいくつかの形式があるが，一般に扉体は水をせき止める鋼板（スキンプレート）を鋼の骨組で補強したものとなっている。扉体は可動部であるため重くないこと，水密を保つため変形の大きくないこと，水に接するので腐食に留意するこ

・河川の水門扉

と，さらに，一部開いて水を流すような場合に流体による不安定振動を起こさないようにといった設計上の諸問題がある。

〔4〕 **水圧鉄管（ペンストック）**　水力発電所で導水のために敷設される管胴である。主たる荷重は水撃圧を含む内圧で，これにより管壁には円周方向の引張力がもたらされるので高張力鋼が多く用いられる。しかし，埋設形式の場合には，管内水を排除したときの外圧にも留意しなければならない。温度変化に対処する伸縮継手や管路が分かれる分岐管部では複雑な構造を強いられることになり，またときには，水圧鉄管自体が桁あるいはアーチ形式の橋となって谷を渡るというような場合もある。

・水圧鉄管路（日本鋼構造協会提供）

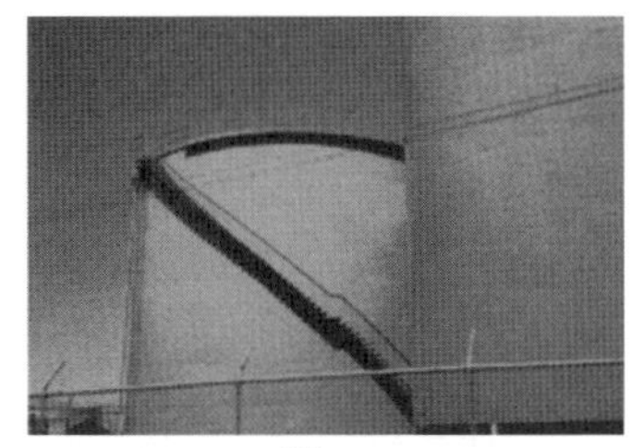

・石油タンク

〔5〕 **貯槽**　内容物が気体，流体，粉体のいずれであるかによって，ガスホールダ（ガスタンク），液体貯蔵タンク，サイロ（貯蔵ビン）の各種がある。一般的にいって，おもに内圧によって生じる引張力に抵抗する薄肉の板構造である。低温ガス容器の場合には，耐圧のほかに脆性（ぜいせい）破壊（2.2.2項参照）に対する注意が必要となり，液体燃料貯蔵タンクの場合には，それらに加えて，不同沈下や地震時の内容物の挙動が問題となる。

〔6〕 **鋼矢板構造**　U形，Z形，H形などの断面をもつ鋼矢板（シートパイル）と呼ばれる鋼材を互いにかみ合わせて，土中や水中に直立壁体を形成し，港湾の岸壁，河川や埋立の護岸，掘削の土留壁，ダムの止水壁，基礎工の洗掘防護壁など広範囲に使われる。鋼矢板の継手をかみ合わせて土や水の流出を防ぎ，その曲げ強度と剛性により安全を保つ。力学的問題のほかに場所柄，腐食の対策が必要である。近年，橋脚の基礎構造などにも鋼矢板を応用した種々の新しい工法が開発されている。

〔7〕 **海洋プラットフォーム**　海洋土木施設には目的別に資源開発用，貯蔵用，輸送・交通用，保全・保安用など各種あるが，海底油田の探査，掘削あるいは海中橋脚工事などに用いられるのが海洋プラットフォームである。大水深の場合には浮遊プラットフォームをケーブルで海底に固定する方式などがあるが，実績の多いのは，流体抵抗の小さい円形断面鋼管部材を組み立てた立体トラスを着底させた構造で，水深300 mを超えるものもある。波浪，潮流による厳しい動的外力を受けるので，特に部材接合部の疲労には細心の配慮が必要である。防食や施工法に苦心を要することはいうまでもない。

土木工学の分野にはこのほかに，鋼製ケーソン基礎，落石・雪崩（なだれ）の防護柵，支保工，シールド，シーバース，沈埋トンネル，パイプラインなどの鋼構造がある。

・阿賀沖の海洋プラットフォーム（日本石油資源開発㈱提供）

第1章 総　　説

1.1　構造物の要件

外的作用（荷重）に耐えて，その使用目的に適するようにつくられた工作物を構造物（structure）という。このような構造物は一般につぎの要求性能を満足するようにつくられなければならない。

〔1〕 **安全性**　使用されている間に構造物はさまざまな力を受ける。例えば自重（死荷重），その構造物が担うことを目的としている物体の重量（活荷重），さらには風圧，温度変化の影響，そして地上あるいは地中に設置された構造物であれば地震の影響，土圧などである。構造物は期待される耐用期間を通じて，これらの外的作用に安全に耐えなければならない。

〔2〕 **使用性**　構造物は意図した目的にかなう機能を有し，使いやすいものでなければならない。それとともに，周辺の社会，人々に迷惑を及ぼすものであってはならないことはいうまでもない。

〔3〕 **耐久性**　構造物は使用に伴う外的作用および自然界からの日照・風・雨・雪などの気象現象による有害な劣化を招いてはならない。力学的作用に耐えることを安全性の要件として，ここでは耐久性の要件を分離して取り上げたが，耐久性は前述の安全性，使用性，さらには，構造物の性能が低下した場合の性能回復のしやすさを示す修復性とも関連している。

〔4〕 **経済性**　公共構造物であると否とを問わず，経済性はつねに要求さ

れる条件である。経済性の判断基準は費用であるが，これには調査，計画，設計段階での費用を含めた建設費（初期費用）のほかに，供用後の維持，管理，補修に要する費用，さらには万一構造物が破壊したときの補償，修復の費用の期待額の総和（ライフサイクルコスト）を考えるべきである。しかし，通常は，当初の段階で見積りが可能な建設費と維持費に基づいて比較されることが多い。

〔5〕 **環境適合性**　社会環境の改善に貢献し，かつ周辺の自然環境を損なうことのないよう留意すべきである。橋梁の場合は多くの人の目にふれる構造物であるから，美観，周囲の景観との調和も重要な条件である。さらに近年は，建設と供用に伴うCO_2排出による環境負荷の軽減が求められる。

1.2 鋼構造の特徴

構造物は主として用いられる材料によって土構造，木構造，石構造，コンクリート構造，鋼構造などに分類される。アルミニウム合金など鋼以外の金属材料も含めて，**鋼構造**（steel structure）は**金属構造**（metal structure）に包括されることもある。コンクリートと鋼のように異種の材料を同じ断面の中で対等に組み合わせて用いた構造物に対しては**合成構造**（composite structure），同じ構造物の中で異種の材料からなる構造要素を混用したものに対しては**複合構造**（hybrid structure）あるいは**混合構造**（mixed structure）といった呼び名がある。しかし，鋼が欠かせない要素であるとはいえ，量的にコンクリートが大部分を占める鉄筋コンクリート（RC）構造やプレストレストコンクリート（PC）構造はコンクリート構造と総称される。

以上，各種の構造の中で土構造は，用途も形態もほかの構造とは大分異なる。木と石は自然界から直接入手しうる材料で，産業革命以前の古い時代には構造材料の双璧であった。しかし，木材は軽量で加工しやすいという利点はあるが，強度と耐久性において劣り，品質にばらつきがあるので，低層建築物や仮設構造物，あるいは景観・環境上の理由から採用される場合を除いては使用範囲が狭まってきており，石材は圧縮に強いが，重く，接合できず，成形しにくいため，これも近代構造物ではほとんど使われなくなった。他方，科学技術の進歩とともに，近年はFRP（繊維強化プラスチック）や強化ガラスといった複合材料の使用も広まりつつある。しかし現時点では，これらは土木・建築構造物に用いるにはきわめて高価であったり，大量に供給することが困難であったり，力学的性質が適合しなかったり，あるいは耐久性に問題があったりで，結局，鋼とコンクリートが現代の構造物の双璧であるといえる。その一つの証左として，**図1.1**にわが国道路橋の材料別比率を示す。

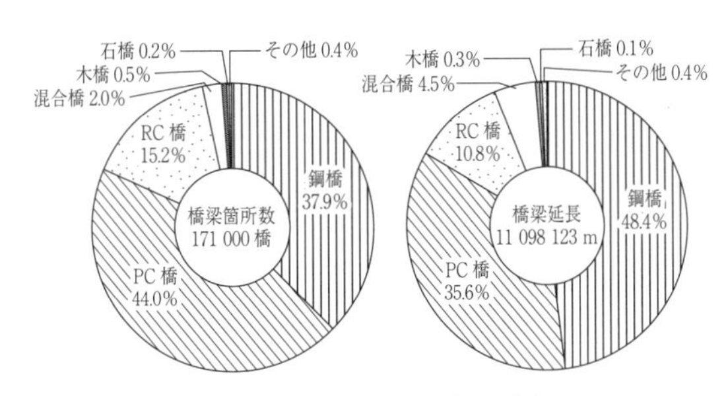

図1.1 わが国道路橋の材料別内訳
（道路統計年報 2018 より）

このような状況を踏まえて，ここで構造材料としての鋼材の特徴を考えてみよう。まず利点を挙げれば

（1） 重量のわりに強度が高い。例えば，構造用鋼材は強さが400～800 MPa，単位重量が77 kN/m^{3}であるのに対し，コンクリートは圧縮強さ30～70 MPa程度，単位重量23 kN/m^{3}であるから，材料強度と重量の比は鋼のほうがかなり高い。強度のわりに軽量であるということは，支間長や高さの大きい構造物，耐震性が設計を支配する構造物，あるいは軟弱地盤上の構造物にとってきわめて有利な条件となる。長支間において多用されていることは図1.1からもうかがえる。

（2） 比較的安価で大量に入手できる。この点ではコンクリートがより有利であろうが，わが国では，ほかの材料に比べれば鋼材は種類が豊富で，大量に，比較的低価格で供給されている（**表1.1**参照）。例えば，航空機の構造材料であるアルミニウム合金は，耐食性や前項の強度・重量比の点では鋼材に勝るが，

表1.1 各種材料の特性価格比較（2010年時点）

材料		重量価格〔円/N〕	比強度価格[1)]〔円/N－10^6 cm〕	比弾性価格[2)]〔円/N－10^8 cm^8〕
金属	鋼 (SS 400)	10	19	4
	アルミニウム合金	66	60	25
	チタン合金	510	222	204
無機	コンクリート	0.5	(圧縮) 4.1	0.7
	炭素せんい	410	25	29
有機	木材(杉)	4	(圧縮) 3.3	2.2
	ポリプロピレン	20	50	30

1) 重量価格（単位重量あたり価格）と比強度（単位重量あたり強度）との比
2) 重量価格（単位重量あたり価格）と比弾性（単位重量あたり弾性係数）との比

高価なことと，弾性係数が低い（鋼材の約1/3）のことのために，一般の構造物への使用は限定されている。

（3） 延性に富む材料である。普通の条件で使われる限り，弾性限界を超え塑性域に入ってから破断するまでの伸びが大きく，このことは構造物全体としての急激な破壊をもたらさないなどの利点に通じる。

（4） 品質の信頼性が高く，しかも均質，等方性の材料である。鋼材は近代的設備の製鉄所で生産され，鋼構造は設備集約型の製品である。したがって，素材，製品ともに，高い信頼性と精度を期待しうる。

（5） 加工が可能で接合も比較的容易である。したがって設計の自由度が大きく施工性がよい。これは工場での作業が主体となりうることを意味し，前述の軽量であることと相まって，運搬，架設（現場での組立て）にも便利で，工期が短いという利点にもつながる。補修が比較的容易なことも大きな特長である。

その反面，鋼材にも構造材料として，つぎのような短所なり問題点がある。

（1） 一般の鋼材は放置すればさびる。鋼構造でも100年以上にわたって使用されているものがあり，決して耐久性に劣るわけではないが，そのためには2.4節で述べるような，なんらかの対策を必要とする。

（2） 薄肉構造であるため，剛性に関連する安全性・使用性の面での障害に留意しなければならない。すなわち，座屈（4.3節参照）や過大な変形，振動といった諸現象に対処することが必要である。

（3）　そのほか，材料の選択，設計・製作の各面でしかるべき注意を払わないと，思わぬ破壊（2.2節参照）を招く場合がある意外とデリケートな材料であること，鉄道橋などでは騒音公害が問題になる場合があること，などが挙げられる。騒音軽減のために鋼板の間に粘弾性樹脂を挟んだ制振鋼板が使われることがある。

ところで，図1.1にみるわが国の橋梁における鋼構造の比率は諸外国に比べて断然高い。このことは建築物においても同様である。その理由は

（1）　わが国の構造物には耐震性が要求され，しかも軟弱地盤上につくられることが多い。

（2）　わが国では良質かつ多様な鋼材が比較的豊富に供給されている。

（3）　鋼構造全般に技術水準が高く，したがって比較的短い工期で信頼性の高い製品をつくれる。

などにある。ともかく，鋼とコンクリートにはそれぞれ構造材料としての得失があり，ある面では競合するが，従来からそれぞれの特色を生かし，短所を補い合って，適材適所に使い分けられてきたのである。

1.3　鋼構造物のライフサイクル

1.3.1　一　　般

鋼構造物が建設され，使用に供されて寿命を全うするまでには，一般に**図1.2**のような過程をたどる。ただし，ここで製作と架設を含めて施工とすれば，このような過程は大筋においてほかの構造物と変わるところはない。以下順を追って，その各段階をみてみよう。

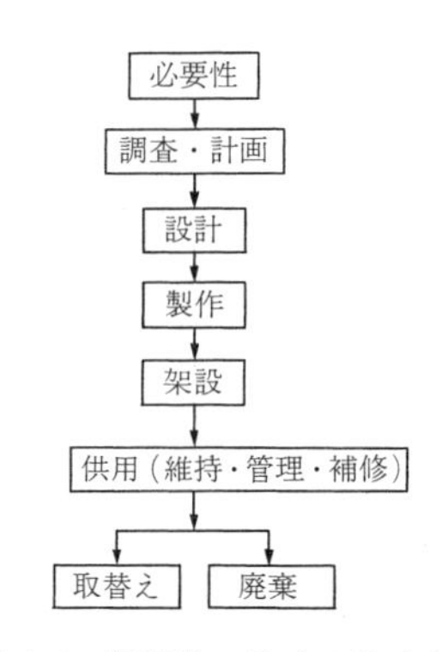

図 1.2　鋼構造のライフサイクル

1.3.2 調　査・計　画

ある目的をもつ構造物が必要となった場合，まず地形，地質，気象などの自然条件および周辺の社会・環境条件を調査し，技術上，経済上の実現の可能性を検討する。その結果可能であるとの見通しが得られたならば，上述の調査結果に基づいて与えられた条件と，構造物に要求される機能，安全性，経済性，施工および維持管理などの諸条件を勘案して，できるだけ多くの考えられる構造形式を比較検討し，そのうちの最適と思われるものを選定する。構造物の基本形態を提示するのがこの段階の作業の目標である。

1.3.3 構　造　設　計

1.1節に述べた多くの性能を満足するように，構造物およびその構成部材の材料，形状，寸法を定めるのが構造設計である。その作業は**図1.3**に示すような過程に従って行われる。その成果は設計図として表現される。設計にあたって，共通した社会の中で同じ目的をもつ同種の構造物が，設計者の裁量によって安全性，使用性および経済性の水準に不均衡を生じることは好ましくない。そのため鋼道路橋，鋼鉄道橋，水門・鉄管，圧力容器など，構造物の種類ごとに，共通した基本事項，例えば規格，設計荷重，安全性・使用性照査の許容値，構造細目の原則などを規定した設計規準[1)]が準備されている。

図1.3の流れ図の中の主要な項目について，以下に要点を述べる。

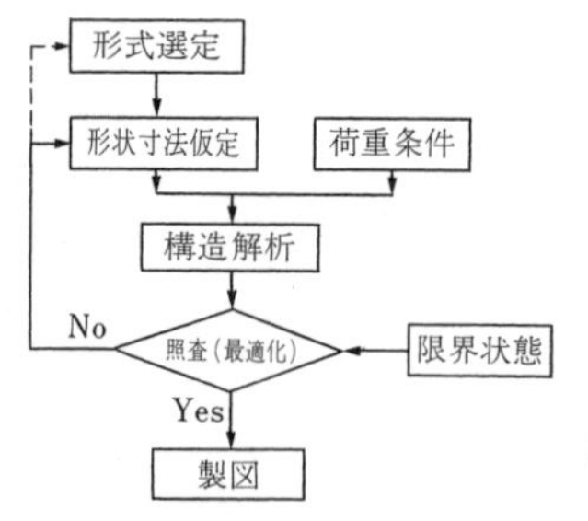

図 1.3　構造設計のプロセス

1）示方書，基準，標準，指針，規則など，呼び方はさまざまである。

〔1〕 **設計荷重** その構造物に期待される寿命の間に作用する外力の最大値と考えられる値を設計荷重とする。期待される寿命については耐用年数，設計寿命，供用期間など，さまざまな呼び名，定義の仕方があるが，必ずしもあらわに年数を規定しないことが結構多い。数年もてばよいというような仮設構造物はさておき，海洋プラットホームで20年くらい，橋梁では，わが国の道路橋は設計供用期間100年を目指しており，大規模橋梁では当然もっと長い寿命を期待している。イギリスの橋梁設計規準では設計寿命を120年と明記している。ともかく，一般に土木構造物はほかの分野の構造物に比べて長い寿命を期待されている。その間にどのような外力が構造物に作用するかを正確に把握することは容易でない。特に強風，地震，洪水など，自然現象に起因する荷重については，既往の観測資料に基づく確率統計解析により，何年に一度というような荷重の推定を行うことが理論的には可能ではあるが，それを超える可能性は決してないとはいえない。一方，これらの荷重については絶対に超えることはないという値は確かに存在はするが，すべての構造物をそのような荷重に対して設計することは全体としてみれば資源の浪費であり，また，ときによっては，実現すれば有用な構造物が設計できないというような場合もありうる。例えば，地震の作用は地震の加速度と構造物の質量に比例する。したがって，設計加速度が大きいほど，構造物の断面を大きくしなければならず，構造物が大きくなればそれだけまた地震による荷重が増すという，いわば，いたちごっことなり，いまの時点で利用しうる材料では遂に設計不可能ということもありうる。

人為的荷重の中にも，道路橋の活荷重のように重さも寸法も異なる自動車が不規則に走行しているために設計荷重を評価するのが難しいものがある。しかも，この道路橋の設計活荷重などは設計計算に便利なようにモデル化する。他方，自動車の重量は規格によりその上限が定められてはいても，これを超過する荷を積む車が存在することも事実である。

結局，鉄道橋活荷重のように制御可能なもの，液体貯槽の内容物のように上限の値を特定しうるものもあるが，一般には設計荷重とはこれを超えることが

“ほとんどない”と考えられる値であって，超過する可能性がまったくないとはいえないのである。

〔2〕**限界状態**　構造物はなんらかの限界状態に対して設計され，この限界状態は使用限界状態と終局限界状態に大別されるが，疲労限界状態をこれとは別に設定することが多い。使用限界状態は構造物が正常な使用に必要な条件を満足しなくなるような変位，変形，振動などを呈する状態であり，他方，終局限界状態は構造物または部材の最大耐荷力に対応する状態で，これを超えれば破壊または事実上の破壊の状態になる。例えば，構造物が全体あるいは部分的に剛体的な安定を失う転倒，滑動あるいは沈下，構造物全体としての塑性崩壊，構造物または部材の断面の破壊，構造物または部材の座屈などがこれにあたる。このうち鋼構造に特有な諸現象と，それらに関連した設計上の諸問題を次章以降で学ぶことにする。

設計にあたっては，限界状態に対応する構造物または部材の強度（あるいは抵抗といってもよい）にも避けられないばらつきや推定上の困難があることを踏まえて，その最小値と考えられる値を設計強度としている。

〔3〕　**安全性の照査**　構造物あるいはこれを構成する部材の限界状態に対応する強度が荷重の作用より大きければその構造物は安全である。しかし，構造物の実際の強度がなんらかの理由で設計強度を下まわる確率は0ではなく，他方〔1〕で述べたように，設計値を超える荷重が作用する可能性も長い耐用期間の間にまったくないわけではない。そこで，つくられる構造物が耐用期間の間に機能を果たさなくなる，あるいは破壊する確率を十分小さく抑えるために“安全率”を導入する。

わが国の鋼橋をはじめ，これまで構造物の安全性照査に広く用いられてきた方法は，設計荷重S_i（$i=1$，2，…，m）から計算された構造物各部に生じる応力度σ_iの総和が，別に規定された許容応力度σ_a以下になるように，構造物の形状，寸法を定めるというやり方である。そしてこの許容応力度は，応力度で表した基準強度σ_kを安全率γで割ったものとして定義される。すなわち

$$\sum_{i=1}^{m} \sigma_i \leqq \sigma_a = \frac{\sigma_k}{\gamma} \tag{1.1}$$

ここで安全率γは構造物の種類，対象とする限界状態の特性，すなわち材料やその部材の力学的性質あるいは基準強度の性格，それに対象とする荷重の特性によって異なる値が採用されている。このことは次章以降で具体的にふれることにする。

これに対し，次式のように，安全率を荷重効果，強度そして全体的要因のおのおのに関係するものに分離した照査式を用いる**部分安全係数法**（**荷重抵抗係数法**）がある。

$$\frac{R_n}{\gamma_R} \geqq \gamma_g \sum_{i=1}^{m} \gamma_{Si} S_{in} \tag{1.2}$$

ここに，R_nは設計規準に従って求められた強度（抵抗），S_{in}は設計荷重iから計算された，R_nと同じ次元をもつ荷重効果，γ_R，γ_{Si}はそれぞれ強度，荷重効果に対する安全係数，γ_gは構造物の重要度，限界状態に達したときの社会的・経済的影響を考慮した全体的な安全係数である。γ_gはγ_Rまたはγ_{Si}のいずれかに含めてしまうことが多い。逆に，γ_R，γ_{Si}の値は，さらにこれを分解した材料係数，部材係数，あるいは荷重係数，構造解析係数をもとに評価される。R_n，S_{in}を応力度で表し，同じ荷重組合せの中のすべての荷重作用に対し同じ値の$\gamma_{Si}=\gamma_S$を用い，かつ$\gamma=\gamma_g\gamma_S\gamma_R$とすれば，式（1.2）は式（1.1）の許容応力度方式に帰せられる。この照査方式は安全性のみならず，使用性などの照査にも拡張しうる。

〔4〕 **設計規準の動向**　近年，1.1節に述べた諸要件について構造物の要求性能を規定し，これらの性能を確保することを目標とする性能照査型設計法を基本的な考え方とする設計規準体系への移行が進んできた。この場合，照査すべき限界状態を明確に示し，照査フォーマットとして上記の部分安全係数法を用いる限界状態設計法が今や国際的な構造設計規準の主流となっている。

〔5〕 **設計の最適化**　仮定した構造部材の形状，寸法が式（1.1）あるいは式（1.2）を満足しない場合には，もとへ戻って部材の形状，寸法，場合に

よっては材料の種類を修正してやらなければならない。また，もし式 (1.1)，(1.2) を満足するとしても，これらの式両辺の値に差がありすぎると，これは不経済な設計ということになる。したがって，この場合もまた部材の形状，寸法あるいは材種の変更が望ましい。すなわち，図1.3の設計プロセスにおいては繰り返し計算を要するのが普通である。

式 (1.1) あるいは式 (1.2) を満足して，しかもできるだけ経済的な設計を見いだすのが設計の最適化である。すなわち，上式をはじめとする設計，施工上のいくつかの制約条件のもとで，目的関数たる費用を最小にするような設計変数（例えば部材の材種，形状，寸法）を見いだす問題で，これを解くために各種の数理計画手法が提案されている。

しかし，構造物の設計にあたっては，計算には必ずしも乗らない多くの考慮すべき要因があることも念頭に置かなくてはならない。

1.3.4　鋼構造の施工（I）――工場製作

鋼構造では，輸送可能な大きさまでの部材あるいはブロックは工場で製作される。その作業工程の流れは図**1.4**に示すとおりで，洋服をつくる過程を連想させる。すなわち，材料を入手し，所定の形に切断，加工した材片を接合し，仮組立てによって設計どおりの形に仕上げることを確かめ，塗装して現場へ輸送するのである。つぎにそのおもな段階をもう少し詳しくみてみよう。

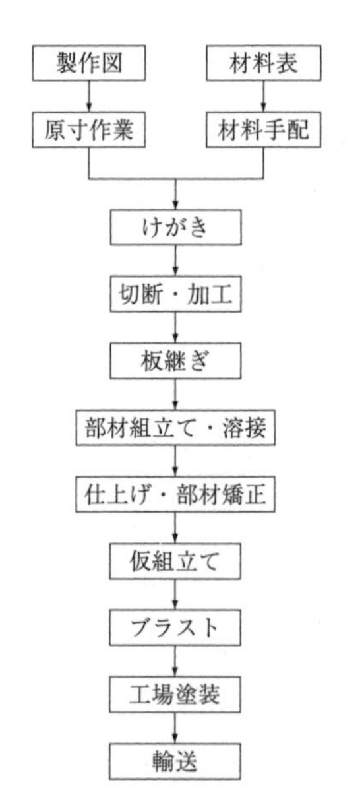

図 1.4　鋼構造工場製作の流れ

〔**1**〕　**原寸・けがき**　　製作に必要な寸法数値の情報を写しとった（原寸作業）型板，定規を用いて，加工対象材に必要事項を記入（けがき）する。現在は，コンピュータによるデータ処

理を行い，数値制御（ＮＣ）機器を用いての自動化が導入されている。

〔２〕　**切断・加工**　　製作図面の寸法情報に従い，鋼板，形鋼などの材料を所定の形に切断する。非常に薄い板ではせん断，薄板ではレーザーまたはプラズマによる切断，厚板ではガス切断，形鋼類では機械的なのこぎり切断というように，いくつかの方法が使い分けられている。材料の運搬，取扱い中あるいは切断，溶接時に生じるひずみはプレスや加熱により矯正する。この後の素材の加工には孔あけ，切削，曲げの各種があり，所定の形状，寸法を有する材片に仕上げる。これらの作業にもＮＣ機器が駆使され自動化が進んでいる。

〔３〕　**部材組立て**　　前加工を施した材片を正確な位置，形状に集成し，順次溶接によって部材に組み立てる。溶接については3.2節で述べる。その後，溶接部の検査，溶接部および部材のグラインダーなどによる最終仕上げが行われる。

〔４〕　**仮組立て**　　完成した各種の部材を工場内において全体あるいは部分的に組み立てて，構造物としての形状が設計どおりであるか，現場継手が適合しているかなどを確認し，再び部材に解体する。それまでの製作工程における数値情報から計算のみによって確認するというような方法が主流となるに伴い，省力化のため，直線桁などでは仮組立ては省略されるようになった。

〔５〕　**塗装**　　ブラストによって黒皮やさびなどの表面異物を除去する下地処理を行った後，塗装を行う。ブラストとは，砂粒や細かい金属粒を圧縮空気の力で金属表面に吹き付ける工程である。塗料の上塗りは以前は現場で架設された後に施されていたが，最近はこれも工場で行うのが原則となった。

1.3.5　鋼構造の施工（Ⅱ）——現場架設

工場から輸送された部材を現場で組み立てる架設作業にはさまざまな工法があり，いずれの工法を選ぶかは，構造物の形式・規模，現地の条件，工期，経済性などを勘案して決定される。架設工法には架設中の支持状態や架設機材による分類があるが，ここでは鋼橋の架設における支持状態による分類（図**1.5**参照）を示す。

〔１〕　**ベント工法**　　構造物の支点間に仮の足場を設けて，その上に構造物

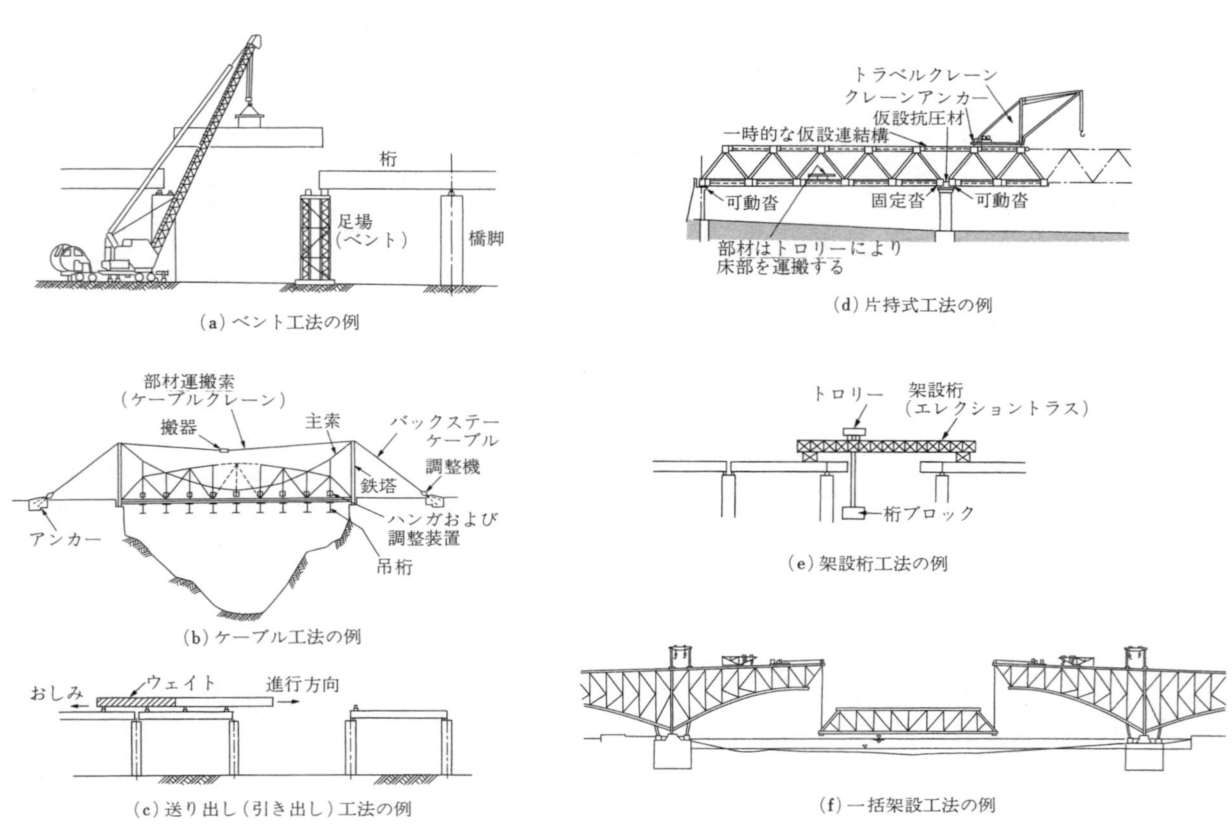

図 1.5　鋼橋の架設工法（新編土木工学ポケットブック，14 章 鋼構造，pp. 629-630，オーム社，1982.9 より）

を組み立てていき，全体がつながった時点で足場を撤去する。最も無理のない方法であるが，構造物の下の空間がほかの交通路にあたっていて利用できない場合，その空間の高さが非常に大きい場合，あるいは出水や地盤沈下の恐れが大きい場所には採用できない。

〔2〕 **ケーブル工法**　仮設の塔を立て，これにケーブルを張り渡し，このケーブルから吊材と吊桁を下げ，吊桁の上に部材を組み立てていく吊橋式の方法と，塔から直接斜めケーブルで橋体を支持していく斜張橋式の方法がある。深い谷をまたぐ橋の場合などに適するが，吊橋や斜張橋以外では余分な器材がいるため不経済になるおそれがある。

〔3〕 **送り出し工法**　橋桁を現場の取付道路または既設の桁の上で組み上げた後，移動式の架設桁，台車あるいはウインチ，ケーブルなどにより順次送り出して架け渡す方法で，桁下空間をふさげない場合や工期が限られている場合に適する。送り出す代わりに引き出す場合を**引き出し工法**という。

〔4〕 **片持式工法**　連続橋などで，すでに架設された隣接径間の桁を重しとして，片持梁式に組み立て，伸ばしていく方法で，やはり桁下の空間をふさがないですむ利点がある。カンチレバー式工法ともいう。

〔5〕 **架設桁工法**　まず軽量で十分な強度をもつ架設桁を架け渡し，これを利用して橋桁を組み立てていく方法で，設備に費用はかかるが安全な工法である。

〔6〕 **一括架設工法**　小さい橋桁，あるいは河口や海上に架けられる橋で，工場あるいは地組ヤードから現場へ構造物のまま輸送できる場合に用いられる方法である。特に後者の場合，最近は大型浮きクレーンを用いた大ブロック工法が省力化と高精度をかわれて各所で採用されている。

以上の各工法ともさまざまなクレーンを駆使するのが普通であるが，大ブロック一括架設工法においては，台船による潮位差の利用，既設桁からのケーブルによる直接つり上げといった方法がとられた例もある。

1.3.6　維　持　管　理

供用後の鋼構造物を放置すると，つぎのような劣化，損傷を生じ，使用性を損ない，寿命を短縮し，場合によっては破壊事故を招くことがある。

（1）　**腐食**　　さびに起因する鋼材の腐食については2.4節で詳しく述べるが，特殊な鋼材あるいは特殊な防食処理がそれらに適する環境のもとで採用される場合を除き，たとえ塗装を施しても，放置すれば鋼構造は長年の間にさびの発生から免れることはできない。

（2）　**疲労**　　これも2.2.3項で詳しくふれるが，繰り返し応力を受ける鋼構造物において，使用材料が適切でなかったり，曲率の小さな応力集中を起こしやすい箇所が存在すると，疲労によるきれつを生じることがある。

（3）　**その他**　　接合部のボルトの振動によるゆるみや遅れ破壊（2.2.4項参照），ピン接合部など可動部の衝撃による損傷や摩耗など。

これらの諸現象は材料選択，設計あるいは施工を適切に行えばある程度防げるが，絶滅を期待することは難しい。しかし，つぎのような供用後の維持管理を適切に行うことによって，構造物の所期の寿命を全うさせることができる。

（1）　**点検**　　所定の周期での定期点検のほかに，構造物の種類および使用状況により日常点検，臨時点検が行われる。大規模な構造物では点検のために当初から検査設備が設けられる。点検は目視によるのが普通であるが，固有振動数の変化から異常を探るとか，超音波による探査といった方法もある。

（2）　**維持**　　一般の鋼構造物では何年かおきに塗料の塗り替えを行う。その周期は塗装の質や環境条件によってかなり幅がある。場合によっては高力ボルトの締め直しなども必要である。年数を経た構造物では，劣化により耐荷力が不足し，荷重制限などの措置をとることがある。

（3）　**補修・補強**　　点検によって異常や損傷が認められた場合に補修や補強が比較的容易に行えるのは鋼構造の特長の一つである。その場合，補修・補強によって応力集中部の出現など，新たな問題点を発生させないよう注意しなければならない。耐荷力の不足が認められたとき，部分的に軽い部材に取り替えて負担を軽減させるといった手段もある。

第2章 構造材料としての鋼材

コンクリートと異なり，鋼自体はほかの工学分野の製品ではあるが，使う側のわれわれはその特性を正しく把握しておかなければならない。また，構造材料としてわれわれが望むような性質の鋼材をつくってもらうことも必要である。鋼材の製法や一般的性質については土木材料を扱った他書〔2〕~〔4〕に譲るとして，ここでは構造物の材料としての鋼材の要点を取りまとめ，特に力学的特性に主眼を置いて学ぶことにする。

2.1 構造用鋼材

2.1.1 鋼材の性質を支配する要因

鋼の主元素である純鉄は，それ自身では，本来比較的軟らかい素材であるが，これに下記のように少量の各種元素を加え，種々の処理を施すことによって，望む目的に適した材料とすることができる。

〔1〕 炭素　　製鉄過程でごく少量の炭素（C）を加えることにより鉄は著しく強くなる。しかし，鋳鉄のように炭素量が多いと，強くて硬いがその代わりもろくなり，構造材料としては適さない。鋼は炭素の含有量が0.035%から1.7%までのものをさし，その鋼も炭素量によって**表2.1**のように分類されている。すなわち，炭素量は，普通の構造用鋼材で0.3%に満たず，特殊な用途に用いられる鋳鋼で0.4%以下，ワイヤケーブルに用いられるピアノ線材でも1%には達しない。適度に含まれた炭素が，強く，しかも延性，じん性（2.2節参照）に富んだしなやかな鋼材を生むのである。

表2.1　炭素含有量による鋼の分類

種類	炭素量〔%〕	用途の例
特別極軟鋼	≦0.10	電線，溶接棒，包丁
極軟鋼	0.10～0.18以下	ブリキ板，鉄板，くぎ
軟鋼	0.18～0.30 〃	橋梁，船舶用鋼板
半軟鋼	0.30～0.40 〃	車軸，トロッコ用レール
半硬鋼	0.40～0.50 〃	ショベル，クランクシャフト
硬鋼	0.50～0.60 〃	鉄道レール
最硬鋼	＞0.60	ばね，ピアノ線，工具

（鋼材倶楽部編：土木技術者のための鋼材知識，技報堂より）

〔2〕 合金元素など　各種の合金元素がこれもごく少量で鋼にさまざまな性質を与える。あるものは力学的性質を改善し，あるものは耐食性，耐熱性を向上させる。1種類の元素でいくつかの効果を発揮するものもある。しかし，薬の成分と同様に，含有量が過ぎると有害な副作用を生むことが多く，経済性も勘案して，ある限度の適量が存在する。

鉄鋼材料に含まれる元素としては，上述のような製鋼段階での精錬上あるいは性質改善のために添加されるシリコン，マンガン，クロムなどの合金元素と，りん，硫黄，酸素，窒素，水素のように概して悪影響を及ぼすにもかかわらず，製鉄製鋼段階で不可避的に混入し，完全には除去しきれないものとがある。

以下，これらのうちおもな元素の鋼の性質に及ぼす影響を挙げる[3]。

・マンガン（Mn）　脱酸剤の役をする。炭素と類似の効果があるが，炭素ほどじん性の低下をもたらさない。切削性はよくなる。硫黄による脆性を防ぐ。

・ニッケル（Ni），クロム（Cr）　鋼に粘り強さを与え，両者共存して耐食性，耐熱性を増す。

・モリブデン（Mo）　高温での強さを増し，焼戻し脆性（〔3〕(d) 参照）を防ぐ。

・シリコン（Si）　脱酸剤の役とともに，ある限度までは延性を損なわずに強度を高めるが，これを超えるともろくなる。

・アルミニウム（Al）　脱酸，脱窒および結晶組織の微細化に有効で，力学的性質を改善する。

・銅（Cu）　耐食性を増し，引張強さ，低温脆性を向上させるが，延性を損なう。

・バナジウム（V）　脱酸剤で結晶組織の微粒化を助ける。焼戻し軟化を防ぐ。

・ネオビウム（Nb）　脱酸，脱窒剤。粘り強さを与える。

・硫黄（S）　赤熱状態で鋼をもろくする。偏析する傾向があり，溶接に際しての割れ発生の原因となることがある。

・りん（P）　耐食性，切削性の向上に役立つが，量が多いと鋼をもろくする。これも偏析しがちである。

〔3〕 **熱処理**　適当に加熱，冷却することにより，鋼の金属組織を変え，力学的性質や加工性を改善したり，圧延あるいは冷却に起因する残留応力を除去することができる。このような熱処理にはつぎの方法がある。

（a） **焼ならし（焼準）**(normalizing)　900℃前後の非常に高温のオーステナイトと呼ばれる組織になるまで加熱し，空冷して，ひずみのない均質な組織を得る操作で，鋼のじん性を増す。

（b） **焼なまし（焼鈍（しょうどん））**(annealing)　オーステナイト領域まで加熱し，炉中で徐冷する操作で，これにより鋼は軟化し，機械加工がしやすくなる。加熱温度を変態温度以下の500〜600℃程度にとどめ徐冷すると，内部応力の除去ができる。

（c） **焼入れ**（quench hardening）　やはりオーステナイト領域まで加熱した後，水中で急冷してきわめて硬いマルテンサイトと呼ばれる金属組織を得る操作。

（d） **焼戻し**（tempering）　焼入れした鋼を再び加熱し，粘りを与える操作。この焼戻し温度を調節することにより，鋼に使用目的に応じた強度と延性を与えることができる。焼入れ・焼戻しの組合せにより強度，じん性を向上させた鋼材を調質鋼という。

このほか，鋼線の場合には〔4〕の加工で述べる冷間引抜きの加工度を高め，きわめて高い強度を得るため，溶融鉛の中での熱処理を加える。

〔4〕 **加工**　鋼の延性，展性および熱間可塑性を利用し，圧延によって所

要の断面形状の鋼材を製造する。圧延には鋼塊から鋼の素材をつくる際の熱間圧延と，その後に施されることのある冷間圧延とがあり，これらの工程を経ることによっても鋼材の性質は変化する。特に塑性加工としての冷間加工は，加工硬化によりきわめて高い強度を付与することができる。冷間引抜き加工によってつくられるピアノ線材はその好例である。

2.1.2　鋼材の種類

製鉄所でつくられ供給される鋼材にはすでに表2.1に示した炭素量による分類のほか，さまざまな見方からの分類があるが，ここでは鋼構造として重要な，用途・材質による分類と形状による分類を挙げておこう。

〔1〕**用途・材質による分類**　ほとんどの鋼材について，日本産業規格（JIS）が制定され，それぞれの用途に応じて強度などの特性が異なる各種の鋼材があり，化学成分，力学的性質，形状・寸法などが規定されている。**表2.2**に鋼橋に用いられる構造用熱間圧延鋼材の規格を示す。一般構造用圧延鋼材であるSS材にはほかの材種もあるが，板厚20 mm程度までのSS 400以外は本格的な構造物にはあまり使わないので省いた。溶接構造用のSM材の中で，SM 490 Y材は引張強さはSM 490材と同じであるが，製法に工夫を加えて降伏点を高めたものである。

なお，表2.2以外に2008年より橋梁用高降伏点鋼がJIS化されている。これについては2.3節で説明する。特殊な用途には，ここに示したよりも強度の高い鋼材もつくられている。この表2.2から，つぎの諸点が指摘される。

（1）溶接構造用になると，同じ強度の材種でも化学成分の制限はより厳しくなり，じん性確保（2.2.2項参照）という新たな規定も加わる。

（2）さらに調質高張力鋼では炭素当量の制限が加わり，衝撃試験値の要求より厳しくなる。**炭素当量**（carbon equivalent）とは，溶接時の硬化による悪影響を照査するための量で，含有元素を炭素に換算した次式で表され，その値をある限界以下に抑えることが求められる。

$$C_{eq} = C + \frac{Mn}{6} + \frac{Si}{24} + \frac{Ni}{40} + \frac{Cr}{5} + \frac{Mo}{4} + \frac{V}{14}$$

表 2.2　鋼橋に用いる構造用熱間圧延鋼材の規格

（a）　化学成分

鋼種＼化学成分〔%〕		C	Si	Mn	P	S	N	Cu	Cr	Ni
SS400		−	−	−	0.050以下	0.050以下	−	−	−	−
SM400	A	0.23以下 50≧t 0.25以下 50<t	−	2.5×C以上	0.035以下	0.035以下	−	−	−	−
	B	0.20以下 50≧t 0.22以下 50<t	0.35以下	0.60～1.50	0.035以下	0.035以下	−	−	−	−
	C	0.18以下	0.35以下	0.60～1.50	0.035以下	0.035以下	−	−	−	−
SMA400 AW·BW·CW		0.18以下	0.15～0.65	1.25以下	0.035以下	0.035以下	−	0.30～0.50	0.45～0.75	0.05～0.30
SM490	A	0.20以下 50≧t 0.22以下 50<t	0.55以下	1.65以下	0.035以下	0.035以下	−	−	−	−
	B	0.18以下 50≧t 0.20以下 50<t	0.55以下	1.65以下	0.035以下	0.035以下	−	−	−	−
	C	0.18以下	0.55以下	1.65以下	0.035以下	0.035以下	−	−	−	−
SM490Y A·B		0.20以下	0.55以下	1.65以下	0.035以下	0.035以下	−	−	−	−
SMA490 AW·BW·CW		0.18以下	0.15～0.65	1.40以下	0.035以下	0.035以下	−	0.30～0.50	0.45～0.75	0.05～0.30
SM520C		0.20以下	0.55以下	1.65以下	0.035以下	0.035以下	−	−	−	−
SM570		0.18以下	0.55以下	1.70以下	0.035以下	0.035以下	−	−	−	−
SMA570W		0.18以下	0.15～0.65	1.40以下	0.035以下	0.035以下	−	0.30～0.50	0.45～0.75	0.05～0.30

（b）　力学的性質

鋼種	引張試験								衝撃試験			
	降伏点又は耐力〔N/mm²〕 鋼材の厚さ〔mm〕				引張強さ〔N/mm²〕	伸び			記号	試験温度〔℃〕	シャルピー吸収エネルギー〔J〕	試験片採取方向
	16以下	16を超え40以下	40を超え75以下	75を超えるもの		鋼材の厚さ〔mm〕	試験片	伸び[1]〔%〕				
SS400	245以上	235以上	215以上	215以上	400～510	16以下 16を超え50以下 40を超えるもの	1A号 1A号 4号	17以上 21以上 23以上	−	−	−	圧延方向
SM400	245以上	235以上	215以上	215以上	400～510	16以下 16を超え50以下 40を超えるもの	1A号 1A号 4号	18以上 22以上 24以上	A B C	− 0 0	− 27以上 47以上	
SMA400W	245以上	235以上	215以上	215以上	400～540	16以下 16を超え50以下 40を超えるもの	1A号 1A号 4号	17以上 21以上 23以上	A B C	− 0 0	− 27以上 47以上	
SM490	325以上	315以上	295以上	295以上	490～610	16以下 16を超え50以下 40を超えるもの	1A号 1A号 4号	17以上 21以上 23以上	A B C	− 0 0	− 27以上 47以上	
SM490Y	365以上	355以上	335以上	325以上	490～610	16以下 16を超え50以下 40を超えるもの	1A号 1A号 4号	15以上 19以上 21以上	A B	− 0	− 27以上	

SMA490W	365 以上	355 以上	335 以上	325 以上	490～ 610	16以下 16を超え50以下 40を超えるもの	1A号 1A号 4 号	15以上 19以上 21以上	A B C	－ 0 0	－ 27以上 47以上	
SM520	365 以上	355 以上	335 以上	325 以上	520～ 640	16以下 16を超え50以下 40を超えるもの	1A号 1A号 4 号	15以上 19以上 21以上	C	0	47以上	圧延方向
SM570	460 以上	450 以上	430 以上	420 以上	570～ 720	16以下 16を超えるもの 20を超えるもの	5 号 5 号 4 号	19以上 26以上 20以上	－	-5	47以上	
SMA570W	460 以上	450 以上	430 以上	420 以上	570～ 720	16以下 16を超えるもの 20を超えるもの	5 号 5 号 4 号	19以上 26以上 20以上	－	-5	47以上	

1）伸びは試験片によるので，単純な数値比較はできない。

（3）　鋼材の強度が高くなるほど伸びが小さくなり，かつ降伏点は引張強さに近づく。これらのことについては，2.2節で再びふれることにする。

（4）　鋼材の厚さが大になると，熱間圧延後，冷却される過程で生じる板厚方向の温度差が顕著となり，その結果，欠陥を生じやすいので，同種の鋼材でも板厚によって規格を変え，特に伸びや衝撃試験値に関しては，板厚の大きいほど厳しくしている。

このほか，近年開発された高性能鋼材については2.3節で，さらにその中の腐食に対する抵抗性を高めた特殊な鋼材については2.4.2項で，あらためて述べることとする。

〔2〕　形状による分類　　鋼は圧延あるいは塑性加工によりさまざまな形状，寸法の製品につくられる。しかし，注文に応じていちいち形状，寸法を変えていたのでは製品としての効率，経済性を損なうので，ある程度以上のことは機械加工や接合にまかせることにして，一般には比較的よく用いられる素材と考えられる規格品が市場に供給される。それらは形状によりつぎのように分類されている。

（a）　条鋼　　棒状あるいは線状の鋼材で，鋼構造物に使われるものとしては以下の種類がある。

・棒鋼　　丸鋼，平鋼など。

・形鋼　　**図2.1**に示す山形，溝形，I形，H形，T形，CT形，球平形（バルブプレート）のほか，壁式構造に用いられる鋼矢板（シートパイル），低層建築に使われる軽量形鋼もこれに含まれる。

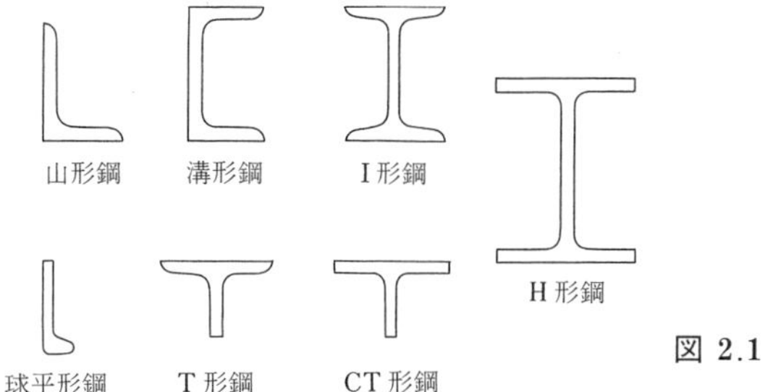

図 2.1　おもな形鋼

・線材　4.2.2項〔3〕で述べるケーブルの素線となる。

（b） **鋼板**　鋼構造に用いられるのは，厚さ3mm以上の厚板と呼ばれる種類である。幅500mm未満のものを**帯鋼**という。鋼板の厚さは一般に一定であるが，長手方向に板厚を直線的に変化させた**LP**（longitudinally profiled）**鋼板**（テーパー材ともいう）が必要に応じて使われている。

（c） **鋼管**　普通は円形断面。構造用には継目なし鋼管と溶接鋼管とがある。

2.1.3 鋼 材 の 欠 陥

〔1〕 **表面欠陥**　製鋼時における管理がよくないと，気体や介在物の混入，圧延機による引っかき，押し込みあるいは熱影響によって，圧延鋼材の表面にはきず，割れ，あばたといった欠陥を生じる。これらは外観を損なう程度ならまだしも，深さが特に大きかったり，鋭い切欠き状であったりすると，応力集中源となって疲労あるいは脆性破壊の原因となったり，断面欠損を招く。有害と認められる場合にはグラインダー研磨や溶接による補修を行う必要があり，ひどいものは廃棄せざるをえない。

〔2〕 **内部欠陥**　製鋼過程で生じる鋼材内部の欠陥としては，非金属物質の偏析介在と内部割れが挙げられる。ラミネーションと呼ばれる内部割れは非金属介在物，気泡，空洞などが圧延により層状にはがれたもので，超音波探傷によってその存在を調べる。顕著なラミネーションは板厚方向の強度低下，溶接時の欠陥につながる。一方，有害な非金属介在物の偏析にはサルファーバンド，すなわち硫黄の層状偏析がある。これは溶接時の割れ発生の原因となる。

2.2　鋼材の力学的性質[1)]

2.2.1　静　的　強　さ

〔1〕　引張強さ　　断面積A，長さlなる軟鋼の板の長さ方向（x方向）に引張荷重Pを加えるとき，次式で定義される応力度σ_xとひずみε_xとの関係は図**2.2**のようになる。ここに，Δlは板の伸び量である。

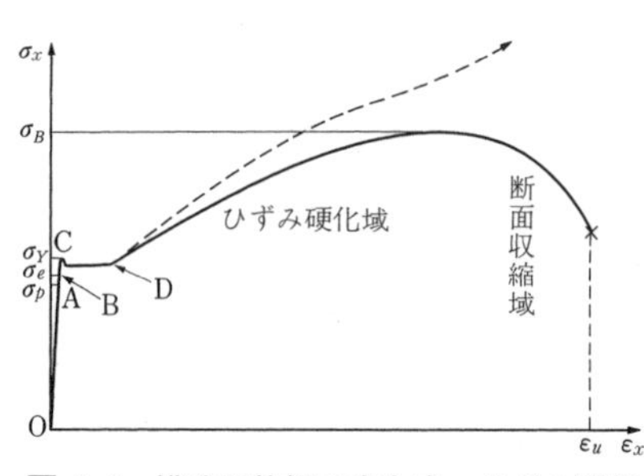

図 2.2　構造用軟鋼の応力度・ひずみ関係

$$\sigma_x = \frac{P}{A},\quad \varepsilon_x = \frac{\Delta l}{l} \tag{2.1}$$

このとき，比例限（応力度σ_p）と称する点AまでのOA間では，応力度とひずみが比例するつぎのフック（Hooke）の法則が成り立つ。

$$\sigma_x = E\varepsilon_x \tag{2.2}$$

ここに比例定数である弾性係数Eはヤング率（Young's modulus）と呼ばれ，鋼の場合にはその材種にほとんど関係なく2.0×10^5 MPa程度の値をとる。この関係に従って鋼材が伸びれば当然，横断面は縮み

$$\varepsilon_y = \varepsilon_z = -\nu\varepsilon_x = -\frac{\nu}{E}\sigma_x \tag{2.3}$$

なる横方向ひずみが生じる。νはポアソン比（Poisson's ratio）で，鋼では0.3程度である。

ついで図の点B（応力度σ_e）は弾性限と呼ばれ，ここまでの応力なら，荷重を取り去ったとき，応力度とひずみの関係はもとのO点に戻る。点Bよりさらに荷重を上げ，上降伏点と呼ばれる点C（応力度σ_Y）に達すると，いっとき荷重はやや下がって下降伏点と称する応力度を保ったまま，ひずみのみ増加する。

1)　JISでは機械的性質と称しており，これは英語のmechanical propertiesに対応するものである。しかし，この原語は力学的性質ともいえ，われわれの感覚ではそのほうが適合するので，本書では前出の表2.2を含め，これを用いる。

この領域を俗に踊り場という。上述のσ_pとσ_eの間にそう大きな差はなく，σ_pはσ_Yの9割前後である。上・下両降伏点の差は荷重速度に左右されるが，単に**降伏点**（yield point）というのは上降伏点をさす。弾性限を超えて後は塑性域であって，荷重を減少させると応力度は$\overline{\mathrm{OA}}$に平行に減少し，荷重が0に戻っても永久ひずみが残留する。

さて，塑性域のひずみがしばらく進行すると，図の点Dに至って応力度は再び増加するが，ひずみの進行は顕著で，やがて鋼材は破断する。この応力度が再び増加する現象を**ひずみ硬化**（strain hardening）という。実際の応力度とひずみの関係は図の破線のようになるはずであるが，縮小する断面の変化を逐一追うのはやっかいであるので，材料試験の結果を表示する場合には式（2.1）のA，lともに荷重を加える前の値を用いることにしている。いわゆる引張強さとは，この場合に到達しうる最大応力度σ_Bをさす。

破断時のひずみε_uを伸びと称する。ひずみに着目すれば，例えばSS 400鋼材では降伏点で0.1%台，ひずみ硬化開始点で1～2%であるのに対し，破断時では20～30%であって，軟鋼がいかに延性に富んだ材料であるかが理解できよう。

一方，調質高張力鋼や強度の高い線材では上述の降伏点，および踊り場が明確に現れず，**図2.3**に示す応力度・ひずみ曲線をたどることが多い。この場合，0.2%永久ひずみが生じるような図の点Aの応力度を**耐力**と呼び，降伏点に対応させることがある。このほか，高強度の鋼材になるほど，伸びが減少し，σ_Y/σ_Bで定義される降伏比が1に近づいていく（44ページの表2.4参照）。

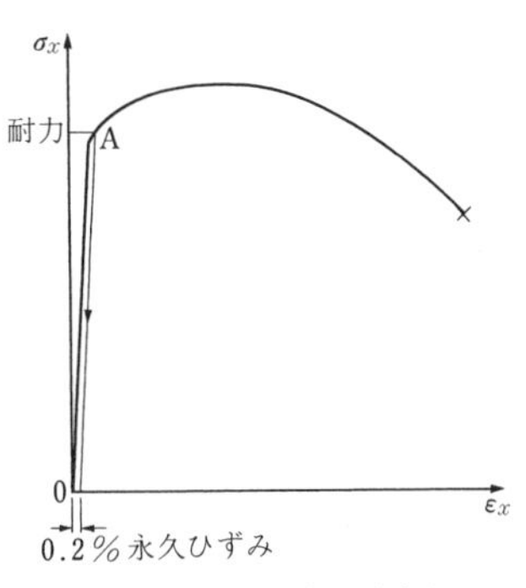

図 2.3 調質高張力鋼の応力度・ひずみ関係

〔2〕 **圧縮強さ**　圧縮荷重を加えた場合にも，材料自体としての鋼材は引張荷重のもとにおけるとほぼ同じ応力度・ひずみ関係を示す。しかし，鋼構造は薄い鋼板で組み立てた比較的細長い部材から構成されるため，圧縮応力のもとでは通常4.3節に述べるような別の限界状態が問題になる。なお，鋼材どう

しがたがいに押し合うときの支圧強さは，接触面の形状にもよるが，一般に上述の降伏点よりさらに高い応力度に至って初めて塑性変形を起こしはじめる。

〔3〕 **せん断強さ**　純粋なせん断試験を行うのは難しいので，1軸引張を加えたときの降伏点がσ_Yなる材料が多軸応力状態にあるとき，どのような条件のもとで降伏するかという観点から議論が進められている。このいわゆる降伏規範についてはさまざまな説が提唱されてきたが，直応力のもとでの鋼材の延性破壊がせん断破壊様式であることから，つぎの二つの説が有力である。

（a） **最大せん断応力説（Trescaの降伏条件）**　最大せん断応力度τ_{max}がある値になったとき降伏するとするものである。例えば平面応力状態の場合，二つの主応力をσ_1，σ_2とすると，$\tau_{max}=(\sigma_1-\sigma_2)/2$であるが[1)]，$\sigma_1$，$\sigma_2$のいずれか一方が0である1軸応力のもとでの降伏は他方がσ_Yのときに起こることから$\sigma_1-\sigma_2=\sigma_Y$，したがって純せん断を加えたときの降伏は$\tau_Y=\sigma_Y/2$で起こることになる。

（b） **最大せん断ひずみエネルギー説（von Mises-Henckyの降伏条件）**　弾性体のひずみエネルギーは体積変化に関連する体積ひずみエネルギーと形状変化に関連するせん断ひずみエネルギーとからなる。この後者がある値になったときに材料が降伏するというのがこの説で，やはり平面応力状態の場合を例にとると

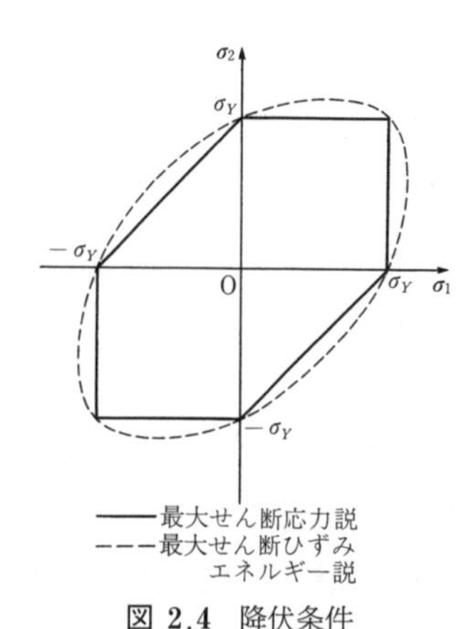

図 2.4　降伏条件

$$\sigma_v=\sqrt{\frac{1}{2}[(\sigma_1-\sigma_2)^2+\sigma_1{}^2+\sigma_2{}^2]}$$
$$=\sqrt{\sigma_x{}^2-\sigma_x\sigma_y+\sigma_y{}^2+3\tau_{xy}{}^2} \qquad (2.4)$$[2)]

がある値になったときに降伏するということになる。このある値とは，例えばσ_x以外がすべて0である1軸応力の場合を考えるとσ_Yである。すなわち，純せん断のもとでは$\tau_Y=\sigma_Y/$

1）モールの円を想起せよ。
2）この結果の誘導については弾塑性論の本を参照のこと。

$\sqrt{3}$で降伏する。なお，式（2.4）のσ_vを**換算応力**あるいは**等価応力**という。

以上，両説の結果を図示すれば**図2.4**のようになる。実際はこの両者の中間にあるようであるが，薄肉の鋼材ではふつう最大せん断ひずみエネルギー説が用いられている。

2.2.2 衝撃強さ

応力集中源のある鋼材が低温で衝撃的な荷重を受けると，延性破壊とは違って，塑性変形をほとんど伴わない突然の破壊を生じることがある。しかも，そのときの応力度は静的強さよりかなり小さい。これが**脆性破壊**（brittle fracture）であって，鋼構造の予期しない事故につながる危険な破壊様式の一つである。そして，これに耐える性質，すなわち割れの発生・伝播に抵抗する性質を**じん性**（toughness）と呼ぶ。V字形切欠きのある試験片に衝撃的外力を加えるシャルピー試験により，これが破壊するのに要する吸収エネルギーの大きさをじん性の評価基準としている。その結果は**図2.5**のような傾向を示す。ここに脆性破面率とは破断面全体に占めるざらざらした脆性破面の面積比である。

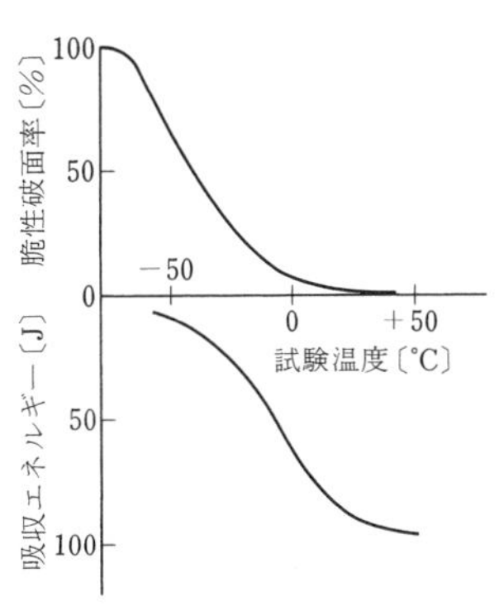

図2.5　シャルピー衝撃試験結果の一例

鋼材のじん性を確保するために，表2.2にみるように，ある温度での上述の吸収エネルギーがある値以上でなければならないとか，あるいは延性破壊から脆性破壊へ移行する遷移温度がある温度以下でなければならないといった形の規定が設けらえている。寒冷地において，あるいは高張力鋼を溶接してつくられる鋼構造において，この規定はより厳しくなる。

2.2.3 疲労強さ

繰返し応力を受ける鋼材はやはり静的強さより低い応力度で破壊することがあり，これを**疲労破壊**という。この際，鋼材にはまず繊細なきれつが生じ，そこがさらに応力集中源となってきれつが進展拡大し，ついには脆性破壊や断面減少による破壊を招く。

疲労強さには多くの要因が影響するが，特につぎの諸因子が重要である。

〔1〕 **負荷応力の性質**　　中でも応力変動幅（応力振幅）と応力レベル（**図2.6**），ならびに繰返し回数の影響が大きい。平均応力が高かったり，応力変動幅が大きいほど条件が厳しく，特に引張応力のもとでは注意を要する。圧縮応力のもとではきれつの進展は遅く，耐荷力の低下は少ない。応力繰返し回数が増すにつれ，**図2.7**のように疲労強さは低下する。すなわち，繰返し回数，強度ともに対数目盛で表したとき，ばらつきはあるが両者はほぼ直線関係にある。このような図をS–N曲線という。通常，200万回繰返しにおける強度を設計上の目安としている。鋼材ではこの程度の繰返し回数で強度低下が止まり，疲労限といわれる値に対応することが多い。

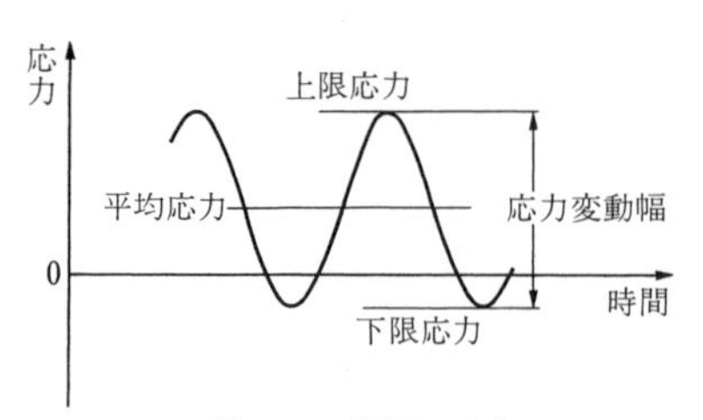

図 2.6　繰返し応力

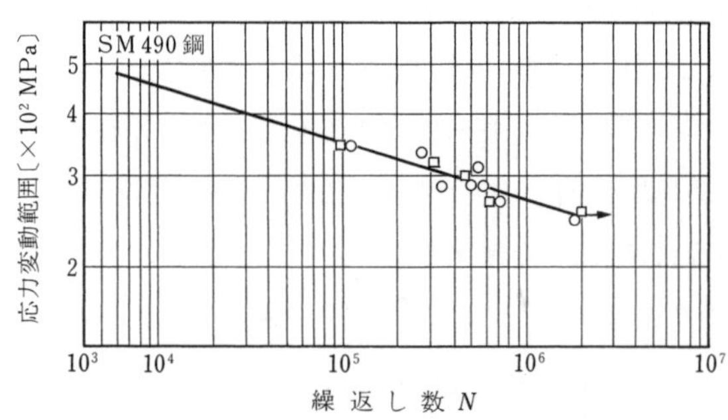

図 2.7　繰返し回数による疲労強さの低下の実験例
（田島・岡田：ガス切断縁をもつ引張試験片，による）

〔2〕 **材片の形状**　　応力集中度の高い部位ほど疲労強さは低下する。このことは切欠きや部材接合におけるような外形のみでなく，材料自体あるいは溶接部における内部欠陥や表面状態についてもいえる。

〔3〕 **素材の性質**　　材種の違い，残留応力（3.2.5項〔3〕参照）の状況なども疲労強さに関係する。鋼材自体は静的強さの増加とともに疲労強さも高く

なるが，応力集中源の存在による疲労強さの低下は高張力鋼ほど著しく，疲労強さが同じ条件の普通鋼より低下してしまうことがある（図**2.8**参照）。

設計における疲労照査については2.6節であらためて述べる。

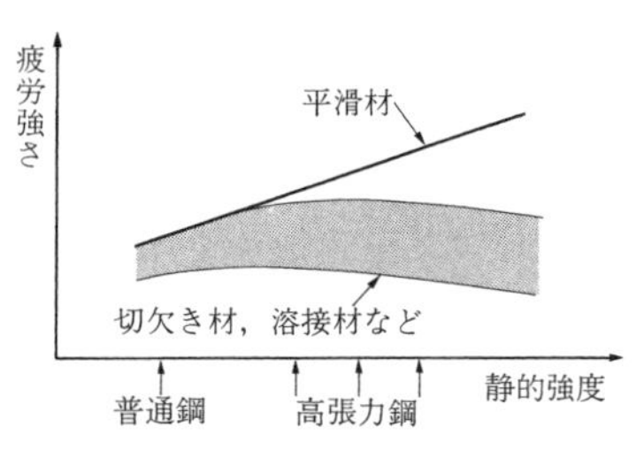

図 2.8 疲労強さに及ぼす切欠きなどの影響

2.2.4 遅 れ 破 壊

静的強さが1 000 MPaを超えるような非常に強度の高い鋼材に，一定の応力を加え持続させると，たとえその応力が静的強さより低くても，ある時間を経過して後，突然に脆性破壊を起こすことがある。この**遅れ破壊**と呼ばれる現象は，あらかじめなんらかの原因で内在する水素による脆化割れが主たる原因とされている。したがって，周囲の環境にも左右され，水中とか海岸工業地帯などではこの傾向が促進される。

2.3 高 性 能 鋼

構造物に一般に使われている鋼材と比べて，強度，じん性，溶接性，加工性，耐腐食性などの面で，よりすぐれた性能をもつ鋼種，鋼材を総称して高性能鋼ということがある。このうち高張力鋼（高強度鋼）の一種である調質鋼については，すでに2.1.2項〔1〕および2.2.1項〔1〕で触れており，耐腐食性を目指した鋼材については2.4.2項において述べることとし，ここではそれ以外の高性能鋼を紹介する。

2.2.2項で述べたように，じん性は構造用鋼材に欠かせない性質である。阪神・淡路大震災では予想外の脆性破壊が関係者に衝撃を与えた。美観上などの要求から冷間曲げ加工で丸みを付けた板要素の使用も増えてきた。このような状況に対応し，調質鋼でなく，鋼板製造時における加熱，圧延および圧延後冷却の各プロセスを適切に制御する熱加工制御圧延（Thermo-Mechanical Control Process）により，より良好な強度，じん性・溶接性を付与した**TMCP鋼**

表 2.3 橋梁用高性能鋼材 BHS

(a) 化学成分

記 号	C	Si	Mn	P	S	Cu	Ni	Cr	Mo	V	B	N	P_{CM}〔%〕[2]
SBHS 400	0.15 以下	0.55 以下	2.00 以下	0.020 以下	0.006 以下	-	-	-				0.006 以下	0.22 以下（厚 100 mm 以下）
SBHS 400 W	0.15 以下	0.15～0.55	2.00 以下	0.020 以下	0.006 以下	0.30～0.50	0.05～0.30	0.45～0.75				0.006 以下	
SBHS 500	0.11 以下	0.55 以下	2.00 以下	0.020 以下	0.006 以下							0.006 以下	0.20 以下（厚 100 mm 以下）
SBHS 500 W	0.11 以下	0.15～0.55	2.00 以下	0.020 以下	0.006 以下	0.30～0.50	0.05～0.30	0.45～0.75			0.006 以下		
SBHS 700	0.11 以下	0.55 以下	2.00 以下	0.015 以下	0.006 以下				0.60 以下	0.05 以下	0.005 以下	0.006 以下	0.30 以下（厚 50 mm 以下）
SBHS 700 W	0.11 以下	0.15～0.55	2.00 以下	0.015 以下	0.006 以下	0.30～1.50	0.05～2.00	0.45～1.20	0.60 以下	0.05 以下	0.005 以下	0.006 以下	0.32 以下（厚 50 mm 超 75 mm 以下）

1) Wは耐候性鋼

2) 溶接割れ感受性組成　$P_{CM}〔\%〕= C + \frac{Si}{30} + \frac{Mn}{20} + \frac{Cu}{20} + \frac{Ni}{60} + \frac{Cr}{20} + \frac{Mo}{15} + \frac{V}{10} + 5B$

(b) 力学的性質

記 号[1]	降伏点または耐力〔MPa〕	引張り強さ〔MPa〕	伸 び〔%〕	シャルピー吸収エネルギー〔J〕
SBHS 400 SBHS 400 W	400 以上	490 ～640	15 以上（厚 6～16 mm） 19 以上（厚 16～50 mm） 21 以上（厚 40 mm 超）	100 以上（温度 0℃）
SBHS 500 SBHS 500 W	500 以上	570 ～720	19 以上（厚 6～16 mm） 26 以上（厚 16 mm 超） 20 以上（厚 20 mm 超）	100 以上（温度 −5℃）
SBHS 700 SBHS 700 W	700 以上	780 ～930	16 以上（厚 6～16 mm） 24 以上（厚 16 mm 超） 16 以上（厚 20 mm 超）	100 以上（温度 −40℃）

が開発された。2008年新たにJIS規格に加えられた**表2.3**の**橋梁用高降伏点鋼板**（橋梁用高性能鋼SBHS）はその一つで，それまでの同等クラスのSM 570やHT 780に比べ，100 mmの板厚まで，より高い降伏点の下限規定値を備え，溶接性の向上により，溶接時の割れを防ぐための予熱を省略または低減できるようになった。表2.2の在来の鋼材と比較して，成分，規格等の違いに注目してほしい。

これ以前にも，同じ鋼種でも，板厚が増すと一般に降伏点や強度が下がる（表2.2参照）ことによる設計の煩雑さを避けるため，板厚40 mmを超える鋼材でも降伏点や耐力の下限値が板厚により変化しないことを保証した**降伏点一定鋼**が開発されていた。記号としてはSM 400 C-Hのように-Hを付す。

建築鉄骨構造の耐震設計では，材料が降伏してからの塑性変形能力を期待している。そこで，降伏点の上限値をも想定した**狭降伏点範囲鋼**あるいは**低降伏比鋼**が用いられる。JIS規格ではSN鋼やSA鋼という名称で規定されており，降伏点の上下限範囲がSN鋼では120 MPa，SA鋼では100 MPaに，また降伏比はいずれも0.8以下となることが保証されている。

これも建築鉄鋼構造に多いが，地震入力エネルギーを塑性変形により吸収することを目的とした制震ダンパー部材に，降伏点が低く，伸び能力（延性）にすぐれた**極軟鋼**が用いられる。例えば，引張り強さが200 MPa以上の鋼種では，降伏点（または0.2%耐力）は70～100 MPa以上と抑え，その一方で50%以上の伸びを保証している。

構造物の大型化，構造簡素化の要請から，板厚が100 mmを超える**極厚鋼板**が必要となることがある。このような厚板でも，構造物用であるからには所要の強度，じん性が求められる。

2.4 腐食とその対策

2.4.1 腐食の原因

鉄自体はそもそも不安定な元素であるので，放置すれば空気，水などに含まれる酸素や水素と結合して，安定な姿である酸化鉄，水酸化鉄に戻ろうとする。すなわち赤さびである。鉄鋼材料には別に，アルカリ雰囲気中で持続的な荷重を受けるときに生じる応力腐食や，水分の存在のもとでの電流による電気化学的腐食（電食）なる現象があるが，いわゆる腐食として問題にされるのは，どの鋼構造物でもありうるさびの発生である。さびは外観を損なうだけでなく，もろくはがれ落ちることにより鋼構造部材の断面欠損を招く。

上述の原因から明らかなように，さびの進行も周囲の環境に大いに影響され，高温高湿下，酸性雰囲気のもとではより促進される。したがって，工場地帯や海岸地域などでは腐食環境がより厳しい。

2.4.2　さびの対策

さびを防ぐ方法としては，以下に述べるように，合金元素の添加による鋼材自体の改変と既存の鋼材に施す防食処理が主流である。

〔1〕 合金元素の添加　腐食一般に対する抵抗性を増した耐食鋼として，Cr，Niを多量に添加したステンレス鋼がよく知られている。構造用鋼としては高価であり，溶接性にやや難があるとはいえ，耐食性と意匠性をかわれて，建築分野では外装材，構造材としての使用が増えつつある。

一方，構造物用として，大気中での腐食に対処するためにつくられた耐候性鋼材（JIS規格ではSMA材）がある。これはその効果を発揮させる元素としてのCu，Crおよび側面からこれを助けるNi，Mo，Ti，Vなどをいずれもごく少量添加し，大気中で通常の赤さびと異なる緻密で安定した酸化被膜を表面に形成させ，それによって内部へのさびの進行を防ごうという鋼材である（表2.2参照）。すなわち，さびが後述の防食被覆の役をするものである。**図2.9**にみるように，薄いさび被膜ができた後は腐食がほとんど進展しない。しかし，周囲の自然環境，使用条件によってその効果にかなりの差異があることに注意しなければならない。特に，海岸沿いなど飛来塩分量が多い環境での使用は効果がない。したがって，適した条件のもとでは本来の目標である裸使用とするが，そうでない場合には，被覆形成を助長するとともに初期のさびの流出による汚染を防ぐ効果もある化成塗布剤を用いさびの安定化をはかったり，耐候性鋼材

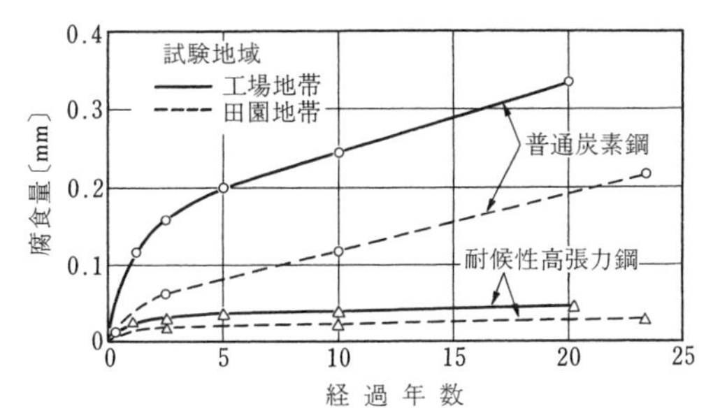

図 2.9 大気曝露試験によるさびの進展
(日本鋼構造協会誌，2巻7号，1966.7より)

を用いながら，なおかつ塗装を施したりする。一般鋼材に比べて材料費は高くとも，塗装周期を長くしうるために維持費で相殺も可能だからである。

〔2〕 **防食処理** 最もしばしば用いられる方法は表面被覆で，中でも非金属被覆としての塗装は鋼構造防食の主流をなしてきた。ブラストにより鋼材表面の異物を取り去った後，塗料を数回に分けて塗布する。対象の形状，部位を問わず使え，望む色彩を選べるという景観上の利点がある反面，ある周期で塗り替えを要し，維持費がかかる。しかし，近年は多少初期費用はかさんでも耐久性にすぐれたフッ素樹脂系の塗料を使用するとか，耐久性向上のほか省力化もめざした工場塗装の全面採用へと移行してきた。

一方，金属被覆としては溶融亜鉛めっきと金属溶射がある。これらは電気防食効果をも兼ね，信頼できる方法ではあるが，めっきは大きなブロックには適用しにくく，熱による変形などにも注意を要する。しかし，最近は橋桁などにも使われるようになり，この用途のため製法を工夫した亜鉛めっき用鋼も開発されている。

海洋構造物では水中という悪環境のうえに，塩分の存在により電食も生じやすい。そこで海中部分には重塗装，電気防食，アルミニウムなどによる金属溶射，コンクリートライニングなどのいずれかの方法，またはその組合せを，さらに条件の厳しい飛まつ帯では，各種材料によるライニングのほか，耐海水性鋼を用いることがあるが，施工性と経済性との兼ね合いに苦心を要する。ステンレス鋼やチタンなど耐食性にすぐれた異種材料を合わせ材として，鋼に接合したクラッド鋼を用いた例もある。

〔3〕 **強制乾燥**　閉じた空間である鋼箱桁内部，そしてごく最近では吊橋の主ケーブルにおいて，乾燥空気を強制的に送り込んでさびを防ぐ方法が採用されることがある。

2.5 材料としての設計強度

鋼構造の設計強度は応力度を基準とすることが多い。この場合，設計規範は式（1.1）もしくは式（1.2）の形をとる。すなわち，設計荷重の作用のもとで計算された応力度は規定された許容応力度または応力の制限値を超えてはならないとする。

表2.4に道路橋示方書の応力の制限値（地震時を除く）を示す。ただし，40 mmを超える厚板ではこの値を低減しており，また，ここでの圧縮に対する応力の制限値は，4.3節で述べる座屈現象は考慮していない。すでに述べたように鋼材の引張，圧縮の強さは同等と考えられるので，表にみる両者の応力の

表2.4　道路橋の応力の制限値（単位：MPa）

鋼種	SS 400 SM 400 SMA 400 W	SM 490	SM 490 Y SM 520 SMA 490 Y	SBHS 400 SBHS 400 W	SM 570 SMA 570 W	SBHS 500 SBHS 500 W
基準降伏点 σ_{yk}	235	315	355	400	450	500
保証引張強さ σ_B	400	490	490 520[3)]	490	570	570
応力制限値 引張・圧縮[1)] σ_{tyd}	179	240	271	306	344	382
応力制限値 せん断 τ_{yd}	103	137	156	175	198	203
応力制限値 支圧[2)] σ_{byd}（鋼板と鋼板）	269	361	467	459	516	540
材料の降伏比 $\frac{\sigma_{yk}}{\sigma_B}$	0.59	0.64	0.72	0.82	0.79	0.88
$\frac{\sigma_{yk}}{\sigma_{tyd}}$	1.31	1.31	1.31	1.31	1.31	1.31
$\frac{\sigma_B}{\sigma_{tyd}}$	2.23	2.04	1.81 1.92[2)]	1.60	2.66	1.49

1）座屈を考慮した応力制限値は別に規定。
2）すべりの無い平面接触の場合。
3）SM 520材の特性値。
（注）ここでは板厚40 mmまでを対象とする。

制限値には差がない。これに対し，せん断応力の制限値が引張・圧縮のそれのほぼ$1/\sqrt{3}$を丸めた数値となっているのは，2.2.1項〔3〕で述べたせん断ひずみエネルギー説によっているためである。支圧応力の制限値がきわめて大きい値であることにも注目されたい。

ところで，すでに述べたように，式（1.1）のσ_kは材料の強度がこれを下まわることはめったにないような安全側の値をとるが，それでもなお強度や荷重作用のばらつき，およびこれらを計算するうえでの不確実さがあるので，1より大きい安全率で割ったものを許容応力度としている。この安全率は純理論的に追求することが難しいため，過去の経験によっているのが現状である。しかし，相対的には，つぎの諸要因を考慮してその値が決められている。

〔1〕 **構造物の種類**　同じ鋼材でも，構造物の種類により許容応力度は異なる。ただし，安全率が大きいからといって安全性が高いとは限らない。もちろん，重要な構造物なるがゆえに安全率を大きくとることもあるが，他方，不確実な要素が大きいとか，未知要因が多い場合にも大きな安全率が設定される。

〔2〕 **基準強度の性格**　鋼材では式（1.1）のσ_kとして降伏点または耐力をとるのが普通であるが，降伏点が明確に現れないワイヤケーブルなどでは破断強度を基準にとる。σ_kが降伏点であるか破断強度であるかによって，同じ安全性レベルを確保するための安全率の値は当然異なる。鋼構造では，降伏点を基準にした場合1.5～2程度，破断強度を基準にした場合2～3程度をとっている。

〔3〕 **材料の種類**　降伏点を基準とした構造用鋼材の安全率は表2.4にみるように，一般に強度の高い鋼材ほど大きい。これには二つの理由がある。一つは強度の高い鋼材ほど降伏比が大きい，すなわち降伏点（あるいは耐力）を超えて破断するまでの余裕が少なく，かつ伸びが減少するという力学的性質の差を考慮したこと，いま一つは使用実績が少ないという信頼度の差である。

〔4〕 **限界状態の性格**　対象とする限界状態が構造物全体の崩壊に直結するようなものである場合には大きめの安全率を，安全性にかかわる現象であっても，なんらかの前兆が期待できるとき，全体崩壊までには，なにがしかの余

裕があるといった限界状態に対しては小さめの安全率をとることがある。

〔5〕 **荷重の性格** 大地震のようにきわめてまれにしか起こらない外的作用，あるいは架設時の荷重のように作用期間が限られている荷重に対する照査を行う場合には，許容応力度の割増し，すなわち安全率の低減がなされている。

式(1.2)の分離安全係数を用いれば，以上の要因はもっと明確に表現できる。

2.6 疲労に対する照査

繰返し載荷の影響が大きい鉄道橋においては，古くから疲労に対する照査が行われてきたが，最近では道路橋の設計においても疲労の影響を考慮することが求められるようになってきた。疲労設計の基本としては，まず，応力集中の顕著な構造詳細や継手，そして施工上よい品質を確保するのが難しい複雑な溶接継手の採用を避けなければならない。

そのうえで以前の疲労設計は，図2.6の上限応力をある許容値以下に抑える考えに拠っていたが，その後応力変動幅を対象とする方法に変わってきた。以下は，日本鋼構造協会の設計指針[(5)]を参考として策定された鋼道路橋疲労設計の概略である。

〔1〕 **応力度に基づく照査**

1）疲労強度に関する多くの実験結果から，継手形状により等級分けされた疲労設計曲線群を規定する。これは図2.7のような対数紙上で応力変動範囲と疲労寿命（応力繰返し回数）の関係を示したものである。

2）実際の構造部材に作用する繰返し変動応力の大きさは不規則であるが，疲労設計荷重を移動載荷させることにより着目部位の変動応力を算出し，これに波形処理の方法を適用して応力範囲を求める。

3）最大応力範囲が，一定振幅応力に対する応力範囲の打切り限界を超えないことを確かめる。ここに打切り限界とは，疲労限度に対応するもので，この値以下であれば疲労照査を行う必要のない，すなわち疲労損傷に寄与しないと考えてよい応力範囲の限界値である。

〔2〕 累積損傷度を用いる照査

前項の応力度に基づく照査が満足されない場合は，疲労設計荷重の載荷回数を算出し，累積損傷を考慮した疲労照査を行うことになる。すなわち，すべての応力範囲に対する疲労損傷度を合計した累積損傷度が1を超えないことを確認する。累積損傷度Dは一般に次式で定義される。

$$D=\sum_i\left(\frac{n_i}{N_i}\right) \tag{2.5}$$

ここに，n_iは設計寿命内に着目部に生じる応力範囲の頻度分布のうちの，ある応力範囲レベル$\Delta\sigma_i$の頻度，N_iは平均応力および板厚による補正を行った疲労設計曲線より求められる$\Delta\sigma_i$に対応する疲労寿命である。

2.7 鋼 種 の 選 定

多種の構造用鋼材の中からいかにして特定の鋼種を選べばよいか。例えば，引張強さの高い高強度鋼を使えば，同じ力を受けても断面が小さくてすみ，したがって構造は単純化され，軽量となる。軽量となることは，橋などにとっては自重による作用力自体を減らすことにもなり，より長支間へと適用範囲は拡大され，運搬・架設も楽になり，そして耐震性の面からも有利である。しかし，強度の大きい鋼材ほど材料単価が高く，そのうえ疲労，座屈，変形あるいは振動に対してはかえって不利になることさえある。加工，溶接にはより慎重な対処が必要で，したがって製作費も高くつく。もう一つの例として，耐候性鋼材も一般には維持費が安くなるという利点がある一方で，やはり材料単価は高く，そもそも使用条件が適当でなければその効果も発揮できない。本来の目標である無塗装裸使用の場合には濃茶色あるいは黒褐色といった色彩に限定されることも，周囲の景観との整合上受け入れにくい場合があるかもしれない。

このような事情のもとで，鋼種の選定は，つぎの諸条件を総合的に勘案して，適材適所に使い分けることが必要となる。

（a） **力学的条件**　構造物に目的，機能に適合した所要の強度，剛度を確保せしめ，必要な変形能（延性），じん性をもつこと。

（b）**施工条件**　加工性と溶接性。ともに製作上の作業のしやすさと前項の力学特製に及ぼす影響。

（c）**維持・保守条件**　耐疲労性，耐腐食性を含めた耐久性に関係する条件で，維持・保守の費用が少なく，手間がかからないものが望ましい。使用環境によることはいうまでもない。

（d）**使用条件**　やはり使用環境に左右されるほか，作用する応力の性質にも関係する。

（e）**経済条件**　一般には材料費，製作・架設費などの建設費と維持費を含めた総費用（ライフサイクルコスト）を最小にすることを条件とするが，構造物の重要度，機能，外観に対する要求をあわせ考慮する。

大規模な構造物では，大きな応力を受ける部分には高張力鋼を，その他の部分には普通鋼を，といった鋼種の混用をはかるのが普通である。

演　習　問　題

〔**2.1**〕　鋼材の力学的性質のうち，つぎのものについて，鋼構造物にとって重要である理由および影響する要因を挙げよ。

（a）伸び　（b）衝撃強さ

〔**2.2**〕　高張力鋼を鋼構造に用いても必ずしも有利にならない場合がある。それはどのような場合で，どのような理由によるものか（4.4節まで進んだ段階で，再びこの問題を考えてみよ）。

〔**2.3**〕　弾性体において，もし体積変化がないものとすれば，ポアソン比はどのような値をとるか。その結果を鋼のポアソン比と比べてみよ。

〔**2.4**〕　長さ200 cm，直径1 cmの円形断面鋼棒に15 kNの引張力を加えた。

1）断面に生じる応力度およびこれに対応する直ひずみを求めよ。

2）鋼棒の長さはどれだけ伸びるか。

3）どの断面も一様に変形するとして，直径はどれだけ変化するか。

第3章 鋼材の接合

3.1 一　　般

鋼構造においては，まず板材または形鋼を工場で部材あるいは輸送可能な大きさのブロックに製作し，それらを現場で組み立てて構造物とするのが普通である。すなわち，この場合工場，現場双方で接合という作業が行われる。このように接合が可能ということはつぎのような利点をもたらす。

（1）効率のよい断面の構成，ならびに長手方向の断面変化を可能とし，したがって自由度に富み，経済的な設計をなしうる。

（2）現場における接合が可能であるため，重量，寸法両面からの輸送上の制約に対応することができる。

ところで，鋼構造において力を伝達するための接合方法には**表3.1**に示すような種類がある。この中で**ピン接合**は，連結される部材双方の端部に孔をあけ，1本の太いピンを通して結合するもので，古くはトラス格点にも用いられたが，現在は回転自由という仮定をどうしても満足させなければならない箇所にのみ使われている。また，**リベット接合**は，1950年代ころまで鋼構造の主流を占めていたが，後述のような事情から現在はほとんど用いられていない。さらに表3.1に示す方法のほか，化学的接合法として強力な接着剤の使用もありうるが，いまのところ鋼構造では将来の可能性として考えられるにすぎない。

なお，**接合**（connection）とは複数の材片をつなげる行為をさすが，機械的

表3.1　力を伝えるためのおもな接合方法

方法			力の伝達機構	適用
金属学的方法	溶接		引張・圧縮またはせん断	工場製作はほとんどこの方法。一部現場架設にも。
機械的方法	高力ボルト接合	摩擦接合	摩擦	現在，現場接合の主流。
		支圧接合	摩擦に加え，せん断・支圧にも期待	場合により使用。
		引張接合	引張	木造建造物では少ない。
	リベット接合		継手材のせん断と，継手材・母材間の支圧	以前の鋼構造はすべてこれによったが，現在はほとんど用いられない。
	ピン接合			回転自由のヒンジとしての仮定を満足すべき箇所にのみ使用。

方法による接合を**連結**ということもある。接合された構造部分は**継手**（joint）と呼ぶ。

3.2　溶　接

3.2.1　溶接の特徴

なんらかの熱源を利用して金属を溶融し，金属材片どうしを直接接合する**溶接**（welding）は，機械的接合方法であるリベットあるいは高力ボルト接合と比較してつぎのような利点がある。

（1）**図3.1**に示すように，連結のためのよけいな材片が不要で単純化することができ，しかも

（2）被溶融材（接合されるべき材で，**母材**ともいう）と同等の継手強度を得ることができる。

（3）連結的接合であるので，応力の流れが概して円滑である。

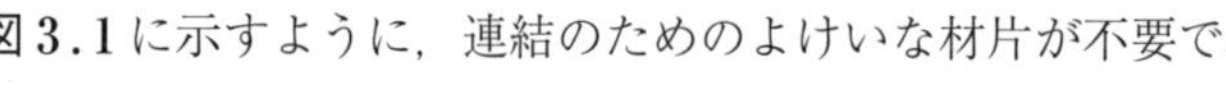

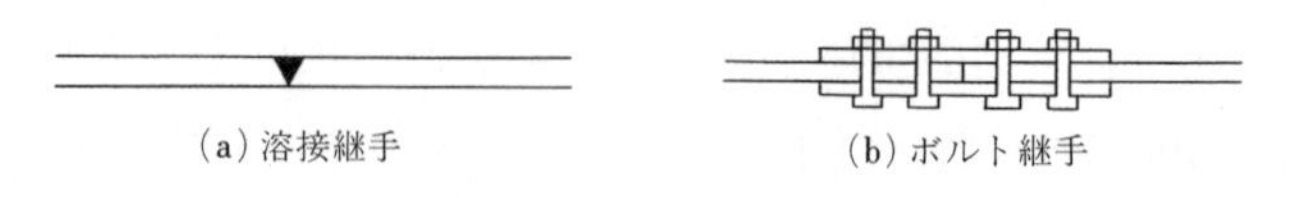

(a) 溶接継手　　(b) ボルト継手

図 3.1　溶接継手とボルト継手の比較

（4） 設計，施工の自由度が大きく，適用しうる板厚の範囲が広く，細かい形状変化にも適応しうる。

（5） 施工効率がよい。また細心の注意を前提として補修にも使いやすい。

（6） 水密性，気密性が高い。

（7） 施工に際して騒音，汚染が少ない。

しかし，鋼構造における溶接は高熱を加えて金属を溶かし，これが冷えて固まるため，熱影響は避けられず，したがってつぎのような問題を生じやすい。

（1） 収縮，変形を生じ，これに伴う残留応力が発生する。

（2） 材質の変化を伴うため，材料に応じた入熱管理が必要とされる。

（3） 手溶接の場合には技術，熟練の度合いによる品質のばらつきがありうる。

上記（1），（2）については後でやや詳しく述べる。さらに

（4） 板組方法や構造上の制約から良好な溶接品質が得にくい場合があり，おのずと溶接欠陥や応力集中箇所が生じることで使用性能上の問題が生じやすい。

（5） むだのない，一体化した断面をつくれるということは，リベット接合や高力ボルト接合に比べ，構造物あるいはその構造部材における剛性や振動減衰性の低下を招きやすい。

したがって，溶接構造の設計，施工にあたっては，構造物に求められる使用性能を満足させるための十分な認識，判断，そして注意が求められる。

3.2.2 溶接法の分類

金属を溶接するには，接合面間の金属原子を再配列させて，それらの間に結合力が働く距離まで接近させなければならず，そのためになんらかのエネルギーを必要とする。このエネルギー源によって溶接法を分類すると**表3.2**のようになる。一方，接合方法により，接合部に溶融金属を生成または供給して溶接する**融接**（溶融接合），接合部に圧力を加えて溶かす**圧接**（固相接合），および溶接される母材は溶融させず，別の溶融金属により接着させる**ろう接**（液相・固相反応接合）とに分けることがあるが，この中で鋼構造に適用されるのは融

表3.2　エネルギー源による溶接法の分類

エネルギー源	方　法	
電気的エネルギー	アーク溶接	被覆アーク溶接，サブマージアーク溶接，ガスシールドアーク溶接，セルフシールドアーク溶接，ティグ溶接，エレクトロガスアーク溶接，スタッド溶接
	エレクトロスラグ溶接	
	抵抗溶接	
	高周波溶接	
	電子ビーム溶接	
	プラズマ溶接	
化学的エネルギー	ガス溶接	
	テルミット溶接	
	爆圧溶接	
機械的エネルギー	摩擦溶接	
	圧接	加熱圧接，冷間圧接，拡散接合
超音波エネルギー	超音波溶接	
光エネルギー	レーザ溶接，光線溶接	

接である。中でも，アークを熱源としたアーク溶接が広く用いられている。

3.2.3　おもな溶接法

アーク溶接とは，母材（被溶融材）と電極棒との間にアークを発生させ，その熱により被溶融材を溶かして接合する方法であり，高温のアーク雰囲気や溶融金属部を大気中の酸素，窒素から保護するため，各種の被覆剤やシールドガスが用いられる。多くの場合，溶融金属棒（溶加材）を溶融させ，それが溶接金属となる消耗電極式がとられる。この溶接法は大部分が被覆アーク溶接，サブマージアーク溶接またはガスシールドアーク溶接（表3.2および**図3.2**参照）によって占められる。

〔1〕 **被覆アーク溶接**　　溶加材と電極棒を兼ねる心線に被覆剤（フラックス）塗布し，乾燥させた溶接棒を用いる。被覆剤は上述の保護効果のほかに，アークを安定にし，凝固・冷却をゆるやかにし，溶着金属の性質および外観を向上させる役目をする。その成分によっていろいろな種類があり，非低水素系と低水素系に大別される。イルミナイト系などの非低水素系は作業性はよいが，溶接金属の強度やじん性が要求されるので，耐候性鋼や高張力鋼が使われる主

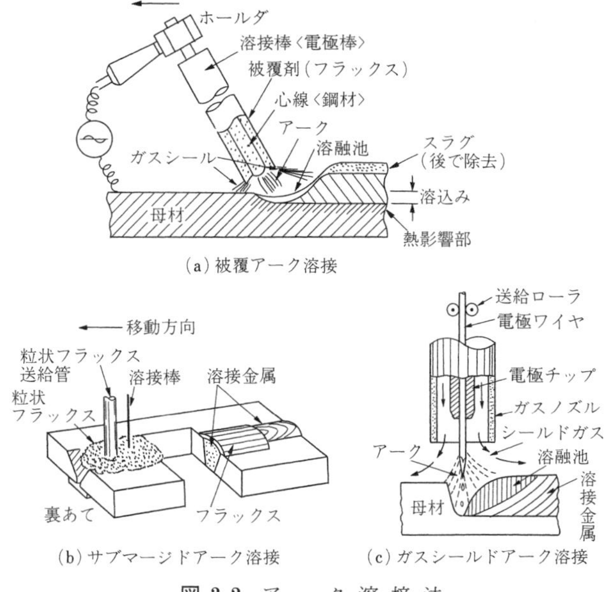

図 3.2　アーク溶接法

要部材の溶接には低水素系が用いられる。

この方法では，図3.2（a）に示すように溶接棒をホールダに挟んだままアークを発生させ，一定の溶融範囲を確認しながら進行方向に運棒させる。溶接が進むにつれて溶接棒自らも溶けて短くなることから，安定したアークを保つのに熟練を要するが，全姿勢の溶接に対応できるなど，他の溶接法にない利点がある。

〔**2**〕 **サブマージアーク溶接**　図3.2（b）に示すように，溶接線の前方に粒状のフラックスを散布し，この中に自動的に供給された電極ワイヤと母材の間にアークを発生させ，機械で保持されたフラックス供給管と溶接棒が一定速度で移動しながら溶接を行っていく方法である。粒状のフラックスはアーク熱で溶融スラグ化し，溶接金属を大気から遮断するとともに，ビード外観を整える役目をはたす。溶け込みが深く，溶接速度が速いので高能率であり，自動化されているので品質のばらつきも小さい。しかし，上向き溶接ができないなど施工条件が限られるほか，大電流を使うため熱影響が大きい。

〔3〕 **ガスシールドアーク溶接**　　ミグ（MIG：Metal Inert Gas）溶接ではアルゴン，ヘリウムといった不活性ガス，マグ（MAG：Metal Active Gas）溶接では炭酸ガス（ときに少量のアルゴンガス混入）でアークを大気から保護し，その中でアーク溶接を行う方法である〔図3.2（c）〕。電極ワイヤには，フラックス入りと，そうでないソリッドワイヤとがある。ワイヤ供給のみ自動化した半自動溶接が多いが，最近はロボットによる自動溶接が増えている。ノズルから同時に供給されるシールドガスにより大気から遮蔽した中で，電極チップにより通電したワイヤと母材との間にアークを発生させて溶接を行う。他の方法のように溶融スラグを伴わないため，外観は溶接中の運棒に左右されやすいが，連続的に溶接ワイヤが供給される半自動施工が一般的であり，全姿勢で溶接ができるうえに能率も高い。しかしながら，外気の影響によるシールド不良に注意する必要がある。

このほかに，厚板にはエレクトロガスアーク溶接を使うこともあるが，どの溶接法を選ぶかは，鋼種による母材の特性，後述の継手形式，板厚，溶接姿勢，作業環境，経済性など，さまざまな条件を勘案しなければならない。現在は能率面や品質面ですぐれた簡易自動機やロボットが普及し，自動化，省人化が進んでいる。すなわち，板厚や継手形状に応じた最適な溶接方法がほぼ標準化されている。

3.2.4　溶接部の構造

溶接された継手部の断面は図**3.3**のような状況で，溶加材が溶けた溶着金属部（ビード）と被溶融材の溶かされた部分を合わせた溶接金属部，母材の熱影

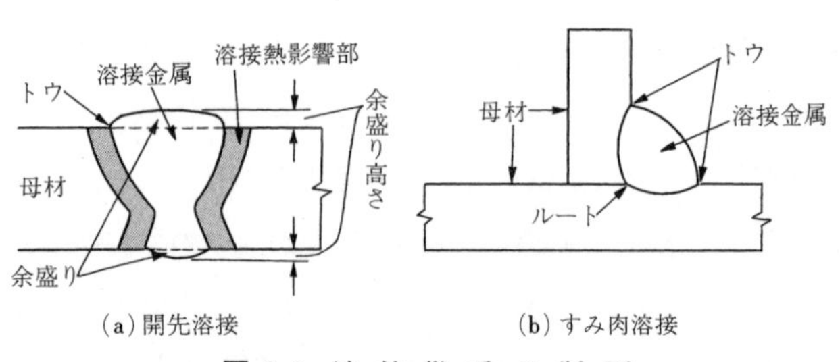

図 3.3　溶接継手の断面

響部，および熱影響を受けなかった母材原質部から成っている。溶接金属部と熱影響部の境界は溶接ボンドと呼ばれるが，この付近から母材熱影響部にかけては非常な高温まで急速に加熱され，その後急冷されたことによって金属組織が変質し，延性やじん性などの機械的性質が変化するので，つねに継手の溶接性を評価するための着目部位となる。溶接性を示すものに溶接金属部の最高硬さがあるが，2.1.2〔1〕でふれた炭素当量が一つの目安とされ，これが高いほど硬化する傾向がある。この傾向は高張力鋼，高炭素鋼ほど顕著で，炭素当量が被溶融材の硬化性を示す目安とされている。溶接部に特有なその他の部位名称は図に示すとおりである。

3.2.5　溶接の影響とその対策

溶接により鋼材は局部的に，しかも短時間に加熱，冷却されるため，溶接部にさまざまな欠陥をもたらすことがある。また，不均一な温度分布に起因する塑性変形に伴う力学的影響も無視できない。

〔1〕 溶接部の欠陥

（a） 外部きず　図3.4に示すアンダーカット，オーバーラップ，余盛りの過不足など，所定のビード形状からずれた形状，寸法上の欠陥で，断面不足や応力集中をもたらす。これらは，用いる溶接方法，溶接材料に応じた電流，電圧，運棒速度などの不適切な組合せや，不適当な運棒などが主たる原因と考えられる。

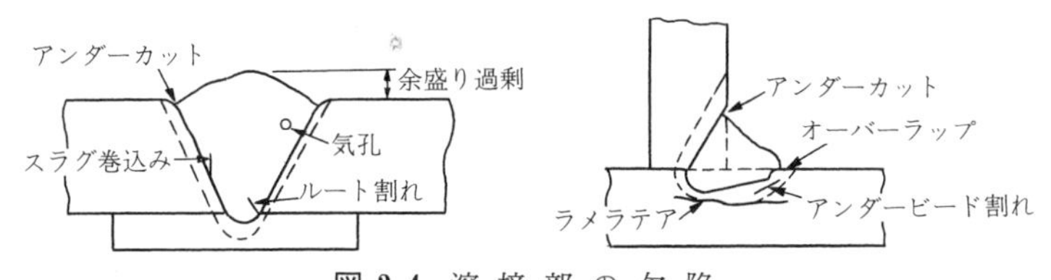

図3.4　溶接部の欠陥

図のラメラテア板厚方向に引張を受ける溶接継手で，鋼材表面に平行に発生する割れである。溶接施工上の対策とともに，このような溶接継手に対しては不純物を低減した耐ラメラテア鋼を用いるのが望ましい。

（b） 内部きず　やはり図3.4に示した各種の割れ，気孔などをさす。低温割れの原因は鋼材の材質，拘束の度合い，応力集中源の存在，不純物の偏析などさまざまであるが，拡散性水素の影響が大きく，これを避けるには溶接材料の乾燥管理が重要である。また，一般に予熱・後熱の実施，低水素溶接棒の使用などがすすめられている。一方，気孔（ブローホール）は溶融金属内で放出されるガスが凝固金属中に取り残されたためで，溶接棒の乾燥管理，被溶接部のさびの除去などが対策として挙げられる。

溶接内部の欠陥の非破壊検査の方法には，放射線透過試験や超音波探傷試験がある。

〔2〕 **材質の変化**　溶接による急熱，急冷は鋼材の金属組織に影響を与え，材質の変化をもたらす。特に熱影響部は焼入れ効果によって硬化し，じん性の低下，割れの発生などにつながる恐れがある。母材，溶接棒ともに十分その材質を吟味し，工法も材質に見合ったものでなければならない。母材の対策としては，先に述べたように炭素当量に制約を課する。また，このような場合に対応する特殊な鋼材については，2.3節で述べたとおりである。

〔3〕 **残留応力**　局部的に加熱された溶接部は膨張しようとする。しかしその周辺の温度変化のない部分はもとのままでいようとするので，加熱部の変形は拘束される。このとき，熱せられた鋼材の降伏点は低下することもあって，常温に戻った後にも塑性ひずみが残り，これが残留応力発生の原因となる。**図3.5**に溶接残留応力分布の例を示すが，その極大値は普通鋼の場合，降伏点の半ば以上に達することがある。溶接の場合ほどではないが，残留応力は圧延形鋼にも存在する。

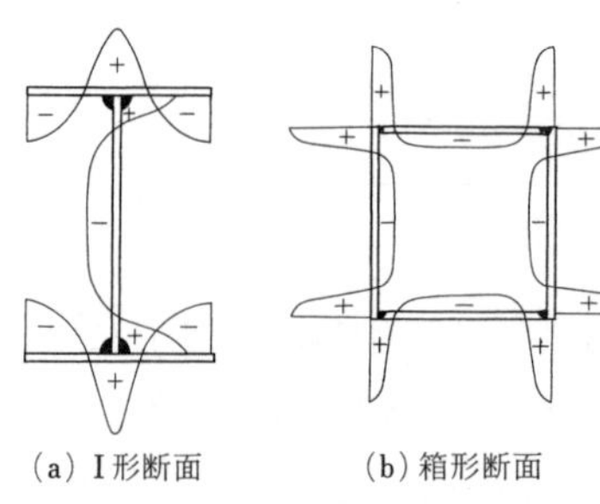

（a）I形断面　（b）箱形断面

図 3.5　溶接断面における残留応力分布

残留応力は外的拘束がなく，外力が作用していない状態のもとで，それ自体でつり合っている。

残留応力は疲労強度を低下させ，あるいは次章に述べるように，部材の強度を低下させることが多い。溶接に伴う残留応力は避けられないにしても，これをできるだけ抑制するには，溶接部に拘束をなるべく与えないようにし，溶接順序に留意する。残留応力の除去には焼なまし（応力除去焼鈍）が効果があるが，大きい部材では困難で，行うとしても，かえって材質を劣化させないよう注意しなければならない。

〔4〕 **溶接による変形**　残留応力発生の原因はとりもなおさず溶接変形の原因でもある。すなわち，加熱・冷却によって収縮変形が生じるとともに，温度分布の不均一による収縮の度合いの差によって，**図3.6**に示すような面外たわみ変形やねじれ変形などを生じる。過度の溶接変形は所要の制作精度を確保するのを難しくし，外観を損なうほか，これも次章で述べるように部材の強度を低下させる結果となる。そこで，溶接変形をできるだけ小さくし，あるいは矯正するために，つぎのような方法がとられる。

（1） 溶接前に逆方向のひずみを与えておく。

（2） 溶接時に変形しないよう拘束する。その反面，拘束は残留応力を増加させる原因となる。

（3） 溶接順序に注意し，片面からだけでなく，裏側からもはつりをして溶接するなどの工法を工夫する。

（4） 溶接後にプレスあるいは局部的加熱による矯正を施す。

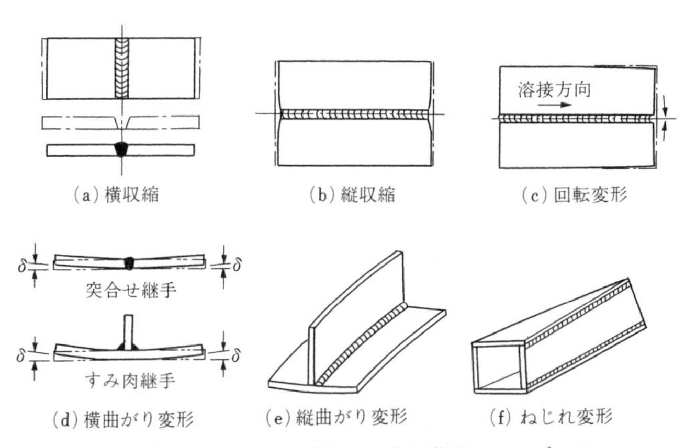

図 3.6　溶接による変形（新編土木工学ポケットブック，14 章鋼構造，p. 621，オーム社，昭 57.9 より）

以上述べたのように，溶接による欠陥を生じる原因は，つぎの3点にまとめられる。

①応力集中や溶接困難な箇所を生じさせる設計上の問題

②外部きず（形状欠陥）を残すような溶接過程上の問題

③水素脆性，偏析など金属学的問題

3.2.6　溶接継手の種類

鋼構造で最もよく用いられる溶接継手は，溶着部の形状によって，**図3.7**のように開先溶接（グルーブ溶接）とすみ肉溶接とに分けられる。**開先溶接**はその名のとおり，接合面に適当な形の開先（groove）を加工して，ここに溶着金属を盛り込む。接合面を完全に溶かし込まない部分溶込み溶接もあるが，力を伝える鋼構造部材では一般に全断面溶け込み開先溶接（完全溶込み溶接）とする。おもな開先の形状を**表3.3**に示す。薄板では片面からのみ溶接するV形，レ形の開先を用いるが，厚板では両面からのX形，K形とするのが普通である。

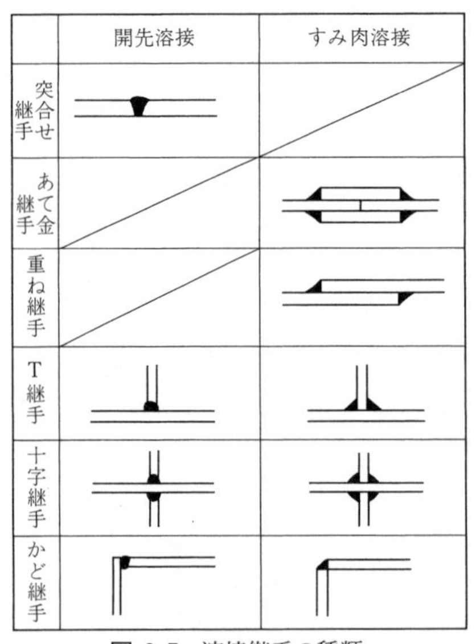

図3.7　溶接継手の種類

表3.3　おもな開先形状

呼称	形　状
I形	
V形	
X形	
レ形	
K形	

一方，**すみ肉溶接**（fillet welding）は直交する被溶接材片面間に溶着金属が盛られる形となる。溶着金属断面の内接三角形の材片に沿った辺の長さを脚長

(サイズ) と呼ぶ。この三角形は直角二等辺三角形，すなわち等脚とするのを原則とする。仮付けには断続溶接を用いるが，力を伝えるすみ肉溶接は全長にわたっての連続溶接とする。

巻末付録の表A1には図面上におけるこれら溶接継手の表示方法を示した。これらにより溶接方法，開先形状，脚長もわかるようになっている。

接合されるべき材片相互の位置関係による溶接継手の分類を図3.7にあわせて示す。すなわち，突合せ継手，重ね継手，T継手，十字継手，かど継手などで，継手の形式による分類といえよう。

3.2.7　溶接継手の有効断面

力を伝える溶接継手の有効断面の断面積は有効溶接長に有効厚さを乗じて求められる。有効長は必ずしも溶接長そのものではない。開先溶接で溶接の始点と終点はクレーター部と称し，良質の溶接は期待できないので，それぞれ板厚と等しい長さの部分は有効長に入れないことにしている。しかし，**図3.8**に示すように，両端にタブ（補助板）を付けて溶接し，後からこのタブを切断すれば溶接の始終端部に生じやすい

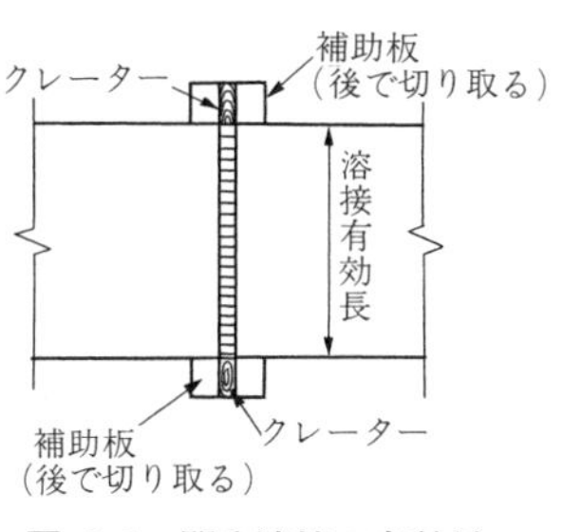

図 3.8　開先溶接の有効長

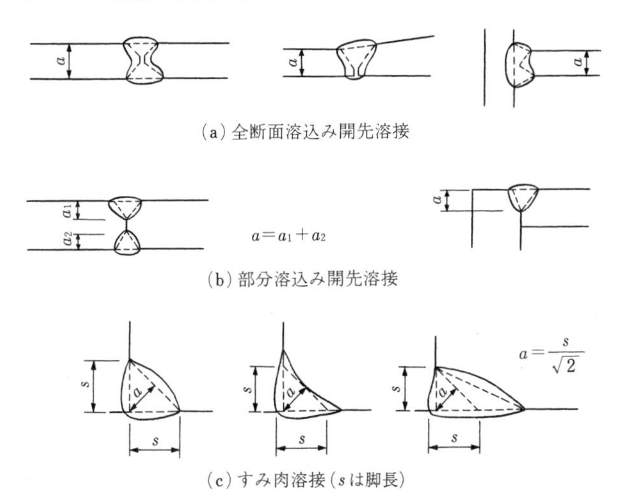

図 3.9　溶 接 の の ど 厚

不良部分を有効溶接長に含むことが避けられる。すみ肉溶接でも，まわし溶接を行った場合は，このまわし溶接部は有効長から除いている。

一方，有効厚は力を伝える最小断面の厚さで，**のど厚**という。**図3.9**におけるaで，全断面溶込み開先溶接の場合は薄いほうの板の厚さ，部分溶込み開先溶接の場合は溶込みの深さの和，そしてすみ肉溶接の場合は継手のルート（溶着金属の底と被溶融材とが交わる部分）を頂点とする内接三角形の高さで，いずれも余盛り（図3.3参照）の部分は有効断面に含めない。

3.2.8　溶接継手の強度

〔1〕　開先溶接継手　　全断面溶込み開先溶接継手では，使用材料および工法に欠陥がなければ，継手効率（継手の強度/母材の強度）は100%とみなすことができる。すなわち，継手部には被溶融材と同等以上の強度が期待できる。

〔2〕　すみ肉溶接継手　　すみ肉溶接継手は幾何学的形状に急激な変化があり，力の伝達も直接的でないので，応力の流れ，分布ともに複雑である。

まず，**図3.10**（a）の側面すみ肉溶接継手は同図（b）に示すようなせん断力を受ける。この際，溶接長が脚長より十分大きければ，力の偏心の影響は小

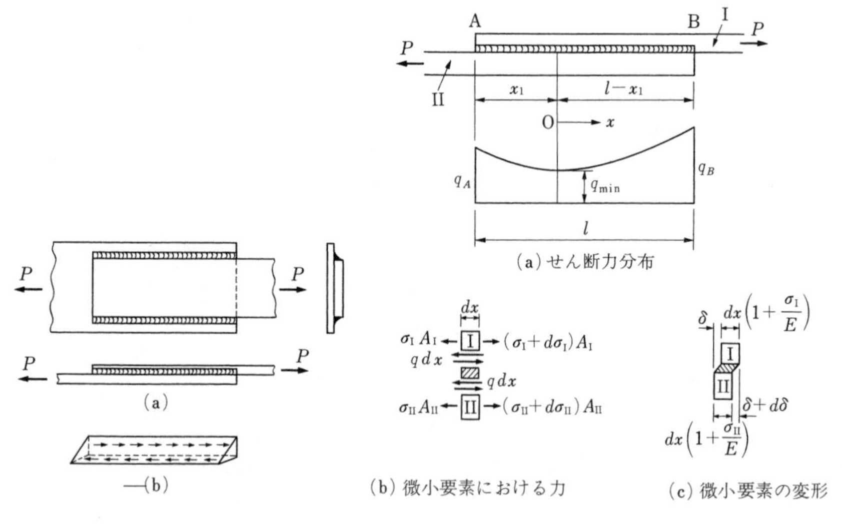

図 3.10　側面すみ肉溶接継手

図 3.11　側面すみ肉溶接継手に分布するせん断力

さいと考えてよい。この継手に働く単位長さあたりのせん断力qの分布を求めてみよう。

図3.11の上の板をⅠ，下の板をⅡとし，それぞれの断面積をA_{I}，A_{II}，作用する直応力をσ_{I}，σ_{II}とする。板Ⅰ，Ⅱの微小要素dxを取り出すと，これらには同図（b）のような力が働いており，両者が溶接継手でつながれていれば，同図（c）のように変形する。このとき，溶接部のせん断性変形は，この部分の剛性をDとすると

$$\delta=\frac{q}{D} \tag{i}$$

である。まず力のつり合い条件を考えると，任意の断面において

$$\sigma_{\mathrm{I}}A_{\mathrm{I}}+\sigma_{\mathrm{II}}A_{\mathrm{II}}=P \tag{ii}$$

でなければならない。一方，長さdxの板要素Ⅰについて

$$(\sigma_{\mathrm{I}}+d\sigma_{\mathrm{I}})A_{\mathrm{I}}-\sigma_{\mathrm{I}}A_{\mathrm{I}}=qdx$$

すなわち

$$q=A_{\mathrm{I}}\frac{d\sigma_{\mathrm{I}}}{dx} \tag{iii}$$

なる関係がある。

式（iii）を式（i）に代入すれば

$$\delta=\frac{A_{\mathrm{I}}}{D}\cdot\frac{d\sigma_{\mathrm{I}}}{dx} \tag{iv}$$

つぎに変形適合条件を考える。図3.11（c）から明らかなように

$$\delta+dx\left(1+\frac{\sigma_{\mathrm{I}}}{E}\right)=\delta+d\delta+dx\left(1+\frac{\sigma_{\mathrm{II}}}{E}\right)$$

すなわち

$$\frac{d\delta}{dx}=\frac{\sigma_{\mathrm{I}}-\sigma_{\mathrm{II}}}{E} \tag{v}$$

以上の式（ii），（iv），（v）からσ_{II}を消去すれば，σ_{I}に関するつぎの微分方程式が導かれる。

$$\frac{d^2\sigma_{\mathrm{I}}}{dx^2}-\left(\frac{1}{A_{\mathrm{I}}}+\frac{1}{A_{\mathrm{II}}}\right)\frac{D}{E}\sigma_{\mathrm{I}}=\frac{-P}{A_{\mathrm{I}}A_{\mathrm{II}}}\cdot\frac{D}{E} \tag{vi}$$

この一般解は

$$\sigma_{\mathrm{I}} = C_{\mathrm{I}} \sinh \frac{x}{\alpha} + C_2 \cosh \frac{x}{\alpha} + \frac{P}{A_{\mathrm{I}} + A_{\mathrm{II}}} \qquad \text{(vii)}$$

ここに，C_1，C_2 は積分定数で

$$\alpha = \sqrt{\frac{A_{\mathrm{I}} + A_{\mathrm{II}}}{A_{\mathrm{I}} + A_{\mathrm{II}}} \cdot \frac{E}{D}}$$

したがって，式（iii）から

$$q = \frac{A_{\mathrm{I}}}{\alpha}\left(C_1 \cosh \frac{x}{\alpha} + C_2 \sinh \frac{x}{\alpha}\right) \qquad \text{(viii)}$$

座標の原点をせん断力最小，すなわち $dq/dx = 0$ なる点に選ぶとすれば，$x = 0$ において $dq/dx = 0$ から $C_2 = 0$ となり，さらに図3.11（a）の点A（$x = -x_1$）で $\sigma_{\mathrm{I}} = 0$，あるいは点B（$x = l - x_1$）で $\sigma_{\mathrm{I}} = P/A_{\mathrm{I}}$ なる境界条件から C_1 が定まり，つぎの結果を得る。

$$q = \frac{\alpha P}{A_{\mathrm{II}}} \cdot \frac{D}{E} \cdot \frac{\cosh(x/\alpha)}{\sinh(x_1/\alpha)} \qquad (3.1)$$

すなわち，単位長さあたりのせん断力は図3.11（a）のような双曲線関数曲線分布であって，両端で極大値をとり，$A_{\mathrm{I}} < A_{\mathrm{II}}$ ならば $q_A < q_B$ となる。

このように，側面すみ肉溶接継手のせん断応力は均一には分布しないのであるが，鋼は延性材料であるので，例えば**図3.12**のような理想的弾塑性体（**完全弾塑性体**という）と仮定すると，作用する力 P を増していって両端からしだいに降伏点に達したとしても，この部分が塑性域に入るだけで破壊はせず，全長にわたって降伏したところで，初めてそれ以上の荷重に耐えられない極限状態に達する。このような**図3.13**に示す過程を**応力再分配**と呼ぶ。

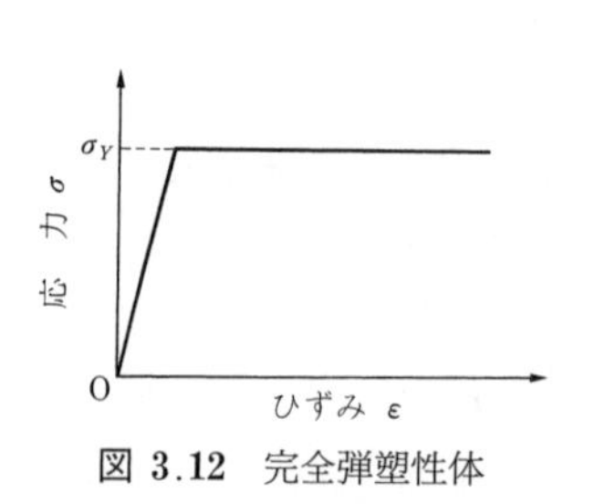

図 3.12　完全弾塑性体

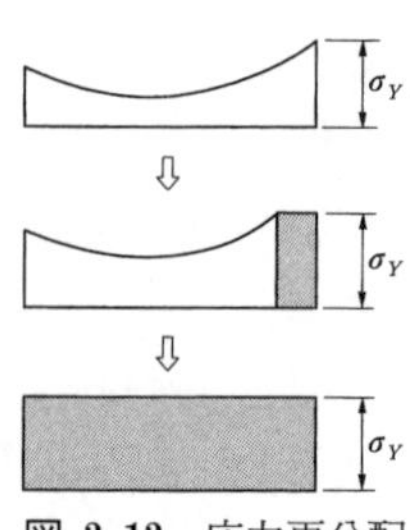

図 3.13　応力再分配

以上のことを念頭に置き，やっかいな計算を避ける意味もあって，実際の設計では作用応力を平均化して考える。このとき，せん断応力度の最大値は最も断面の小さいのど部で生じ，その値は

$$\tau_{\max} = \frac{P}{\sum al} = \frac{P}{\sum (s/\sqrt{2})l} = 1.414\frac{P}{\sum sl} \tag{3.2}$$

となる。

一方，**図 3.14** に示す前面すみ肉溶接継手の断面は**図 3.15**（a）のような力を受け，それによる継手部の応力分布は非常に複雑である。しかしこの場合も，実際の設計ではやっかいな計算を避けるべくモーメントの寄与は無視し，図 3.15（b）に示す P による任意の断面 $\overline{\mathrm{OC}}$ の応力を考えると

直　応　力：　$\sigma = \dfrac{P \sin\alpha \sin(135° - \alpha)}{ls \sin 45°}$

せん断応力：　$\tau = \dfrac{P \cos\alpha \sin(135° - \alpha)}{ls \sin 45°}$

となり，それぞれの最大値はともに $1.205(P/sl)$ である。これは側面すみ肉溶接継手の場合の式（3.2）の値より小さく，しかもそれほど大きな差はない。したがって，便宜的にのど断面で式（3.2）と同じ表現を用いるとしておけば，安全でもあり，共通の計算式となる。

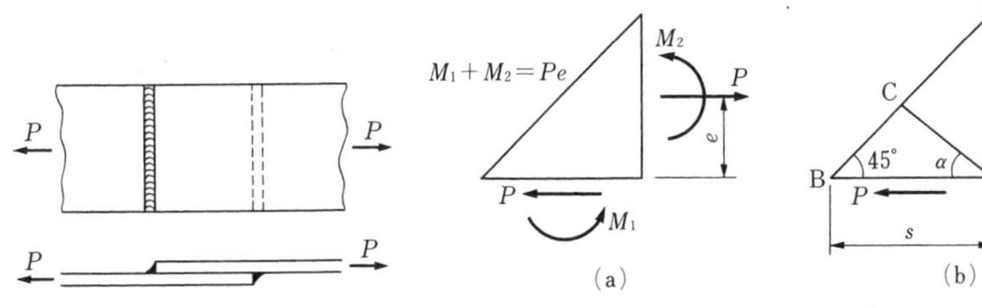

図 3.14　前面すみ肉溶接継手　　図 3.15　前面すみ肉溶接継手にかかる力

3.2.9　溶接継手の設計

〔1〕　**必要な有効断面**　　作用する断面力の種類，溶接継手の形式を問わず，実用設計においては，前項にも述べたように応力は継手に均一分布する，破壊はのど断面で起こる，そして残留応力は無視する，と考えることにする。

（a）　**軸力，せん断力が作用する継手**　　**図 3.16** に示すように，開先溶接継

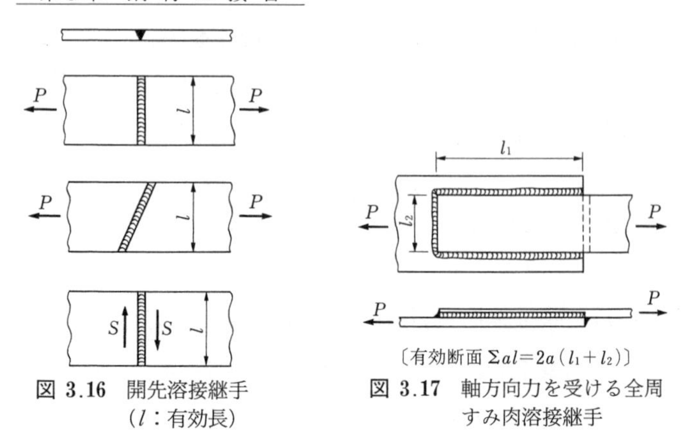

図 3.16　開先溶接継手（l：有効長）

図 3.17　軸方向力を受ける全周すみ肉溶接継手

手に軸力（引張力か圧縮力）P，せん断力Sが作用する場合には，それぞれ

$$\sigma=\frac{P}{\sum al}\leqq\sigma_{yd} \tag{3.3}$$

$$\tau=\frac{S}{\sum al}\leqq\tau_{yd} \tag{3.4}$$

なる条件を満足するように溶接長lおよびのど厚aを確保しなければならない。この際，溶接線が応力方向に斜めの場合は，図3.16中央の図のように，応力に直角な方向に投影した長さを有効長lにとる。また前述の式のΣは同一断面内で力を負担する溶接部の総和をとることを示す。なお，ここでは全断面溶け込み開先溶接の場合を示しており，部分溶け込み溶接に対しては扱いが異なる。

式（3.3），（3.4）における溶接部の応力の制限値σ_{Nyd}，τ_{yd}は，被溶融材と同等の強度を期待しうるとして，それぞれ表2.4に示した被溶融材の応力度の制限値と同じ値を規定している。

一方，すみ肉溶接の場合は，すでに述べたように，作用断面力のいかんいにかかわらず，また溶接線の方向を問わず，のど断面におけるせん断強度で抵抗するとしている。したがって，**図3.17**において

$$\tau=\frac{P(\text{または}\,S)}{\sum al}\leqq\tau_{yd} \tag{3.5}$$

なる条件を満足しなければならない。

（b） 曲げモーメントが作用する継手　式（3.3）でも結果的にそうなるが，溶接部の応力の制限値が被溶融材のそれと同じであるからには，全断面溶込み開先溶接の場合，被溶融材の応力度が制限値以下であれば，継手の強度は照査の必要がないといえる。すなわち，中立軸からの距離yにおける，曲げモーメントMによる応力度は

$$\sigma=\frac{M}{I}y\leqq\sigma_{yd} \tag{3.6}$$

なる条件を満足しなければならない。ここでのIは開先溶接継手の中立軸に関する断面2次モーメントである。

しかし，**図3.18**のようなすみ肉溶接の場合は注意を要する。すなわち，すみ肉溶接継手はせん断応力を伝達し，しかもそののど断面が傾斜していることから，式（3.6）の右辺はσ_{yd}ではなくτ_{yd}でなければならず，Iはルートを中心としてのど厚断面を接合部に展開した平面図形〔図3.9（c）参照〕について計算したもので，具体的には図3.18のI形断面の場合であればつぎのようになる。

$$I=2\times\frac{1}{12}a_3(l_1-2a_2)^3+2(b-t)a_2\left(\frac{l_1-a_2}{2}\right)^2+2ba_1\left(\frac{l_2+a_1}{2}\right)^2 \tag{3.7}$$

（c） 異なる断面力が同時に作用する継手　全断面溶込み開先溶接継手に軸力や曲げモーメントによる直応力σとせん断力やねじり（4.6.2項参照）によるせん断応力τとが同時に作用する場合，最大せん断ひずみエネルギー説による式（2.4）の$\sigma_v=\sqrt{\sigma^2+3\tau^2}$が許容応力度以下になるようにする。この場合，

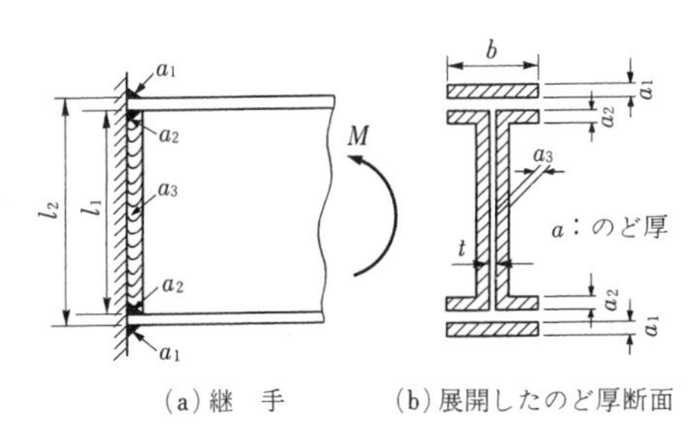

図 3.18　曲げモーメントを受けるすみ肉溶接継手

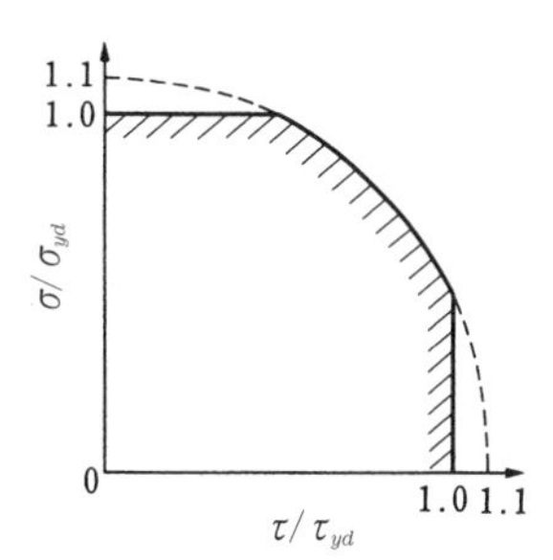

図 3.19　直応力とせん断応力が同時に作用する場合の許容域

σとτの計算に用いる荷重状態が必ずしも同じでなかったりすることから，経験的に応力の制限値を10%程度割り増してもよいとしており，道路橋設計示方書（鋼橋編）では

$$\sigma_v=\sqrt{\sigma^2+3\tau^2}\leqq 1.1\sigma_{tyd}$$

と考え，$\tau_{yd}=\sigma_{tyd}/\sqrt{3}$ とおいて

$$\left(\frac{\sigma}{\sigma_{tyd}}\right)^2+\left(\frac{\tau}{\tau_{yd}}\right)^2\leqq 1.2 \tag{3.8}$$

なる条件を規定している。ただし同時に，$\sigma\leqq\sigma_{tyd}$，$\tau\leqq\tau_{yd}$ なる条件も課せられるのは当然で，これらをまとめれば，**図 3.19** の実線で囲まれた領域内が許容域ということになる。

せん断応力のみで抵抗すると考えるすみ肉溶接の場合は，許容応力度の割増しは行わないが，作用方向の直交するせん断応力τ_N，τ_Tを同時に受ける場合には，それらのベクトル和 $\tau=\sqrt{\tau_N{}^2+\tau_T{}^2}$ を考え

$$\left(\frac{\tau_N}{\tau_{yd}}\right)^2+\left(\frac{\tau_T}{\tau_{yd}}\right)^2\leqq 1 \tag{3.9}$$

とする。

このことは開先溶接に対する先の式（3.8）においても同様で，同式のτがτ_Nとτ_Tの合成されたものであれば，$\tau=\sqrt{\tau_N{}^2+\tau_T{}^2}$ とする。

〔2〕　その他の留意事項

（1）　良質な溶接が得られ，溶接による欠陥を生じないよう，設計の時点から注意を払う。例えば，拘束が大きくならないよう，応力の流れが滑らかになるよう，溶接施工がやりやすいように，部材を構成する要素の配置，継手の形状や位置などを考える。特に溶接継手の集中や交差を避ける。**図 3.20** はその

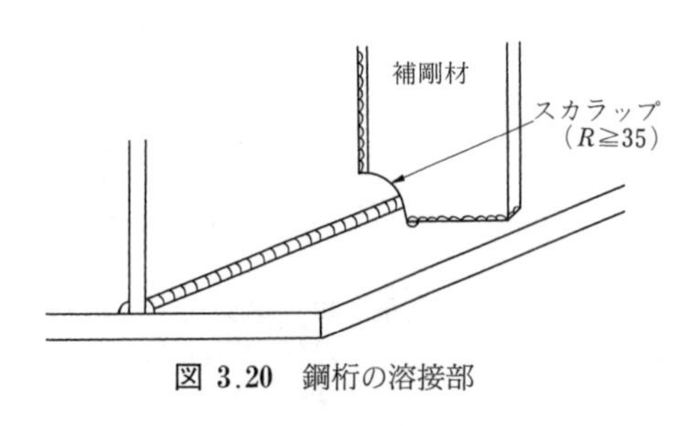

図 3.20　鋼桁の溶接部

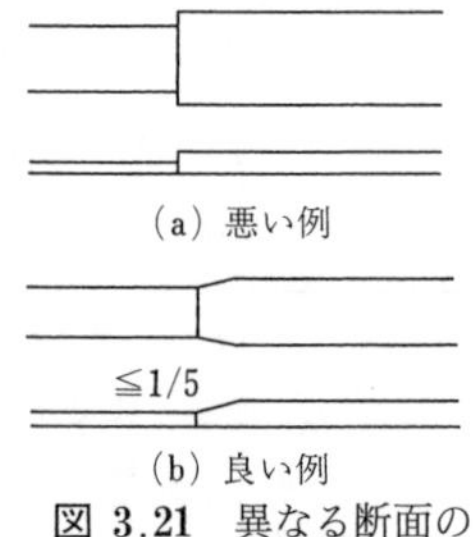

図 3.21　異なる断面の板継ぎ

ような対処の例で，図における開孔部をスカラップと呼んでいる。

（2） 応力集中が生じるような形状になることを避ける。例えば断面の異なる板の突合せ継手では**図 3.21**（a）のような接合はせず，同図（b）のように，厚さ，幅ともに徐々に変化させるようにする。

（3） 同じ継手に高力ボルト接合など，ほかの接合法を併用する場合は，施工手順を十分に検討し，継手の耐力が低下しないように注意することが必要である。

（4） 応力的にはすみ肉溶接の脚長 s はずいぶん小さくてもすむ場合があるが，あまり小さいと急冷による割れや施工不良を生じる恐れがある。逆に，必要以上にすみ肉溶接の脚長が大きいと，被溶融材への悪影響や溶接ひずみを生じる。また，溶接長が極端に短いと，溶接金属部に対する拘束力（残留応力）が大きい場合，結果として割れを生じやすい。そこで，鋼橋の設計示方書では，力を伝えるすみ肉溶接につぎのような制限を設けている。

i）接合される2枚の板の厚さの薄いほうを t_1，厚いほうを t_2 として，なるべく $t_1 > s \geqq \sqrt{2t_2}$ なる条件を満足させる（ただし単位mm）。

ii）$s \geqq 6$ mm

iii）$l \geqq 10s$ または 80 mm の大きいほう。

このほか，応力を伝える重ね継手では，2列以上のすみ肉溶接を用い，部材の重なりは薄いほうの板厚の5倍以上とする，軸方向力を受ける場合の側面すみ肉溶接のそれぞれの長さは溶接線間隔より大きくする，またこの場合，板の浮上がりを防ぐため，溶接線の間隔も板厚に比べて極端に大きくならないようにする，といった注意が必要である。

3.3 高力ボルト接合

3.3.1 一　　　般

ボルト，ナット，座金のセットで材片を接合することにおいては一般のボルト接合と変わるところはないが，高力ボルト接合に用いる材料は，**表 3.4** に示

表3.4　高力ボルト材の力学的性質

種　類[1]	耐力〔MPa〕	引張強さ〔MPa〕	伸び〔%〕
F 8T B 8T	≧640	800～1 000	≧16
F10T S10T B10T	≧900	1 000～1 200	≧14
S14T	≧1 260	1 400～1 490	≧14

1）Fは摩擦接合用，Sはトルシア型摩擦接合用，Bは支圧接合用

すように，きわめて強度の高い高張力鋼である。ひところは引張強さが1 100 MPaを超える材料が用いられていたが，2.2.4項で述べた遅れ破壊の事例が発生したため，使用を控えていた時期があった。しかし最近では耐遅れ破壊特性の優れた素材と応力集中を緩和できる形状によりこれまでの高力ボルト（S10T）の約1.4倍の耐力を有するトルシア型高力ボルトS14Tが開発され使用されている。ただし，S14Tの道路橋での使用においては防せい処理が施されたボルトを使用することが義務づけられている。

高力ボルトの寸法にはM20，M22，M24の各種が一般に多く用いられており，数字はボルトねじ部の外径（単位mm）で，これを**呼び径**という。

高力ボルトによる接合法は力の伝達機構から，表3.1に示したように3種に分類されている。**摩擦接合**〔図3.22（a）〕は継手材片をボルトで強く締め付けることによって生じる接触面間の摩擦力で応力を伝達するもの，**支圧接合**〔同図（b）〕はこれに加え，ボルト軸部のせん断抵抗および材片孔壁とボルト軸部間の支圧抵抗によって外力に抵抗するものである。これら両者がボルト軸に直角方向の力を伝達するのに対し，**引張接合**はボルト軸方向の力を伝達させる継

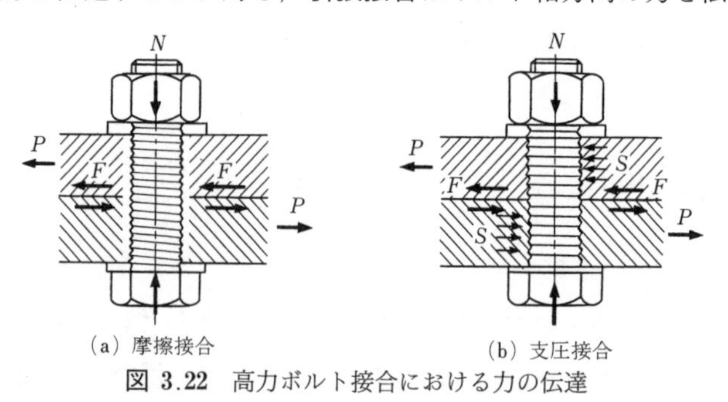

図 3.22　高力ボルト接合における力の伝達

手方式である。ただし，支圧接合，引張接合ともに，ボルトの締付けにより材片間に摩擦抵抗を生じるので，ある程度までは摩擦接合と同様な機能を有する。逆に摩擦接合の場合も，**図 3.23** にみるように，摩擦が切れた後も上述のせん断，支圧による抵抗は存在するが，設計上は期待しないことにしている。

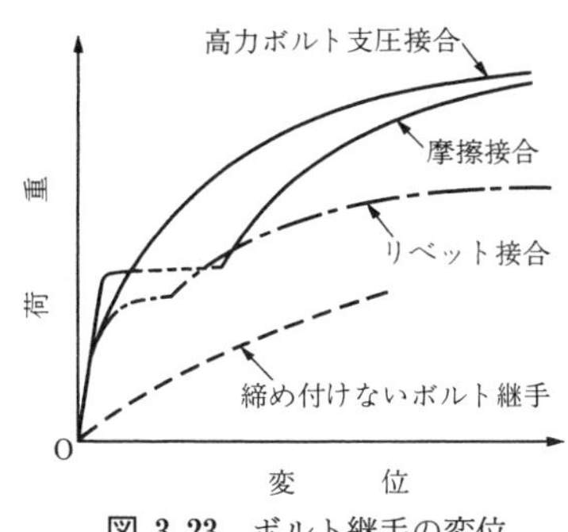

図 3.23 ボルト継手の変位

高力ボルト接合は，施工にあたって熱影響がない，熟練を必要とせず，確実で能率がよい，設備も少なくてすむ，などの利点がある一方，孔をあけ，連結板を必要とするため余分な材料を必要とする，遅れ破壊や締付けのゆるみ（リラクゼーション）に留意しなければならない，外観を損なう，などの欠点がある。しかし，ともかくも，現在鋼構造の現場接合に際しては，この高力ボルト接合，中でも摩擦接合が最も広く用いられている。

3.3.2 摩擦接合

摩擦接合はボルト軸を通してでなく，板の接触面を介して応力を伝達するので，伝達は分布力となり，応力集中が少なく，疲労にも比較的強い。また，継手が一体として働くので接合部の剛性が高い。

〔1〕 ボルト導入軸力　摩擦抵抗は板の接触面間の圧力，すなわちボルトの締付け力に比例する。したがって，できるだけ大きな軸力を導入すれば有利となるが，他方，締付けに伴うねじり応力，ねじ部など断面急変部の応力集中，遅れ破壊などを考えると，降伏点（この場合は耐力）よりある程度低いところでとどめざるをえない。すなわち，ボルト耐力をσ_Y，ねじ部の有効断面積をA_eとするとき，設計ボルト軸力を

$$N = \alpha \sigma_Y A_e \tag{3.10}$$

と表し，橋鋼の設計示方書では係数αをF8Tに対し0.85，F10T，S10T，S14Tに対し0.75としている。この結果，接触面を塗装しない場合の設計ボルト軸力は**表 3.5** のようになる。

表3.5　摩擦接合用高力ボルトの設計軸力とすべり耐力（接触面を塗装しない場合）

ネジの呼び	設計ボルト軸力N〔kN〕			すべり耐力μN〔kN〕[1]		
	F8T	F10T S10T	S14T	F8T	F10T S10T	F14T
M20	133	165	-	53	66	-
M22	165	205	299	66	82	120
M24	193	238	349	77	95	140

1）1ボルト，1摩擦面あたり

施工にあたっては，リラクゼーションや種々の原因による締付けの力のばらつきを考慮して，ボルトを締め付けるときの軸力は設計ボルト軸力よりやや高め（例えば10%増）とする。このような所定の軸力を導入するのにはつぎのような方法がある。

（a）**トルク法**　締付けトルク（ナットを回転させる力）Tと導入軸力Nの間には

$$T = kdN \tag{3.11}$$

なる関係がある。ここにdはボルト径，kはトルク係数と呼ばれるもので，座金・ナットの摩擦，ねじのピッチなどに影響され，ばらつきはあるが0.1～0.2の範囲にあり，表面処理なしに使えるものでは大きめの値となる。この方法では，あらかじめ上式の関係を調べておき，締付け機のトルクを制御する。

（b）**ナット回転法**　締付けによるボルト軸力をボルトの伸びによって管理するもので，ボルトの伸びはナットの回転量となって現れる。軸部の応力が降伏点を超えることになるので，遅れ破壊に対する安全性の高いF8T，B8Tにのみ使用を認められている。

（c）**耐力点法**　導入軸力とナット回転量の関係が耐力点付近では非線形となる性質を，電気的に検出できる締付け機が捉えることによって管理し，所定の軸力を導入する方法である。導入軸力の変動が小さい利点がある一方，トルク法に比べ導入軸力が高くなるので，耐遅れ破壊特性の良好なボルト材を用いなければならない。

摩擦接合における締付け作業，および検査をより容易にしたのが**トルシア型高力ボルト**である。ボルト軸部先端につかみ部（ピンテール）があり，これにトルク反力をとらせる。所定のトルクのもとでピンテールは破断溝で切断され，それに対応する軸力が導入される。このボルトの頭は後述のリベットに似て丸みを有し，厚みも小さいので，ボルト継手がそれほど目立たない。また，この上にアスファルト舗装を施す鋼床版デッキプレート（4.7.1項参照）の接合によく使われる。

〔2〕 継手の設計

（a） 継手の形式　ボルト継手には**図3.24**のような形式がある。力を伝えるには偏心のないほうが望ましいので，2枚の連結板を要するという難点はあるが，図（c）の突合せ継手が最も良く使われる。

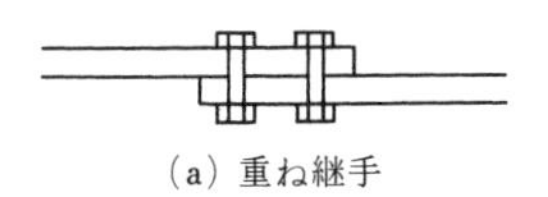

（a）重ね継手

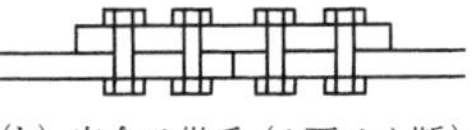

（b）突合せ継手（1面せん断）

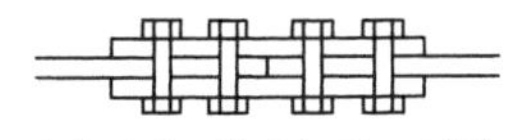

（c）突合せ継手（2面せん断）

図 3.24　ボルト継手の形式

（b） 設計照査式　道路橋の設計基準（道路橋示方書）と鉄道橋の基準（鉄道構造物等設計標準）ではボルト継手の設計において異なる考え方で照査が行われている。

i） 軸力，せん断力が単独で作用する継手

鉄道橋における摩擦接合継手の照査は次式で行われる。

$$\gamma_i \frac{P_{jd}}{P_{jud}} \leqq 1.0 \tag{3.12}$$

ここで，γ_iは構造物係数（$\gamma_i=1.2$），P_{jd}はボルト継手に生じる設計断面力，P_{jud}は継手の設計断面耐力で次式で計算される。

$$P_{jud} = n \cdot m \cdot P_{ju} / \gamma_b \tag{3.13}$$

ここで，nは継手の片側のボルト本数（**図3.25**参照），γ_bは部材係数（$\gamma_b=1.05 \sim 1.10$），mは摩擦面の数を表す。摩擦面の数は，図3.24(a)(または図(b)の形式の）継手（1面せん断）の場合には$m=1$，図（c）の場合（2面

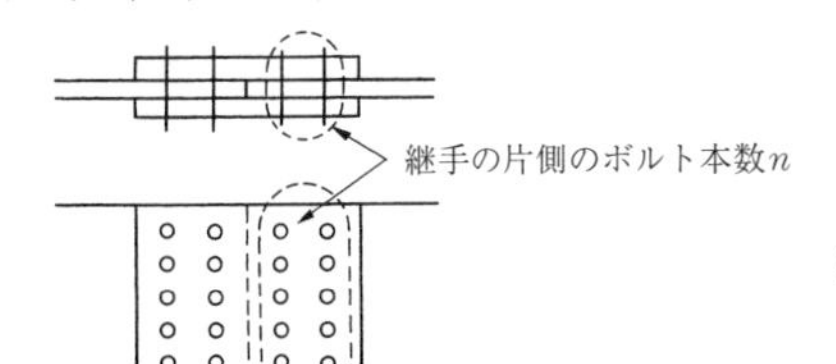

図 3.25　突合せ継手のボルト本数

せん断）の場合にはm=2となる。P_{ju}はボルト1本，1摩擦面あたりの耐力で，すべり耐力の場合は，設計ボルト軸力Nと摩擦係数μの積で与えられる。すなわち

$$P_{ju} = \mu N \tag{3.14}$$

具体の値は表3.5に示されている。

一方，道路橋では，限界状態1と限界状態3の二つの限界状態に関して照査を行う。限界状態1は摩擦接合ボルト継手の場合，摩擦面のすべりが発生する限界の状態を意味する。限界状態3は限界状態1に達した後，ボルトと母材・連結板が接触し支圧状態になり，ボルトもしくは母材・連結板の破壊が発生する状態を指す。

限界状態1のすべりに関しては次式で照査する。

$$\frac{P_{jd}}{n} \leqq m \cdot \xi_1 \Phi_1 P_{ju} \tag{3.15}$$

ここに，P_{jd}，P_{ju}等の定義は前述した鉄道橋の場合と同じでであるが，安全係数の取り方が異なり，調査・解析係数は$\xi_1 = 0.90$，抵抗係数は$\Phi_1 = 0.85$が規定されている。

限界状態3に関してはボルトのせん断破断に関して次式を用いて照査する。

$$\frac{P_{jd}}{n} \leqq m \cdot \xi_1 \xi_2 \Phi_3 \tau_{uk} A_s \tag{3.16}$$

ここに，τ_{uk}はボルトのせん断破断強度（**表3.6**参照），A_sはボルトのネジ部の有効断面積であり，調査・解析係数は$\xi_1 = 0.90$で限界状態1の場合と同じであるが，部材・構造係数ξ_2と抵抗係数はΦ_3の積として$\xi_2 \Phi_3 = 0.50$を用いて照査する。

表3.6　摩擦接合用高力ボルトの強度の特性値（道路橋）（単位：MPa）

ボルトの等級	F8T	F10T	S10T	S14T
引張降伏σ_{yk}	640	900	900	1 260
せん断破断τ_{uk}	460	580	580	810

ii）　曲げモーメントが作用する継手　　曲げモーメントあるいは曲げモーメントと軸力の作用のもとでの不均等な直応力分布の場合（**図3.26**参照），各ボルトは等しい伝達力を発揮するものと考えると，i列目のボルト群は図中斜線を施した領域の応力を受けもつことになり，その総和は

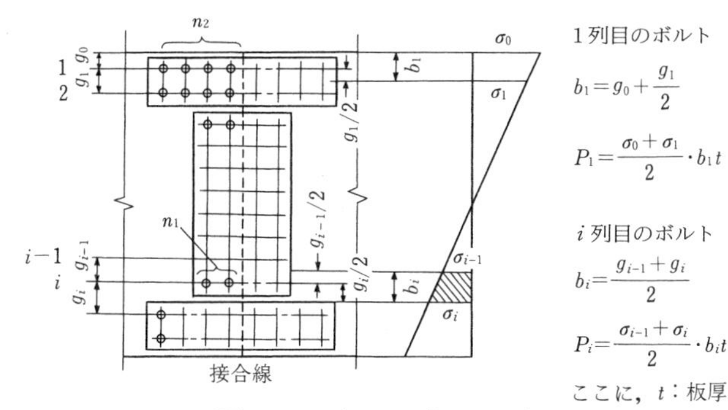

図 3.26 ボルトに作用する力

$$P_i=\frac{\sigma_{i-1}+\sigma_i}{2}b_i t,\qquad b_i=\frac{g_{i-1}+g_i}{2} \tag{3.17}$$

ここにgはボルト列間隔，tは板厚である。これより，i列目のボルト群を前述の式（3.15）と式（3.16）で照査する。ただし，ボルト継手に生じる設計断面力P_{jd}としてi列目のボルト群の作用力P_iを用い，ボルト本数nはi列目のボルト本数n_iと考えればよい。

iii） 軸力，曲げモーメントおよびせん断力が同時に作用する継手　　この場合，ボルトは図 **3.27** に示すように 2 方向の力，軸力P_pとせん断力P_sを受ける。したがって，これらを合成した

$$P_{jd}=\sqrt{P_p{}^2+P_s{}^2} \tag{3.18}$$

に対して照査を行えばよい。

（**d**） **連結板の所要断面と母材強度の照査**　　連結板の応力度はその材料の許容応力度を超えてはならないことはいうまでもない。この際，実際には板にあけたボルト孔の近辺には応力集中があるが，応力再分配効果などを考慮して，

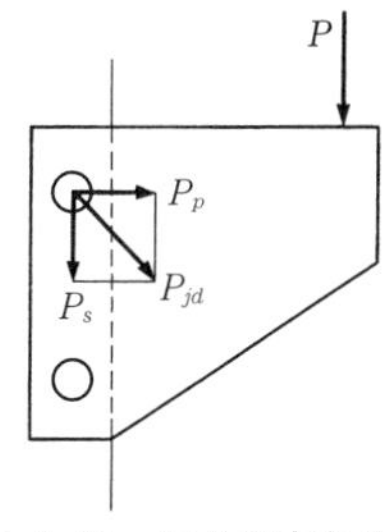

図 3.27 組合せ応力を受けるボルト

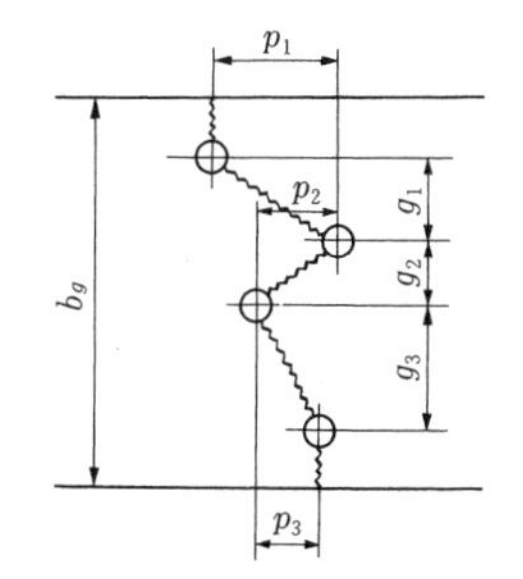

図 3.28 千鳥状の孔

断面内には均等に応力が分布すると仮定する。すなわち

軸力を受ける場合：　$\sigma=\dfrac{P}{A_i}\leqq\sigma_a$　(3.19 a)

曲げモーメントを受ける場合：　$\sigma=\dfrac{M}{I}y\leqq\sigma_a$　(3.19 b)

なる条件を満足するような連結板の断面を定める。ここに，A_iは伝達すべき力P_iに対応する連結板の断面積，Iは連結板の断面2次モーメント，yは中立軸からの距離である。

この際注意すべきは，式（3.19 a）のA_iの算出にあたってのボルト孔の存在である。圧縮力を受ける場合は孔に挿入されたボルト軸も有効に抵抗すると考えられるので総断面積（gross area）をとってよいが，引張力を受ける場合は孔の部分を差し引いた純断面積(net area)を用いなければならない。この場合，標準的なボルト孔の径はボルトの呼び径dより3 mmまで大きいことが許されており，控除すべき孔径は$d'=d+3$ mmを標準とする。

さらに，**図3.28**のように比較的接近して千鳥状に孔がある場合には，着目断面にない隣接孔の影響を考えなくてはならないことがある。この場合，着目断面の最初のボルト孔についてその全幅d'を差し引き，以下順次，つぎの経験的近似式によるwを各ボルト孔について差し引いていくことにしている。

$$w=d'-\frac{p^2}{4g} \tag{3.20}$$

ここに，p：応力方向のボルト中心間隔（ピッチ）〔mm〕，g：ボルトの応力直角方向の中心間隔〔mm〕。したがって，$p\geqq\sqrt{4gd'}$なる孔は影響を無視しうる。図3.28の場合を例にとれば，着目断面の純幅はつぎのようになる。

$$b_n=b_g-d'-\left(d'-\frac{p_1^2}{4g_1}\right)-\left(d'-\frac{p_2^2}{4g_2}\right)-\left(d'-\frac{p_3^2}{4g_3}\right)$$

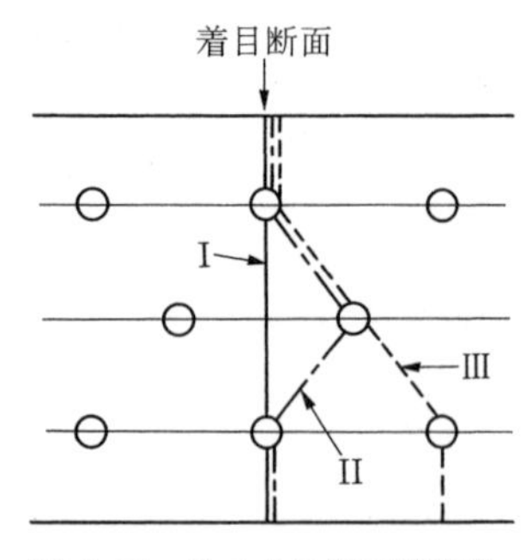

図 3.29　孔のある板の破断線

この結果，**図3.29**の例では，考えられるI，II，IIIの破断経路のうち，上記のように計算した純幅が最小となるのが最も危険であって，それに板厚tを乗じて式（3.19 a）における断面積A_iを求める。このことは，継手部の母材につい

ても同様である。ただし，式（3.19b）の断面2次モーメントIは孔の控除を考えない総断面についての値を用いてもよいことになっている。しかし，摩擦接合における引張部材の有効断面積については，諸外国も含めていくつかの考え方があり，わが国でも鋼道路橋示方書では「純断面積は純幅と板厚の積の1.1倍（ただし総断面積を超えない）まで割り増してよい」という緩和規定を設けている。

（e）　**ボルトの配置**

i）ボルト間隔　　ボルト間隔が小さすぎると施工に困難をきたしたり，材質を損なう恐れがある。逆に間隔が大きすぎると，板面間にすき間ができて腐食のもとになったり，圧縮材であれば材片の局部座屈を生じる恐れがある。そこで，道路橋示方書（鋼橋編）では**表3.7**のように，ボルト中心間隔の最大，最小をおさえておく必要があるとしている。

表3.7　ボルト中心間隔および縁端距離の制限（単位：mm）

ボルトの寸法	中心間隔				中心からの縁端距離		
	最小[1]	最大			最小		最大
		応力方向[2]：p		応力直角方向：g	圧延縁，仕上げ縁，自動ガス切断機	せん断縁，手動ガス切断縁	
M 20 M 22 M 24	65 75 85	130 150 170	$12t$，ただし千鳥の場合は$15t-\frac{3}{8}g$との小さいほう	$24t$ ただし≦300	28 32 37	32 37 42	外側の板厚の8倍 ただし≦150

1）やむをえない場合はボルト径の3倍まで小さくすることができる。
2）千鳥配置の場合はボルト線間距離

ii）縁端距離　　ボルト孔から材片の縁端までの距離についても，これがあまり小さいと，ボルトがその強度を十分発揮する前に材片が**図3.30**のよう

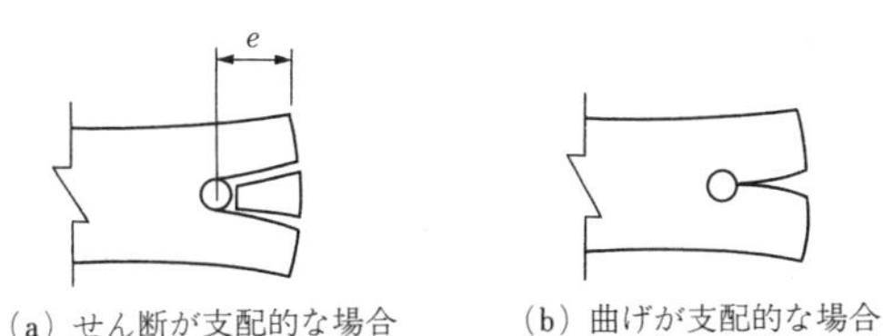

（a）せん断が支配的な場合　（b）曲げが支配的な場合

図3.30　縁端部の破壊

に破断してしまう恐れがあり，逆に大きすぎると，前項と同じく，材片が密着せず，雨水が侵入したりする。したがって，縁端距離eについても表3.6のような最小，最大を規定しておく必要がある。

iii）ボルト本数　一群として（図3.25の片側）2本以上のボルトを配置しなければならない。他方，過度の多列配置になると，ボルトに作用する力が不均等になるおそれがあるので，1本の線上に並ぶボルト本数はなるべく8本以下にするのがよい。

3.3.3 支 圧 接 合

〔1〕一般　支圧接合は高力ボルトを締め付けることによって得られる摩擦抵抗と，図3.22（b）に示したようなボルト軸部のせん断抵抗およびボルト軸と材片間の支圧抵抗とをすべて効かせて，ボルト軸直角方向に働く力を伝達する接合法である。

ボルト軸部のせん断抵抗と接合部材の支圧抵抗を材間接触面間の摩擦抵抗と同時に働かせて力を伝達させるので，支圧接合は摩擦接合の場合より大きな耐力が得られる。しかし，摩擦抵抗が切れた後すべるということは，有意な継手部の変形が起こるということになって不都合であるので，支圧接合においては，ボルト軸と孔のすき間をなるべく小さくしなければならない。そのため，なんらかの工夫が必要であるが，わが国では，ボルト孔に挿入しやすいよう軸部に溝を付け，ボルト孔とほとんど差のない径の孔に押し込むか，打ち込む打ち込み式高力ボルトが用いられている。この場合，ボルト孔の製作精度に対する要求は当然摩擦接合におけるより厳しくなる。

〔2〕継手の強度　接合されるべき母材あるいは連結板の断面積およびボルト孔からの縁端距離（図3.30）が十分確保されているにもかかわらず支圧接合高力ボルト継手が破壊するとすれば，**図3.31**に示すボルト軸のせん断抵抗の不足またはボルト軸，材片どうしの食い込み（支圧抵抗の不足）が原因である。

摩擦接合の場合と同じで，道路橋の設計基準（道路橋示方書）と鉄道橋の基準（鉄道構造物等設計標準）では若干取り扱いが異なる。

まず，鉄道橋のせん断については，せん断強度の特性値をf_{bvyk}（**表3.8**），ボ

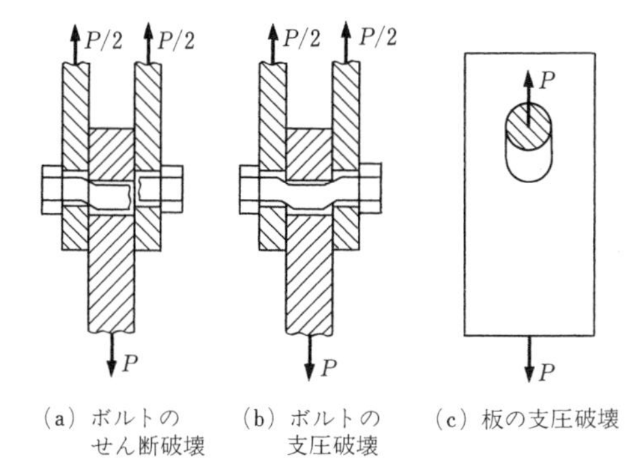

図 3.31 支圧接合ボルト継手の破壊

表 3.8 支圧接合用高力ボルトのせん断強度の特性値（鉄道橋）（単位：MPa）

ボルトの等級	B6T	B8T
せん断強度f_{bvyk}	185	245

ルトの軸径をdとするとき，ボルト1本，1せん断面あたりの耐力は次式で与えられる。

$$P_{jus} = f_{bvyk}\left(\frac{\pi d^2}{4}\right) \tag{3.21}$$

これに対し，1本のボルトの支圧耐力は，図3.24のいずれの継手にあることを問わず，薄い方の板厚をtとして

$$P_{jub} = f_{buk}\,dt \tag{3.22}$$

である。ここで，f_{buk}は支圧強度の特性値であるが，この値は通常高力ボルトより材片のほうが低いので，鉄道橋の設計においては**表3.9**に示す値が用いられている。2.2.1項〔2〕で述べたように，鋼材の支圧強さは引張強さよりかなり高いので，支圧強度の特性値もこのように高い値がとれるのである。照査式の形は摩擦接合の照査式（3.12），（3.13）と同じであるが，ボルト1本あたりの耐力P_{ju}において，式（3.21）から計算されるP_{jus}か，もしくは式（3.22）のP_{jub}を用いればよい。

表 3.9 支圧接合用高力ボルトの支圧強度の特性値（鉄道橋）（単位：MPa）

母材及び添接板の鋼種	SS 400 SM 400 SMA 400	SM 490 SM 490 Y SMA 490	SM 529	SM 570 SMA 570
支圧強度f_{buk}	365	485	520	570

継手の強度は式（3.21）のP_{jus}と式（3.22）のP_{jub}のうち小さいほうの値によって支配されるわけで，両式の比較からわかるように，ボルト径に比べて板厚が小さいときはP_{jus}，厚いときはP_{jub}によって耐力が与えられる。

道路橋においては摩擦接合の場合と同様に限界状態1と限界状態3について照査を行う。道路橋の限界状態1は鉄道橋の場合と基本的には同じ考え方でボルトのせん断耐力か母材の支圧耐力の小さい方で耐力が算出される。しかし，強度の特性値が鉄道橋の場合と異なり，ボルトのせん断降伏の特性としては**表3.10**のτ_{yk}を用い，支圧の強度の特性値としては**表3.11**のσ_{bk}を用いる。照査式の形は摩擦接合の場合の式（3.16）と同じであり，ボルト1本あたりの耐力P_{ju}にてボルトのせん断降伏もしくは支圧強度から計算される耐力を用いればよい。

表3.10　支圧接合用高力ボルトの特性値（道路橋）(単位：MPa)

ボルトの等級	B8T	B10T
せん断降伏 τ_{yk}	370	520
せん断破断 τ_{uk}	460	580

表3.11　支圧接合用高力ボルトの支圧強度の特性値（道路橋）(単位：MPa)

母材及び添接板の鋼種	SS400 SM400 SMA400W	SM490	SM490Y SM520 SMA490W	SBHS400 SBHS400W	SM570 SMA570W	SBHS500 SBHS500W
支圧強度 σ_{bk}	400	535	605	680	765	850

（注）　板厚40mmを超える鋼板ではこの値を低減

支圧接合の限界状態3は，摩擦接合の限界状態3と同じでボルトのせん断破断に対して照査を行う。せん断破断強度の特性値τ_{uk}は表3.10に示されていて，照査式は式（3.16）を用いる。

〔3〕　**継手の設計**　　軸方向力またはせん断力が作用する板を連結する場合の支圧接合高力ボルト継手の設計は，形式上は前項の摩擦接合の場合と変わるところはない。所要本数を求める際にただ一つ異なるのは曲げモーメントMに対する場合で，摩擦接合が面で力を伝えるのに対し，支圧接合はボルト部，すなわち点で力を伝えるので，各ボルトの伝達する力は中立軸からの距離に比例するとして計算する。すなわち，**図3.32**を参照して，ボルト1本に作用する

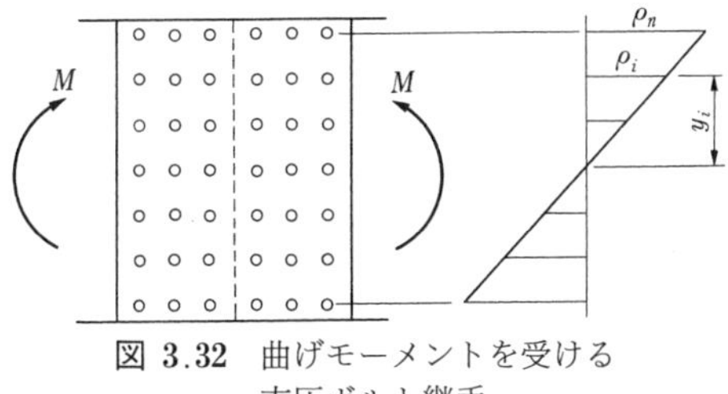

図 3.32　曲げモーメントを受ける支圧ボルト継手

力をP_i，その中立軸からの距離をy_i，中立軸から最も遠いボルトまでの距離をy_n，このボルトに働く力をP_nとするとき

$$M=\sum_{i=1}^{n}P_i y_i, \qquad P_i=P_n\frac{y_i}{y_n}$$

なる関係があるので

$$P_i=\frac{M}{\sum_{i=1}^{n}y_i^2}y_i \leqq \frac{y_i}{y_n}P_{ju} \tag{3.23}$$

なる条件を満足するように，ボルトの本数と配置を定めることになる。ただし，式（3.22）のP_{ju}はP_{jus}とP_{jub}のどちらか小さい方を表す。

いま一つ，応力方向の縁端距離に関して，支圧接合の場合はボルトの許容力が大きいことに注意しなければならない。道路橋示方書では応力方向のボルト本数が1本の場合は，図3.30に示すようなはし抜け破壊に対する照査を義務づけている。図3.30（a）に場合の二つのせん断破断面を考え，破壊時のボルトの軸力をP，1面せん断の場合薄い方の板厚をt，縁端距離をeとすると

$$P \leqq P_{ud}=\xi_1\xi_2\Phi\tau_{yk}2et \tag{3.24}$$

ここに，P_{ud}は，はし抜け破壊に対するせん断力の制限値，τ_{yk}は母材（添接板）のせん断強度の特性値，地震以外の荷重の組合せで鋼種がSBHS 500以外の場合，$\xi_1=0.90$，$\xi_2=1.00$，$\Phi=0.85$である。

2面せん断の場合はtとして母材の板厚または連結板の板厚の合計のいずれか薄いほうの値をとり，かつ上式の右辺に2を乗じることになる。なお，応力方向のボルト数が2本以上の場合には上式を適用しなくてよいとしているのは，ボルト本数が多ければ孔間のせん断面も働いて，図3.30のような端抜けの恐れが小さくなるためである。

3.3.4 引張接合

引張接合においても，やはり高力ボルトに強い締付け力を加えて材片間に大きな圧縮を生じさせ，ボルト軸方向に作用する引張外力がこれと打ち消し合う形で応力の伝達を行う。すなわち，材間圧縮力が存在する範囲でのみその機能を期待するというのが基本的な考え方である。

したがって，応力伝達に関与する部分は摩擦接合に似て広がりをもっているため接合部の剛性は高く，作用外力によるボルト軸力の変動が小さいため疲労にも強いので，鉄骨建築の梁-柱接合部，鋼管の継手，部材支承部の取付けなどには広く用いられている。しかし，ボルト軸力が継手部の剛性によって変化すること，この継手部の剛性や継手部材片に生じる応力状態などが継手部の構造により著しく異なることなどから，ボルト材質のほか，設計・施工には十分な配慮が必要である。

3.4 リベット接合

外見はトルシア型ボルト継手，機能的には高力ボルトによる支圧接合に似ているリベット接合は，赤熱した頭と軸からなるリベットを円孔に挿入し，頭のない軸端をリベットハンマーでつぶして頭を形成し，抜け出ないようにしたものである。

1960年ごろまでは鋼構造といえばほとんどリベット接合に限られていたが，その後は新たにつくられるものには使われなくなった。その原因は，施工に熟練を要すること，リベット打ちの際，騒音を発生すること，およびリベット材の強度が母材のそれに追いつけなくなる場合が出てきたことなどによる。

施工時の冷却に伴ってリベットは収縮するので，ある程度の材間摩擦力を生じるがこれは無視し，リベット継手における応力の伝達はリベット軸部のせん断抵抗と，リベット・材片間の支圧抵抗によるとする。したがって，設計の考え方は前項の支圧接合高力ボルト継手に準じる。リベットの中心間隔，縁端距離の制限などについても，ボルト継手のところで述べたものと変わりない。

3.5 ピ ン 結 合

3.5.1 一 般

部材端に孔をあけ，ここに１本の円形断面の鋼製ピンを挿入した結合方式がピン結合で，結合された相手方の部材あるいは構造物に対して，この部材が回転しなければならないときに用いられる。回転といっても，土木・建築構造物の場合，特殊なものを除いて大きな動きをするわけではないことは断るまでもない。

過去においては，吊橋のチェーンケーブル，あるいはトラスの格点部にピン結合が用いられていたこともあったが，ピン結合部は摩耗によるがたを生じたり，さびやすく，また構造的には，部材の面外への剛性低下をきたしやすい，構造自体としての剛性が低くなりがちなので振動上の問題が生じやすいことなどから，現在では特に完全なヒンジ作用を要求される箇所，例えばカンチレバー構造の中間ヒンジ部，アーチやラーメンのヒンジ部，大型構造物のヒンジ支承部，長径間吊橋補剛桁の主塔への取付け部などに用いられる。

ピンは１か所あたり１本しか使えないので，ボルトやリベットに比べてどうしても寸法が大きくなる。しかし，逆にピンはかなり大きな寸法も可能なので，大きな伝達力を要求される大型構造物のヒンジ部などに将来ともかなり広く適用しうるものと考えられる。

ピンは結合部で自由に回転しうることを建前としているから，初期張力あるいは締付け力による拘束作用の存在は望ましくなく，設計，施工にあたってはこれを念頭に置く必要がある。

3.5.2 ピ ン

構造物のピンは，鍛造され，正確な寸法に仕上げ加工された構造用炭素鋼製品である。鋼道路橋では，通常のSS 材以外に，機械構造用炭素鋼鋼材（S 35 CN，S 45 CN）などが用いられることが多い。**表 3.12** にこれらの材料強度の特性値を示す。

表 3.12　道路橋示方書におけるピンの応力制限値（単位：MPa）

鋼　種		SS 400	S 35 CN	S 45 CN
せん断応力度		129	167	191
曲げ応力度		251	326	369
支圧応力度	回転を伴わない	269	349	395
	回転を伴う	134	174	197

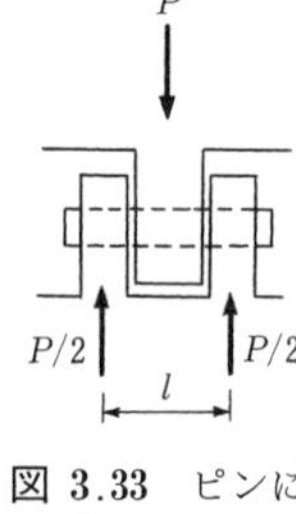

図 3.33　ピンに作用する曲げ

ピン継手における応力はリベットや支圧接合ボルトの場合に似ているが，ピン自体には決して軸方向引張応力は作用せず，その代わり，**図 3.33** の荷重状態からくる曲げ応力を考慮する必要があることが多い。もちろんこの場合もせん断力は重要な応力で，いわばピンは支間に比べて桁高の大きいディープビーム的な性格をもつ。

ピンに生じるせん断応力度については，ピン自体応力集中の起こる心配はないにしても，実際にはせん断力を断面積で割った平均せん断応力度よりはるかに大きい値になることがある。しかし，ほかの条件でせん断応力度に対しては余裕のある断面が確保されることが多く，その応力の制限値は一般部材におけるよりは大きめの値を規定している。曲げ応力度については，ピンの支点幅が広く有効支間は計算に用いる長さより小さいこと，および円形充実断面の形状係数〔後出の式（4.77)〕は 1.7 と大きいことから，かなり高い応力の制限値を規定している。しかし，ピンの支圧応力度については，摩耗に対する配慮から，用法の似かよっているリベットよりむしろ安全率を高めており，特に回転を伴う場合は材片との接触面ですべりを生じ，接触面の支圧耐力がかなり低下することから，応力の制限値を大幅に下げている。

重要な部材を連結する場合には，計算上の強度は十分あっても，摩耗や複雑な応力状態を考えて，ピンにはあまり細いものは使わないほうがよい。鋼橋においては 75 mm 以上の直径にすることにしている。

ピン連結部で部材が移動すると構造物の振動特性に悪影響を及ぼし，かつ連結部の摩耗も顕著になるので，つば付きカラーまたはリングを用いるなどして，部材が移動しないようにする。また，ナットには割りピン，座金を用いるとか，特別な装置を施してゆるまないようにする。溝部をもつローマスナットの使用もすすめられる（図 **3.34** 参照）。

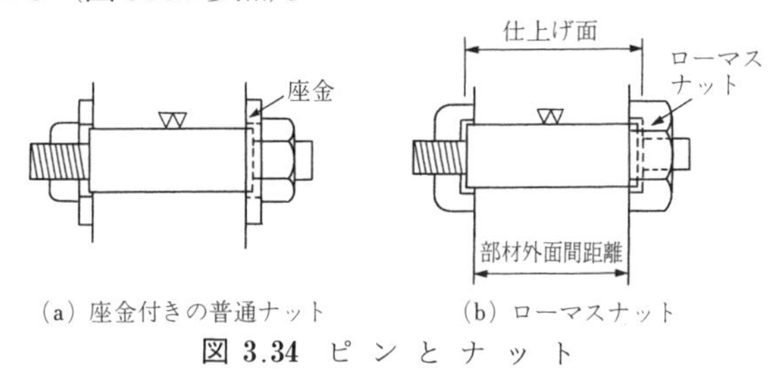

(a) 座金付きの普通ナット (b) ローマスナット

図 3.34 ピ ン と ナ ッ ト

3.5.3 ピン孔を有する板要素

ピン径とピン孔径との差はヒンジとして回転する限りなるべく小さいほうがよいが，他方，組立てのための余裕をみておかなければならない。鋼橋の設計では，直径 130 mm 未満のピンでは 0.5 mm，それ以上のものでは 1 mm を標準としている。

太い 1 本のピンから力を伝えられる板においては，円孔があるので当然応力集中があり，複雑な応力分布を念頭に置く必要がある。ピン孔のある板には図 **3.35** の A–A，B–B という二つの応力的に厳しい断面がある。すなわち，孔径を横切る板の純断面と，ピン背後の縁端断面である。これらの断面における応力分布はピン連結部の板の形状，板の縁に対する孔の相対位置，孔の周囲の支圧応力分布などいくつかの要因に支配されるが，引張材の場合，直応力は一般に図 **3.36** のような分布を呈する。

実際の設計では煩雑な応力分布の計算を避け，安全のためこの部分の断面積

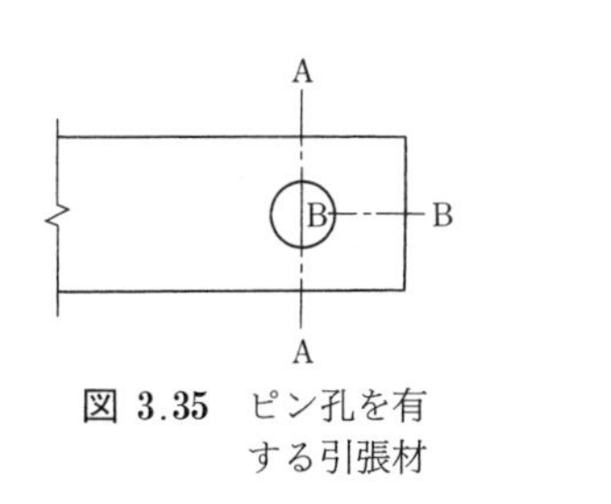

図 3.35 ピン孔を有する引張材

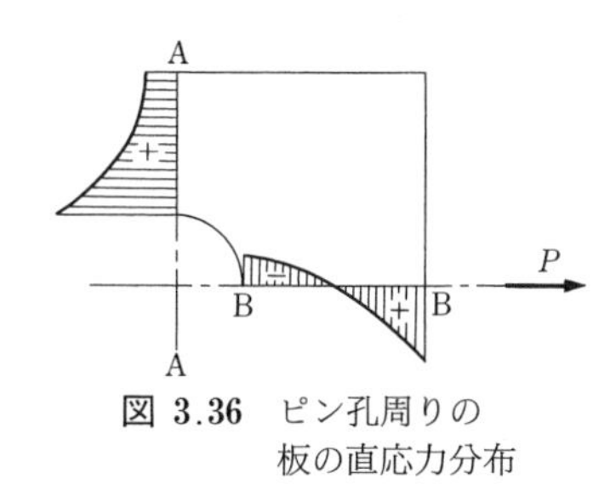

図 3.36 ピン孔周りの板の直応力分布

を大きめにとるよう経験的な規定を設けている。例えば鋼橋においては，ピン孔を有する引張材のピン孔を通る部材軸直角方向の純断面積は，その部材の計算上必要な純断面積より40%以上大きくし，部材軸方向ピン孔背後における純断面積は，その部材の計算上必要な純断面積より大きくするものとしている。

ピン孔を有する板状の引張材を**アイバー**（eye bar）と呼んでいるが，この部材そのものの設計については4.2節で再び取り上げる。

演　習　問　題

〔**3.1**〕 **図P-3.1**のように，$P = 500$ kNの引張力を受ける厚さ2 cmの鋼板を全周すみ肉溶接で接合する。溶接部のせん断応力度の制限値を103 MPaとして，必要な溶接部の脚長（サイズ）を決定せよ。

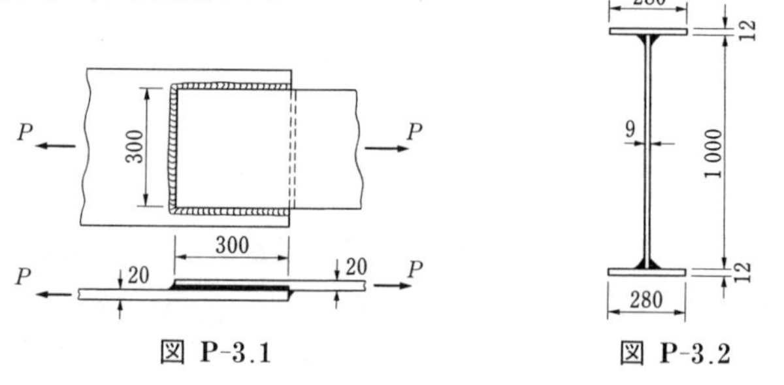

図 P-3.1　　図 P-3.2

〔**3.2**〕 **図P-3.2**のようなI形断面の桁を3枚の鋼板を溶接してつくる。鉛直方向に1 100 kNのせん断力が作用するとして，図のすみ肉溶接継手の脚長（サイズ）を決定せよ。溶接部のせん断応力度の制限値を103 MPaとする。

〔**3.3**〕 前問と同じ断面の鋼桁が**図P-3.3**のように柱にサイズ6 mmの全周すみ肉溶接で溶接され，今度は$M = 200$ kN·mの曲げモーメントが作用するとき，溶接継手に生じる最大応力度を求めよ。

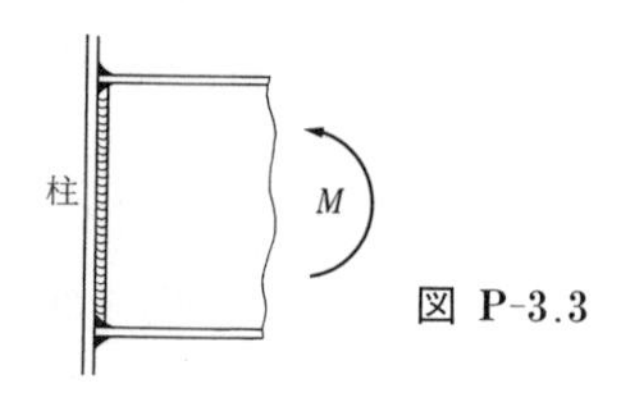

図 P-3.3

〔**3.4**〕 鋼材の引張応力度の制限値が179 MPa，用いる高力ボルトが材質F 8 T，呼び径M 22であるとき，**図P-3.4**の摩擦接合継手の引張力の制限値を求めよ（注：ボルト継手の制限値，板の制限値の小さいほうが継手の引張力の制限値である）。

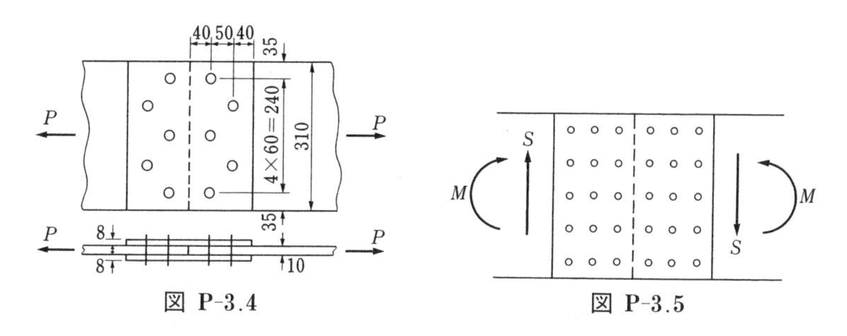

図 P-3.4　　　　図 P-3.5

〔**3.5**〕 曲げモーメントM = 600 kN·m，およびせん断力S = 300 kNが作用する幅150 cm，厚さ1.2 cmのSM 490材鋼板を，**図P-3.5**のように両側から連結板をあてて，F 10 T，M 22の高力ボルトで摩擦接合する。ただし，ボルトは各列，各行それぞれ同数，等間隔に配置するとする。

a）ボルトの所要本数を求め，その配置を決定せよ。

b）母材と同材種の連結板を用いるとして，その寸法を定めよ。

c）継手強度が全強の75%を下まわってはならないという規定を課するとき，上の結果は変わるか。

第4章

部材の耐荷性状とその設計

4.1 部 材 の 種 類

一般に鋼構造物は多くの異なる部材から構成される。例えばジャケット式の海洋プラットホーム（序章3.〔7〕の写真参照）は多数の棒状部材からなるトラス構造の上に，作業設備から場合によってはヘリポートや居住設備などまでを搭載する鋼製のデッキが支えられており，このデッキは桁および板構造からなる。単位部材である桁を主構造とし，橋の中では最も単純な桁橋でも，複数の桁がトラスや横桁で横方向につながれているのが普通である。吊橋になると，大きな構成要素だけとってみても，主ケーブル，塔，補剛桁，吊材，そしてケーブルを定着するアンカーフレームと，各種の鋼部材からなり，補剛桁自体がまた多くの部材から組み立てられた桁構造あるいはトラス構造である。

土木構造物に用いられる鋼部材を力学的な働きから分類すると**表4.1**のようになる。本章ではこれらの耐荷性状と，それに基づく設計の考え方について述べる。ただし，曲線材や曲面板はそれぞれ直線部材，平面部材の応用と考えてよい場合が多いので，曲面板について4.7.3項でわずかふれるほかは省くことにする。

表4.1　構造部材の種類

作用外力		部材	用いられる構造物		備考
軸方向力	引張力	引張材	ケーブル構造	トラス	内圧を受ける円筒殻なども主として引張力が作用する。
	圧縮力	圧縮材（柱）	柱，アーチ		
曲げモーメント[1]		曲げ材（梁）	桁		
		板	スラブ（版）		ここでいう板は面外よりこの荷重を受ける場合をさす。
曲げモーメントと軸方向力		梁-柱	ラーメン，アーチ，塔		
曲げモーメントとねじりモーメント[2]			曲線桁，格子桁など		

1）曲げモーメント M とせん断力 S の間には，部材軸方向の座標を x として $dM/dx=S$ なる関係があるので，曲げ材には通常せん断力も附随する。

2）土木・建築構造ではねじりのみを受ける部材はほとんどないとみてよい。

4.2 引　張　材

4.2.1 設　計　規　範

引張を受ける場合の部材（**引張材**：tension member）の限界状態は材料の降伏あるいは破断であるから，許容応力度方式における設計規範は式（1.1）そのもので，作用する引張力を P とするとき

$$\sigma=\frac{P}{A_n}\leqq\sigma_{ta}=\frac{\sigma_k}{\gamma} \tag{4.1}$$

を満足するような断面積 A_n を確保すればよい。ここに，A_n は3.3.2項〔2〕（d）でふれた純断面積，σ_{ta} は引張許容応力度（表2.3参照）で，そのもととなる鋼材の基準強度 σ_k と安全率 γ については2.5節で述べたとおりである。

厳密には，部材力が導入される部材連結部付近における応力分布は複雑であり，開孔部や切欠きがあれば応力集中を生じたりするのであるが，計算の簡便化とすでに述べた鋼部材における応力再分配および安全率の存在を考えて，式（4.1）にみるように，実際の設計では応力度は部材断面内に均等分布するとしている。ともかく，引張強さの大きい鋼材は引張材として用いるのが最も効率がよい。

その他，引張材の設計にあたって留意すべき点を挙げれば

（1）　繰返し応力が作用する場合の疲労。圧縮材におけるよりその影響は厳しい。

（2）　応力集中の顕著な切欠き部，断面の急変を避ける。

（3）　骨組線と部材軸線はなるべく一致させる。両社の間に差（偏心）があると付加曲げが作用することになる。鋼橋の設計では，**図 4.1** のように山形鋼を引張材として使用する場合，突出脚の断面積の 1/2 は有効断面に加えないことにしている。

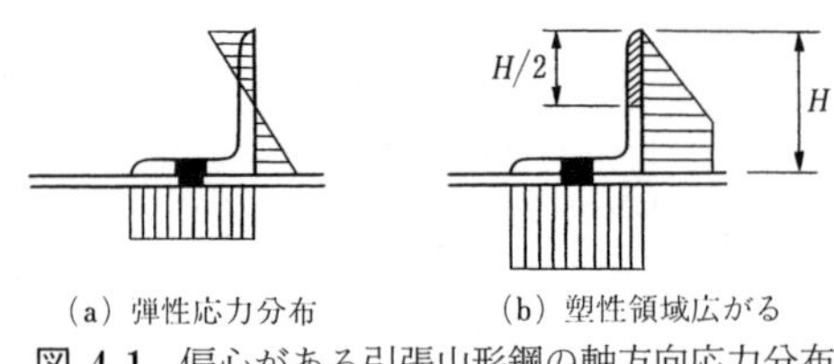

図 4.1　偏心がある引張山形鋼の軸方向応力分布

（4）　式（4.1）が満足されれば，理論上は引張材はいくら細長くてもよいのであるが，剛性の不足による変形，振動などの好ましくない状態や運搬等取扱い時の不測の損傷を避けるため，ケーブル以外の引張材には**細長比**[1)]の制限を課することがある。

4.2.2　部材の断面構成

〔1〕　単体部材　　部材力が小さい場合には棒（rod, bar）や形鋼を用いる。棒は丸棒，鋼板といった単純な断面で，これを他部材に連結するには

1)　溶接

2)　丸棒の場合，端部にねじを切ってねじ止め

3)　アイバーとしてピン結合

の三つの方法がよく用いられる。

このうち，アイバーについては3.5.3項で若干ふれたが，端部の頭の形は**図 4.2** のように，ピン孔と同心円とするのがよい。また，同図に示す変曲部の半径

1)　細長比とは，4.3.1項〔1〕の（b）で定義するように，部材長 l と断面の回転半径 $r=\sqrt{I/A}$ の比である。ここに I は断面2次モーメント，A は断面積。

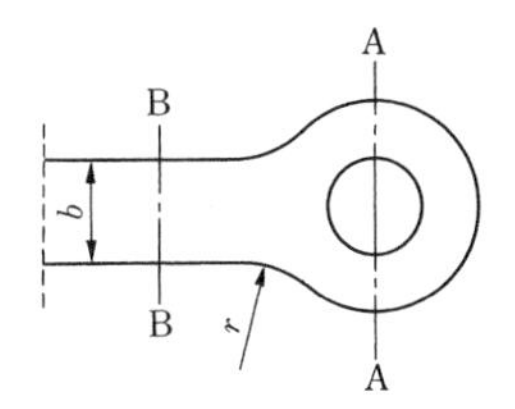

図 4.2　アイバー

rは応力集中を少なくするよう，できるだけ大きくする。鋼橋に用いる場合には，3.5.3項で述べたことに加えて，つぎのような規定がある。

i）　ピン孔がある部分の腹部の厚さは部材純幅（図4.2のA-A断面の総幅からピン孔径を除いた幅）の1/8以上とする。

ii）　厚さが薄いと，計算上の支圧面積は十分でも孔の周辺が傷められることがあるので，25 mm以上とする。

iii）　ピンの直径はアイバーの幅の8/10より大きいのがよい。

iv）　図4.2のA-A断面の断面積はB-B部の断面積より35%以上は大きくする。

前記接合法2）の応用として，**図4.3**（a）のような，ピン結合と組み合わせたU字形連結材がある。また，長い丸棒をつなぐのに，同図（b）のような**ターンバックル**（turnbuckle）と呼ばれる，逆ねじを切った装置を用いる。これによれば，部材の長さの微調整が可能となる。

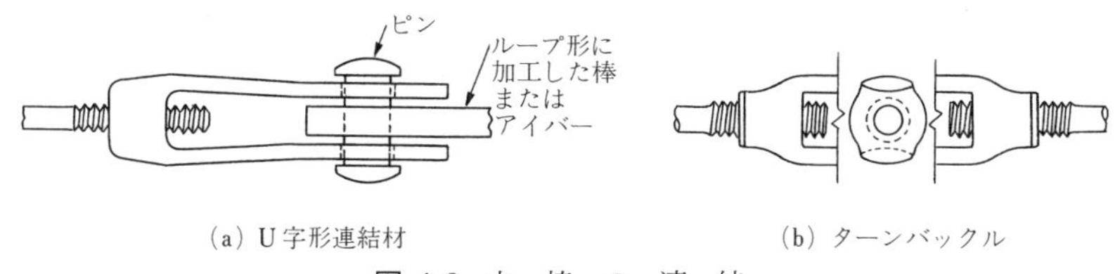

（a）U字形連結材　　（b）ターンバックル

図 4.3　丸　棒　の　連　結

棒を引張材に用いる場合の弱点は剛性が低いことで，自重でたわんだり，揺れやすかったりする結果を招き，圧縮にはもちろん，曲げにもほとんど抵抗できない。

作用部材力がいくらか大きいか，ある程度の剛性を要求される引張材に用いられる単体部材としては，山形鋼，溝形鋼，H形鋼など，既製の圧延形鋼がある。しかし，特に山形鋼などは，1本で用いるもきには，4.2.1項でふれたように，結合部でどうしても偏心が生じることに注意しなければならない。

〔2〕 **組合せ部材**（built-up member）　複数の鋼板あるいは形鋼を組み合わせて一体とした部材である。部材力が大きく，大きな断面を必要とする場合，荷重状態によってはある程度の圧縮力も加わる場合，剛性の確保が望ましい場合，あるいは連結されるべき相手部材の寸法上の制約から特定の断面幅が要求される場合に用いられる。

単体部材としての既製の形鋼では任意の断面寸法は選びにくいのに対し，特に鋼板を集成した組合せ部材であれば，比較的自由に断面を構成できる。したがって，製作という手間がかかる一方で，同じ断面積でもより剛性に富んだ断面が選べるという利点がある。

引張材として用いられる代表的な組合せ部材の断面を**図4.4**に示す。同図（a）のT形断面や（b）の2個の山形鋼を組み合わせた断面は通常部材力の小さい二次部材に用いられる。後者では1個の山形鋼による単体部材の場合に比べ，非対称性が減じるという利点もある。

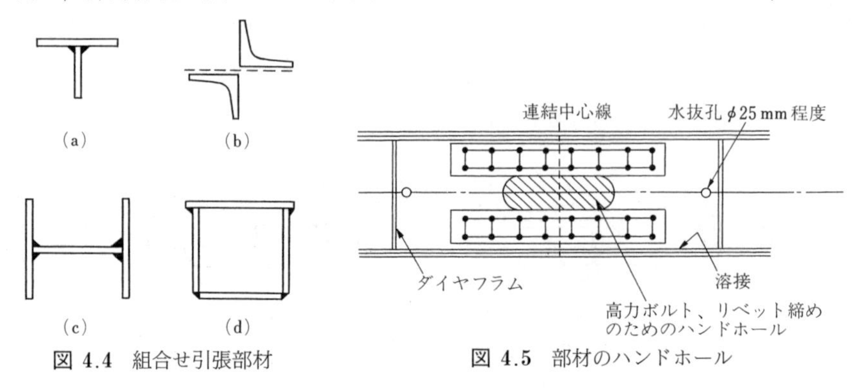

図4.4　組合せ引張部材　　**図4.5**　部材のハンドホール

さらに順次より大きな断面を得るのに，図4.4（c），（d）のH形，箱形が用いられる。これらの断面もリベット構造時代には形鋼を組み合わせていたが，現在では鋼板を溶接集成してつくるのが普通である。箱形断面の場合，高力ボルトによる現場継手付近には，ボルト締め施工のために孔（ハンドボール）をあけておかなければならない（**図4.5**参照）。応力集中を避けるため，角のない長円形の孔にすることはいうまでもない。

〔3〕 ケーブル（cable）

（a） **一般**　ケーブルとは引張力のみにしか抵抗できない柔軟（flexible）な構造部材の総称である。ケーブルの構造解析および設計も引張以外の力には抵抗しえないことを前提として行われる。したがって，作用する荷重に応じて，力のつり合いを満足するように部材軸線の形状が変わるものとして解析する。

古くは，多くの短いアイバーをピンで連結したチェーンケーブルが吊橋に使われていた時代もあり，現代では，プレストレスコンクリート用のPC鋼棒を平行に束ねて斜張橋のケーブルとして用いるということもあるが，ケーブルのほとんどは鋼のワイヤ（素線）を束ねてつくった，いわゆるワイヤケーブルである。そこで本項では，このワイヤケーブル（以下ケーブルと略称）について，その構造と力学的特性を学ぶことにする。

柔軟なケーブルといえどもある太さがあり，湾曲して使えば曲げ応力を生じる。もともとケーブルは引張応力のみを受けるとしているので，このような曲げ応力は二次応力と考えるべきものであるが，これがなるべく大きくならないような使い方をしなければならない。このため，わが国の中小吊橋の設計では，**表4.2**のように曲率半径と直径の比について制限を設けている。

表4.2　吊橋用ケーブル，ワイヤの曲率半径の制限

部　材	曲率半径/ケーブル，ワイヤの直径	備　考
主ケーブル	8　以上	サドル上で
ハンガー，耐風索	5.5以上	小規模吊橋では2.5以上
ワ イ ヤ	50　以上	ストランドシュー上で

引張にのみ抵抗すればよいケーブルは4.3節以降で述べる座屈を考えなくてよく，しかもきわめて強度の高いワイヤからなるため，部材長にほとんど制限がないこととあわせて，これを主部材とする吊構造は長支間の構造物に用いると非常に有利である。吊橋，斜張橋，あるいは吊屋根構造はその好例であり，そのほかケーブルはプレストレス材，架設工事用資材としても広く用いられている。

（b） **素線**　ケーブルを構成する素線（ワイヤ）は0.6〜0.85％と比較的

炭素量の高い硬鋼部材またはピアノ線材を冷間引抜き加工してつくった鋼線で，鋼構造用には直径3mmから7mm程度までのものが使われる。

高炭素材で冷間引抜きによる塑性加工を施してあるため，ワイヤの強度は非常に高く，材種によって差はあるが，引張強さは1.6～1.8GPa以上である。ただし，破断時の伸びは4～6%以上と小さいが，ある応力以下でケーブル材として使われる限り，このことはさして問題とならない。

さびを防ぐため，通常ワイヤには亜鉛めっきが施される。

（c）**ケーブルの構成**　何本かのワイヤを扱いやすいある太さに束ねたものが**ストランド**(strand)，すなわり小縄，そしてこのストランドを所要の断面積になるよう，さらに束ねたものがケーブルである。この束ね方には，中心となるまっすぐな1本の素線（心線）またはストランド（心鋼）の周りにより合わせる方法と，平行に束ねる方法とがあり，それによって**図4.6**のような分類がなされる。

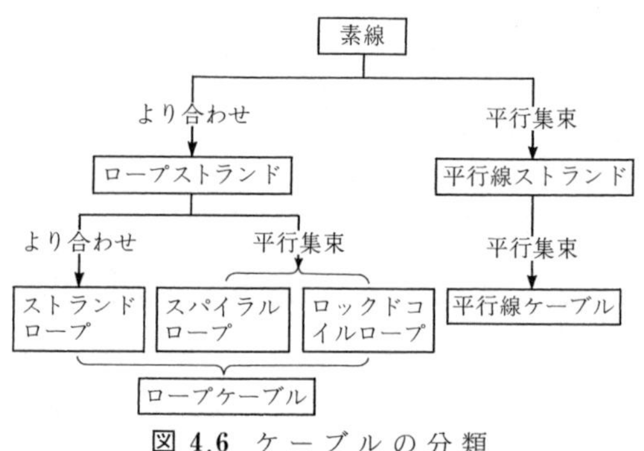

図4.6　ケーブルの分類

ワイヤをより合わせてつくったケーブルを**ロープケーブル**，あるいは単にロープ（rope）といい，ワイヤを平行に束ねたストランドを**平行線ストランド**(parallel wire strand)，さらにこれを平行に束ねたケーブルを**平行線ケーブル**という。

ロープのストランドは心線の周りにワイヤをらせん状に何層かより合わせるのであるが，ワイヤの径が等しければ，**図4.7**にみるように，第1層が6本，第2層は12本という具合になる。ストランドあるいはロープの径dは外接円

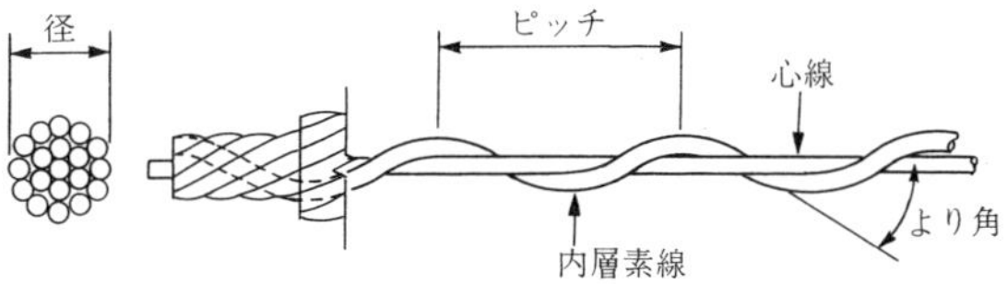

図 4.7　ロープストランドの構成

の直径をもって表す。図に示すように，よったワイヤあるいはストランドにおいて，ひとまわりしてもとの母線に戻るまでの軸方向の長さをピッチまたはより長さ，ロープ軸となす角の最大値をより角という。

これに対し，等しい径のワイヤで構成された平行線ストランドは，密に形成するために六角形断面とするが，これを束ねてケーブルとしたときには，ジャッキの一種であるスクイーザを用いて周りから角部を押しつぶし，円形断面に仕上げる。

いずれにせよ，ワイヤを束ねてつくったケーブルの内部にすき間（空隙）が残ることは避けられない。ケーブルの断面積を

$$A_c = (1-\alpha)\frac{\pi d^2}{4} \tag{4.2}$$

と表すとき，αを空隙率という。各種ケーブルの空隙率を**表 4.3** に示す。

表 4.3　各種ケーブルの空隙率

ケーブル種類	空隙率〔%〕
ストランドロープ	35～42
スパイラルロープ	23～25
ロッドコイルロープ	10～14
平行線ストランド	11～14[1]

1)　外接六角形に対する値

以下，図 4.6 および断面構成を示した**表 4.4** に従って，各種ケーブルの構造，施工上の特性をまとめておく。

i ）ストランドロープ（strand rope）　ワイヤをより合わせたスパイラルロープストランドをさらにより合わせてつくったロープである。心鋼には天然せんい，または合成せんいでつくったものもあり，柔軟性に富むが，重要な構造部材には用いない。

表 4.4　構造用ケーブルストランドの断面構成

(a)　ストランドロープ

構　　成	7本線6より 中心ストランド	19本線6より 中心ストランド	37本線6より 中心ストランド
構成記号	7×7	7×19	7×37
断　　面	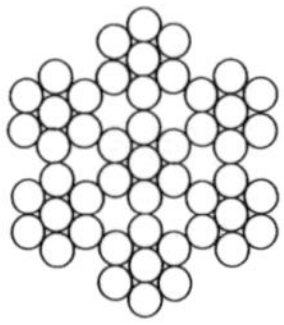	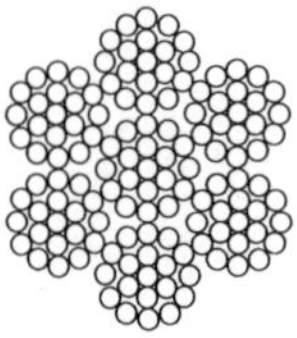	

(b)　スパイラルロープ

構　　成	19本より	37本より	61本より	91本より	127本より
構成記号	1×19	1×37	1×61	1×91	1×127
断　　面	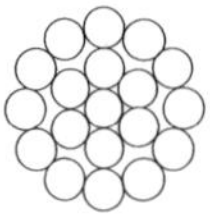	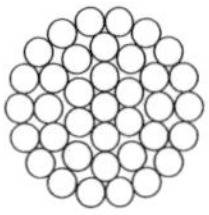	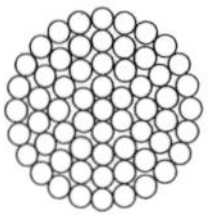	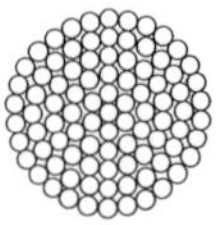	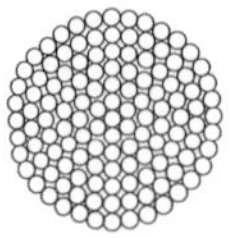

(c)　ロックドコイルロープ

素線構成 本　　数	丸　線　層 ＋T線1層 ＋Z線1層	丸　線　層 ＋T線1層 ＋Z線2層	丸　線　層 ＋T線2層 ＋Z線2層	丸　線　層 ＋T線2層 ＋Z線3層
構成記号	C　形	D　形	E　形	F　形
断　　面	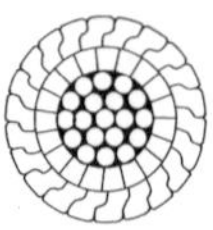		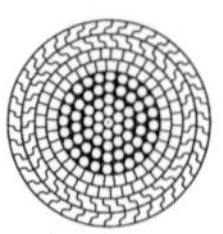	

(d)　平行線ストランド（正六角形）

素線構成 構　　成	P.W.S.-19	P.W.S.-37	P.W.S.-61	P.W.S.-91	P.W.S.-127
構成記号	1×19	1×37	1×61	1×91	1×127
断　　面		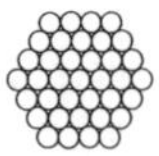	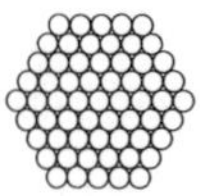	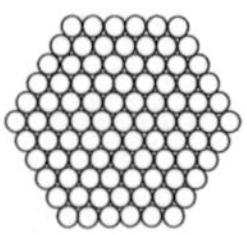	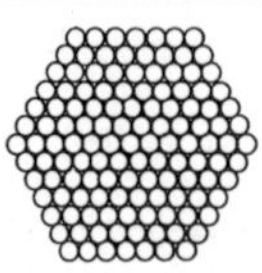

（e） 平行線ストランド（変形六角形）

素線構成 構　成	24	30	44	52
構成記号	P.W.S.-24	P.W.S.-30	P.W.S.-44	P.W.S.-52
断　面				

素線構成 構　成	70	80	102	114
構成記号	P.W.S.-70	P.W.S.-80	P.W.S.-102	P.W.S.-114
断　面				

よりの方向には，ロープ軸に対して右回りか左回りかにより，**図4.8**（ロープにおける例）のようにZよりとSよりとがある。特殊な用途を除いてはZよりが用いられ，SよりはZよりのストランドまたはロープと組み合わせて使われることがある。図4.8（a）に示したのは，ロープのより方向とストランドのより方向が逆になっているより方で，**普通より**と称する。こうすることにより，よりが戻ろうとするロープの自転を抑えることができ，ロープのねじれや形くずれを少なくし，取扱いやすいため，広く使用されている。これと逆のより方を**ラングより**といい，取扱いやすさには欠けるが，素線の露出長が長いので耐摩耗性の面でいくらか有利で，ロープが柔軟になるという利点がある。

（a）ストランドロープ

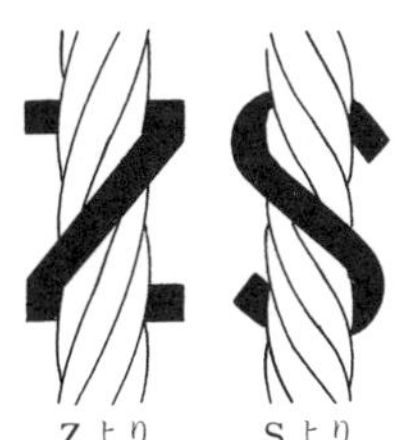

（b）スパイラルロープ

図4.8　ロープのより方

ii）スパイラルロープ（spiral rope）　心線の周りに素線を何層からせん状により合わせてつくったロープの総称であるが，ケーブルとして用いる場合，このロープストランドをさらにより合わせることはせず，所定の断面積を得るためにはロープストランドを平行に束ねる。

iii）ロックドコイルロープ（locked-coil rope）　スパイラルロープの一種ではあるが，外層部に丸線でない台形，T形，Z形など異形断面の素線を用いる。このため断面の空隙が減り，ストランド表面は平滑になるので，耐食性，耐摩耗性に優れ，太径のものをつくれるので耐荷力の大きいロープとすることができるが，柔軟性に欠けるのと，価格が高くなるのが難である。

iv）平行線ケーブル（parallel wire cable）　多数の太めのワイヤを，よらずに平行に束ねたもので，その施工方法には，スピニングホイールを現場で往復させて1本ずつワイヤを張り渡す**空中架線法**（air spinning method）と，あらかじめ工場で製作した平行線ストランドをリールに巻いて現場へ輸送し，張り渡す**プレファブ平行線ストランド工法**（PPWS工法）とがある。プレファブ平行線ストランド工法では適当な間隔にシージングテープで結束するが，それでもストランドをリールに巻き，あるいはリールから展開するとき形くずれを起こす恐れがあるので，ある程度までの長さの場合，ワイヤに4°程度のわずかなよりを与え，取り扱いやすくしたものが用いられている。

ワイヤロープは素線が細いほど，より合わせてあるほど，柔軟性に富むので，取扱いの容易さはストランドロープ，スパイラルロープ，ロックドコイルロープ，平行線ケーブルの順になるが，力学的性能の面では，次項に述べるように，この順が逆転する。また耐食性については，水が内部に浸入しにくいロックドコイルロープが最も優れ，平行線ケーブル，スパイラルロープと続き，素線がほかより細いストランドロープが最も不利となる。

これらの諸要因を勘案して，使用する部材によってケーブルの種類が使い分けられている。例えば吊橋においては，主ケーブルから橋床をつるすハンガーにはスパイラルロープ，主ケーブルには中小支間ではスパイラルロープ，長支間では平行線ケーブルというのが一般的で，小規模の簡易吊橋には主ケーブル，ハンガーともにストランドロープ（麻芯ロープは除く）を用いることもある。一方，斜張橋のケーブルにはPPWS工法による平行線ケーブル，ロックドコイルロープあるいはPC鋼線ケーブルが使われる。以前は，長大吊橋の主ケーブルにしか用いられなかった平行線ケーブルも，PPWS工法の普及により，かなり短いケーブル部材にも適用されるようになってきた。

どうしても空隙の避けられないワイヤケーブルにおいては，耐食性は大きな問題である。ワイヤの亜鉛めっきだけでは野外における長年の使用には不安が残るので，ケーブル全体のプラスチック系材料などによる被覆，モルタルや樹脂の充てん，その他，さまざまな方法がとられている。長大吊橋の平行線ケーブルでは，ほとんどの死荷重が作用してケーブルが十分伸びた状態で，塗装の後，円形テーブルの周りにラッピングワイヤを緊密に巻き付けるが，これも断面を円形に保持するとともに，腐食を防ぐことを目的としている。明石海峡大橋では，これに乾燥空気を送り込む方法が併用された。

（d）　**力学的特性**　　ロープの破断強度はこれを構成する素線の破断強度の合計より低い。その理由は，心線を除き，素線の方向がロープ軸方向と一致しないため，ロープ軸方向の引張強さに対する寄与が減ること，ワイヤがらせん状であるため，引張以外に曲げやねじりを受けること，ワイヤ間のかみ合せ作用のため強度の損失を招くこと，さらに数多いワイヤ間の応力不均等が避けられないことにある。ワイヤ間のかみ合せ作用と応力不均等は平行線ケーブルにも何がしか存在する。このような事実を総合的に評価する指標として，次式で定義されるより効率 e_c を用いる。$1-e_c$ をより減り率という。

$$e_c = \frac{P_B}{nS} < 1 \tag{4.3}$$

ここに，P_B はロープの破断荷重，S は1本の素線の引張強さ，n は素数本数である。**表4.5** に各種ケーブルのより効率を示す。

表4.2　各種ケーブルの力学特性

ケーブルの種類	より効率	弾性係数の標準値 2)〔MPa〕
ストランドロープ	0.80～0.85	1.35×10^5
スパイラルロープ 1)	0.90～	1.55×10^5
平行線ケーブル	0.95～0.98	1.95×10^5

1)　ロックドコイルロープを含む
2)　ロープについてはプリテンション後の値

ロープを構成するワイヤがらせん状であるため，引張以外に曲げやねじりを受けるなどの上述の諸要因は弾性係数にも影響し，ロープの見掛け上の弾性係数は素数のそれより低くなる。そのうえ，製作したばかりのロープでは，引張を受けると素線間のすき間が詰まり，大きな伸びを示すが，このような有孔物特有の構造伸びは，プリテンションを加えることによりある程度除去される（**図4.9**参照）。したがってロープはプリテンションを加えて後使用すべきで，表4.5にはプリテンション後のケーブルとしての弾性係数の標準値を示す。

表4.5にみるように，より効率，弾性係数（ヤング率）といった力学的性能は，より合わせの度合いの大きいケーブルほど劣る。

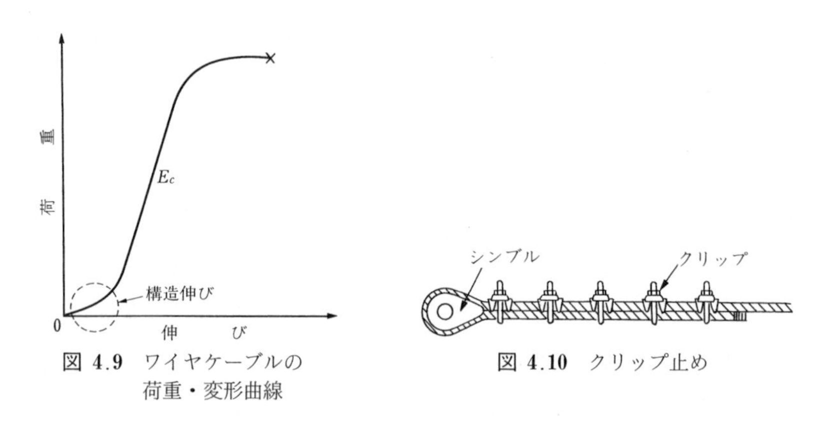

図 4.9　ワイヤケーブルの荷重・変形曲線

図 4.10　クリップ止め

（e）　**定着**　　ワイヤケーブル端部の他部材への定着（anchor）は直接には無理であって，主としてつぎの方法によっている。

i）クリップ止め　　**図4.10**のように，相手部材の定着用金具が挿入される部分にシンブル（thimble）をあて，これにロープを巻き，ロープ端部をクリップ（clip）で止めた構造である。クリップは図4.10に示すように，ワイヤロープの末端側から包み込むように取り付け，シンブル側のクリップはシンブルにできるだけ近付けるように配置する。取り付けるクリップの個数，間隔，締付けトルクはロープ径の太いほど大きくする。シンブルにはデッドシンブルという丈夫なものを用い，その直径はロープ径の5倍以上とする。

いずれにせよ，クリップ止めの定着効率は80～85％程度であり，しかもクリップ自体さびやすいので，古い簡易吊橋などに使われたことはあるが，やむをえない場合以外は構造物には用いないほうがよい。

ii）くさび止め　**図4.11**のようなソケットにくさびを組み合せ，ロープ端はクリップによって止めた構造である。

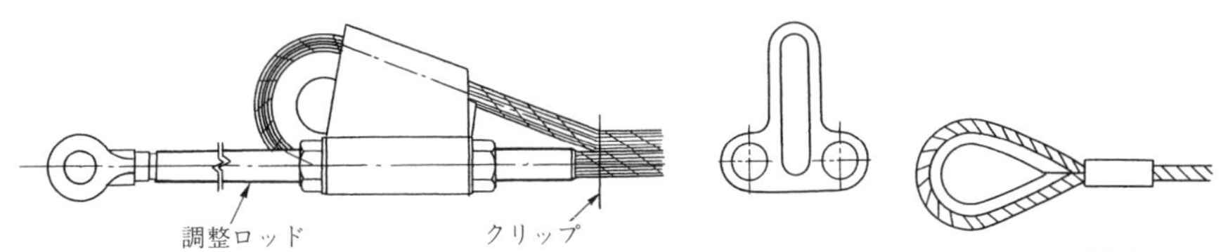

図 4.11　くさび止め（日本道路協会：小規模吊橋指針・同解説より）　**図 4.12**　圧縮止め

iii）圧縮止め　**図4.12**の例のように，鋼製のスリーブでロープを圧縮，締め付ける工法で，スリーブの表面にねじを切ったり，ピンを入れて，ほかの部材とつなぐ。

これらくさび止めと圧縮止めはクリップ止めよりは信頼性があるが，小規模吊橋のハンガーロープや耐風索の定着程度に使用をとどめておくほうがよい。

iv）ソケット止め　ソケット内にロープの素線をばらし，合金で鋳込んだ構造で，構造物のケーブル部材の定着に最も広く用いられてきた。ソケットに

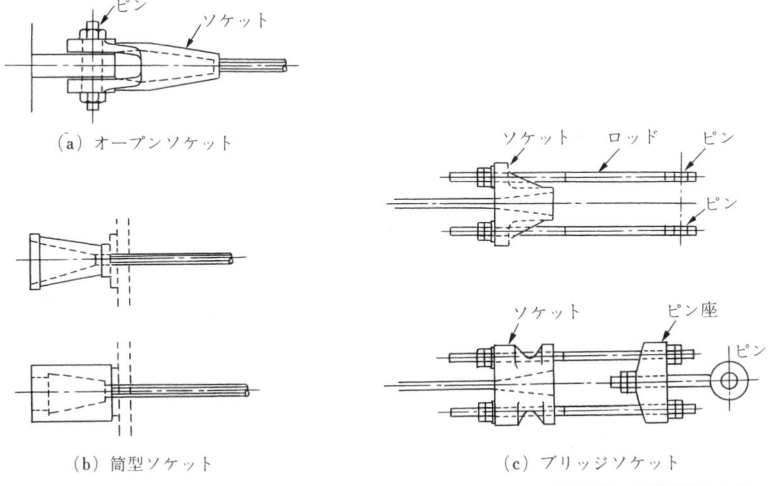

図 4.13　ソケット止めの構造例（日本道路協会：小規模吊橋指針・同解説より）

は図**4.13**のようなさまざまな形状のものがある。ソケットには鋳込む金属は，ワイヤとの付着力が大きいこと，ワイヤを傷めたり，作業性を損なわないよう溶融点が高くないこと，溶融時の流動性に優れていること，クリープ変形が少ないことなどの条件を満足しなければならない。鉛系または錫(すず)系の合金は溶融点や流動性の面では都合よいが，クリープ変形が大きいという欠点があり，2％の銅を含む亜鉛系合金がふつう用いられている。この場合にも，ワイヤやソケットとの完全な付着と腐食の防止を図るため，ソケット内に不純物が残留しないよう，あらかじめ清掃，予熱などの処置を施すことが必要である。

斜張橋などのソケット形式の定着装置については，疲労強度，クリープなどの力学特性や耐食性を改善すべく，近年，各種の新しい工法が提案されている。図**4.14**のいわゆるハイアムアンカー（HiAm anchor）もその一つである。HiAmは高い振幅の略称で，その名のように，ワイヤを高温で鋳込むため疲労強度が低下することのある合金止め定着の欠点を改善することを最大の眼目としている。すなわち，エポキシ樹脂に亜鉛粉末を混入したものと鋼球とを常温でソケット内に鋳込み，あわせて，比較的太径のワイヤあるいはPC鋼棒の端部をボタン状にふくらませ（ボタンヘッド），これをソケット端に挿入したスペーサ板とピンとで抜け出ないように固定する。そのほか，上記のボタンヘッドに代えて鋼より線端部に圧着グリップを装置したもの，ワイヤの定着は前述の亜鉛系合金によるが，ソケットの口元部にはエポキシ樹脂を充てんし，耐疲労性，耐食性を図ったものなどが実用に供されている。

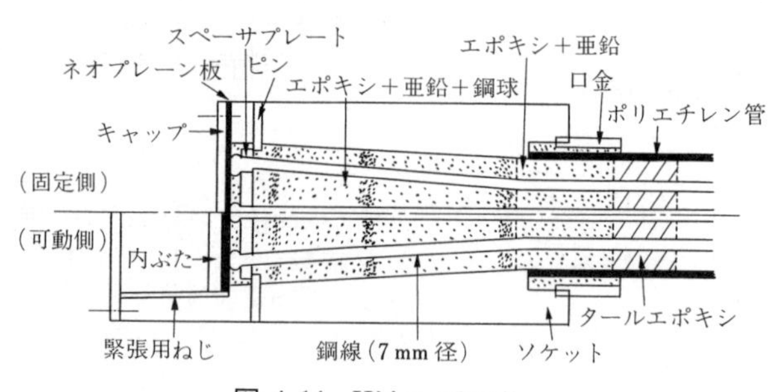

図 4.14　HiAm アンカー

4.3 圧　縮　材（柱）

4.3.1 圧縮材の耐荷力

〔1〕 弾性座屈

（a） 現象の説明　圧縮力を受ける部材を**圧縮材**（compression member）または**柱**（column）という。**図 4.15** のような，両端ヒンジで，長さ l，断面積 A なる一様断面のまっすぐな柱に部材軸方向の圧縮力 P が作用するとする。座標は部材軸方向を x 軸，断面主軸のうち，大きい断面２次モーメントを与えるほうを y 軸，他方を z 軸とする。

荷重 P を増していくと，柱はまっすぐな状態のまま x 軸方向に縮む。このときの縮み u は弾性域内ならば荷重 P に比例する。ところが細長い柱の場合には，荷重 P がある値 P_{cr} に達したとき，図のように柱は突然横方向（この場合，小さいほうの断面２次モーメントを与える z 軸まわり）に曲がってしまうことがある。この現象を**座屈**（buckling）という。

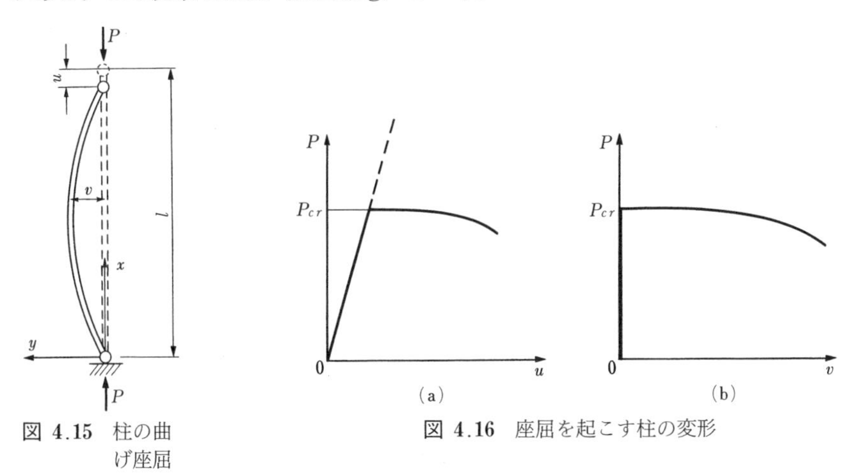

図 4.15　柱の曲げ座屈

図 4.16　座屈を起こす柱の変形

圧縮材の y 方向への横たわみを v とし，荷重 P と変形 u，v との関係をそれぞれ図示すれば**図 4.16** のようになる。この図は座屈現象が圧縮材の降伏荷重 $P_Y=\sigma_Y A$ より低い荷重，すなわち弾性域で発生する場合を示している。部材軸方向の圧縮荷重 P のもとでは本来この部材は縮みしか生ぜず，座屈さえ起こらなければ，P と u の関係は図4.16（a）の破線をたどり，同図（b）では変形 v は0のままであるはずである。しかし，実際には，座屈荷重 P_{cr} を超えて後の圧縮変形〔図（a）の破線〕は不安定な現象であって起こりえず，まったく別の変形様式である曲げ座屈変形に転じてしまう。そこで，この種の問題を**弾性安定**（elastic stability）**問題**ともいう。また，座屈荷重 P_{cr} で別の変形様式に移ってしまうことから，**分岐**（bifurcation）**問題**と呼ぶこともある。

圧縮材の場合，最も起こりやすい座屈現象はいま述べた，小さいほうの断面2次モーメントを与える z 軸まわりの曲げ，すなわち y 方向へのたわみ変形で，これを**弱軸まわりの曲げ座屈**という。

しかし，なんらかの設計上の理由から，この柱の中間点に y 方向の支えがある場合には，もう一つの断面主軸である y 軸（強軸）まわりの曲げ座屈が先に起こる可能性もある。

さらに，低層鉄骨建築に用いられる軽量形鋼などでは，圧縮材がねじれ座屈を起こすこともありうる。一般に非対称断面では，圧縮荷重のもとで，弱軸まわりの曲げ変形 v，強軸まわりの曲げ変形 w，および部材軸まわりのねじれ変形 φ が連成しうるのであるが，その理論はかなり難しく，かつ土木構造物に用いられる鋼構造部材では断面主軸まわりの曲げ座屈が問題になることがほとんどであるので，本書ではそれのみを扱うことにする。

いったん起これば，荷重は増加することができずに変形だけが増大し，その変形がある限界を超えて材料が塑性化すれば荷重をもとへ戻しても部材の形はもとに戻らない座屈は非常に危険な現象である。材料の強度が高いだけに細長くなりがちな鋼構造部材で，耐荷性能を支配するこの座屈が，圧縮材の設計にあたって最も留意すべき現象である。

（b）　オイラーの座屈荷重　　図4.15に示した両端ヒンジの圧縮材では，荷重 P がどのような値になると，この座屈現象が発生するのであろうか。座屈の解析は座屈変形を起こした後のつり合いを考えることから出発する。

われわれは曲げモーメント M を受ける直線部材の支配方程式が

$$EI_z \frac{d^2v}{dx^2} = -M \tag{4.4}$$

で与えられることを知っている。ここにEは材料のヤング率，I_zはz軸に関する断面2次モーメントである。

圧縮材には外力としての曲げモーメントは作用していないのであるが，いったん座屈してvだけたわむと，この部材には$M = Pv$なる曲げモーメントが加わることになる。したがって座屈後の圧縮材のつり合い式は

$$EI_z \frac{d^2v}{dx^2} + Pv = 0 \tag{4.5}$$

となる。この式は微小変位[1)]を前提としているが，座屈が起こった瞬間を考えるとすれば不都合ではない。

$$\alpha = \sqrt{\frac{P}{EL_z}} \tag{4.6}$$

とおくと，式（4.4）は

$$\frac{d^2v}{dx^2} + \alpha^2 v = 0 \tag{i}$$

となり，その一般解は

$$v = A\sin\alpha x + B\cos\alpha x \tag{ii}$$

ここに，A，Bは積分定数で，2個の境界条件（両端における支持条件），$x = 0$および$x = l$で$v = 0$から定まる。すなわち

$x = 0$で$v = 0$より　　$A \times 0 + B \times 1 = 0$　　（iii a）

$x = 1$で$v = 0$より　　$A\sin\alpha l + B\cos\alpha l = 0$　　（iii b）

ところが，この両式を満足するような解は$A = B = 0$，すなわち部材軸上のすべての点で$v = 0$となり，座屈が生じていないことになる。座屈現象，すなわちvが0でないような解が存在するためには，式（iii a，b）の係数行列式が

$$\begin{vmatrix} 0 & 1 \\ \sin\alpha l & \cos\alpha l \end{vmatrix} = 0 \tag{iv}$$

1）有限変位を考慮して大変形まで扱うことは可能で，そのような場合のPとvの関係を調べるのを**エラスチカ**（elastica）**問題**という。

なる条件を満足しなければならない。すなわち

$$\sin\alpha l = 0 \tag{4.7 a}$$

あるいは

$$\alpha l = n\pi, \qquad n = 1, 2, 3, \cdots \tag{4.7 b}$$

でなければならない。これを**座屈条件式**という。

したがって式（4.6）から

$$P = \frac{n^2\pi^2 EI_z}{l^2} \tag{4.8}$$

となる。

結局，式（4.8）を満足するPの値においてのみ座屈現象が発生するわけで，数学的にはこれを**固有値**，この種の問題を固有値問題[1)]という。

式（4.8）では正の整数nに対応して無数の荷重の値が得られるが，実際に生じるのは安定なつり合いとなる変形様式のもので，エネルギー的にこれはnの最小値，すなわち$n = 1$のときの荷重

$$P_{cr} = \frac{\pi^2 EI_z}{l^2} \tag{4.9}$$

である。これが座屈荷重であり，**オイラー（Euler）の座屈荷重**P_Eともいう。

式（4.9）を断面積Aで割れば，座屈が発生するときの応力度，すなわち座屈応力度がつぎのように与えられる。

$$\sigma_{cr} = \frac{\pi^2 E}{(l/r)^2} \tag{4.10}$$

ここに，$r = \sqrt{I_z/A}$ は断面の回転半径で，l/rを部材の**細長比**という。

鋼材のヤング率Eは鋼種によらずほぼ一定の値，2.0×10^5 MPaを有するので，式（4.10）から，鋼圧縮材の座屈応力度は細長比のみの関数ということになる。また，鋼材を応力・ひずみ曲線が図3.12で表されるような完全弾塑性体と考えると，応力度は降伏点σ_Y以上にはなりえない。したがって，鋼圧縮材の限界応力は**図4.17**のようになる。

1）われわれの分野では，構造物の自由振動の解析も固有値問題である。この場合の固有値は構造物の固有振動数となる。

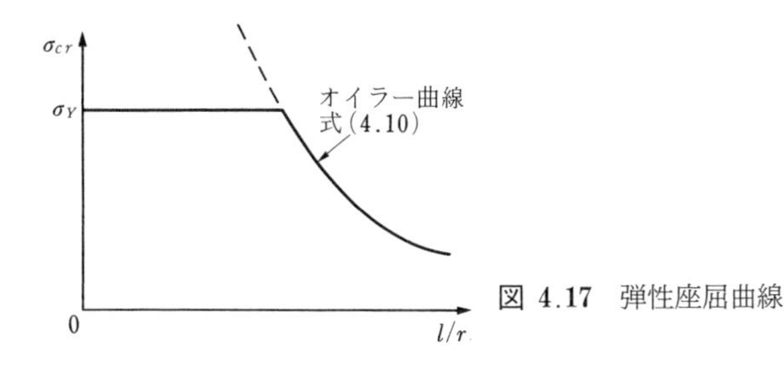

図 4.17　弾性座屈曲線

ここで，上述の曲げ座屈がどのようなたわみ曲線のものであるかみてみよう。式（iii a）から，じつは$B=0$であり，したがってvが0でない解が存在するとすれば，その形は$v=A\sin\alpha x$でなければならない。$n=1$の場合，式（4.7 b）から，座屈荷重に対応する$\alpha=\pi/l$となる。したがって

$$v=A\sin\frac{\pi x}{l} \tag{4.11}$$

が両端ヒンジの柱の曲げ座屈波形，すなわち座屈モード（buckling mode）である。つまり図4.15の座屈波形は半波の正弦曲線となる。しかし，最大たわみAの値は定まらない。これを議論するには4.3.1項の脚注でふれたエラスチカの問題に立ち入らなければならないが，設計にあたってさしあたり必要なのは座屈荷重であるから，ここではこれ以上追求しないことにする。

（c）　**端末条件の影響**　　式（4.9）で与えられるオイラーの座屈荷重は両端とも横方向には動かないヒンジ支持の柱に対するものであったが，これとは異なる端末条件を有する圧縮材の座屈荷重も，前項と同様の手法で求められる。ただし，棒状部材の端末条件は**表 4.6** に例示するように，各部材端あたり2個ずつあり，任意の支持条件の圧縮材の座屈解析にあたっては，式（4.5）の代わりに，部材端に軸方向圧縮荷重Pを受ける部材の一般的つり合い方程式

表 4.6　部 材 の 端 末 条 件

固 定 端		たわみ：$v=0$,　たわみ角：$\frac{dv}{dx}=0$
ヒンジ端		たわみ：$v=0$,　曲げモーメント：$\frac{d^2v}{dx^2}=0$
自 由 端		曲げモーメント：$\frac{d^2v}{dx^2}=0$,　反力：$EI\frac{d^3v}{dx^3}+P\frac{dv}{dx}=0$

$$EI_z \frac{d^4v}{dx^4} = -P \frac{d^2v}{dx^2} \tag{4.12}$$

を用いる。これはとりも直さず，式（4.5）をxでさらに2回微分した形となっているが，つぎのような意味をもっている。

座屈して曲がった状態の部材の微小要素dxを取り出すと，**図4.18**のように，x方向の荷重Pは部材軸直角方向の分力

$$P\frac{dv}{dx} - P\left(\frac{dv}{dx} + \frac{d^2v}{dx^2}\,dx\right) = -P\frac{d^2v}{dx^2}\,dx$$

をもたらし，単位長さあたりには

$$p = -P\frac{d^2v}{dx^2}$$

なる積荷重となる。一方，部材の横たわみvと積荷重$p(x)$の間には，梁の力学で

$$EI_z \frac{d^4v}{dx^4} = p(x) \tag{4.13}$$

なる関係があることから，式（4.12）が導かれるのである。

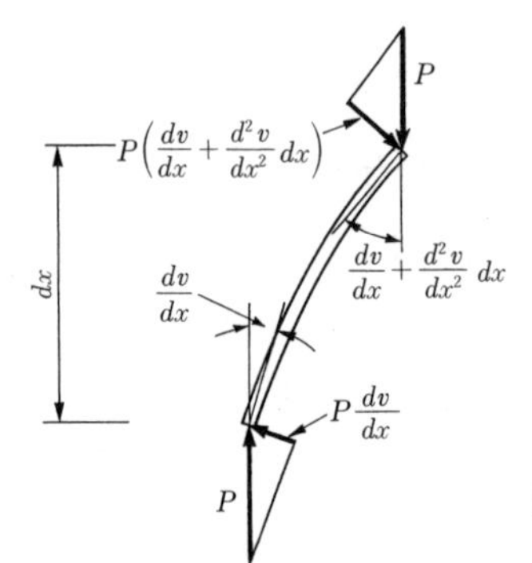

図4.18　柱の微小要素

式（4.12）は4階の常微分方程式であるから，その解には4個の積分定数が含まれており，部材両端2個ずつの端末条件と整合する。

ところで，柱の端末条件が異なれば座屈荷重も異なるが，式（4.9）あるいは式（4.10）のlの代わりに

$$l_k = kl \tag{4.14}$$

とすれば，オイラー座屈の場合とまったく同じ形の結果が得られる。ここに，l は実際の部材長，l_k は**有効座屈長**あるいは換算座屈長と呼ばれ，代表的な端末条件の柱に対する係数 k の値は**表 4.7** のようになる。この図の座屈モードにみるように，有効座屈長は曲げモーメントが 0 である変曲点の間隔に相当している。すなわち，この点にヒンジを挿入しても状況は同じであるわけで，両端ヒンジの柱のオイラーの座屈荷重との対比がこれから理解できよう。

表 4.7　柱の有効座屈長

	(a)	(b)	(c)	(d)
柱の端末条件と座屈モード	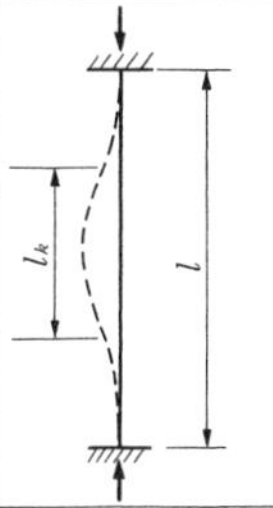 l_k, l	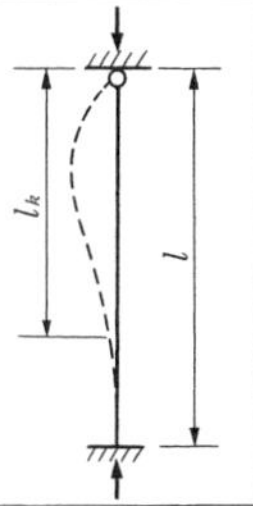 l_k, l	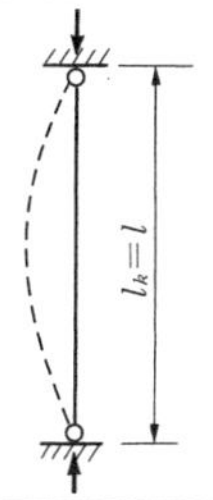 $l_k=l$	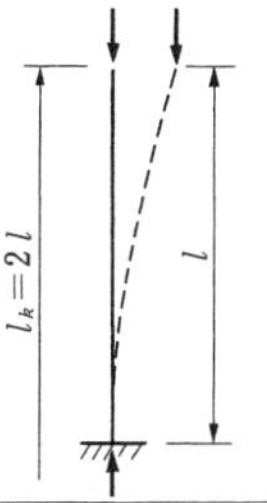 $l_k=2l$, l
k の理論値	0.5	0.7	1.0	2.0

いずれにせよ，まっすぐな圧縮材の弾性座屈においては，オイラーの座屈荷重が基本となるのである。

表 4.7 の結果から，部材長および部材断面が同じならば，有効座屈長は端末の拘束度が大きい柱ほど小さくなる。言い換えれば，端末の拘束度が大きい柱ほど，座屈荷重は大きい。しかし，実際の構造物を構成する部材の端末条件は表 4.7 のうちのいずれかというよりは，いずれか二つの中間にある場合が多い。例えば，構造物の中の部材はほかの部材に溶接や高力ボルト接合で連結されているのが普通であり，この場合部材どうしは弾性固定，すなわち表 4.7 の（a）と（c）の中間にあると考えられる。

〔2〕　**非弾性座屈**　　オイラーの座屈応力を示す式（4.10）で，ヤング率 E が用いられるということは，材料の応力とひずみが比例関係にあることを前提としている。すなわち，弾性座屈を熱かったものである。したがって，オイラーの座屈理論は座屈応力 σ_{cr} が材料の比例限 σ_p 以下の場合に限って有効である。

具体的には，オイラー座屈の式が適用できるのは

$$\sigma_{cr}=\frac{\pi^2 E}{(l/r)^2}\leqq\sigma_p$$

すなわち

$$\frac{l}{r}\geqq\pi\sqrt{\frac{E}{\sigma_p}} \tag{4.15}$$

なる細長比の領域であって，SS 400 材であれば l/r が 100 程度以上の非常に細長い部材に限られる。高張力鋼になると σ_p が大きくなるので，この限界細長比はもっと小さくなる。

そこで，$\sigma_{cr}>\sigma_p$ なる場合の座屈，すなわち非弾性座屈（inelastic buckling）を生じる場合の座屈荷重あるいは座屈応力をいかに導くかについて，さまざまな説が唱えられてきたが，実用に供しうる代表的なものとして，つぎの二つがある。

（a）　**接線係数法**　　材料の比例限 σ_p より高い応力のもとでは応力とひずみは比例しないが，座屈を生じる応力 $\sigma_{cr}(>\sigma_p)$ における応力・ひずみ曲線の勾配 $E_t=d\sigma/d\varepsilon$ を E の代わりに式（4.10）に適用し，座屈応力を求める方法である。すなわち

$$\sigma_{cr,\,t}=\frac{\pi^2 E_t}{(l/r)^2} \tag{4.16}$$

この E_t を**接線係数**（tangent modulus）という。

この方法の意味するところを図示すれば**図 4.19** のようになる。

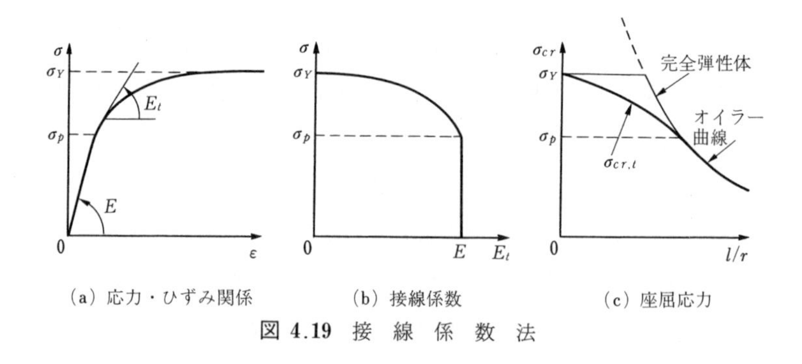

（a）応力・ひずみ関係　　（b）接線係数　　（c）座屈応力

図 4.19　接　線　係　数　法

(b) 換算係数法　接線係数法では全断面にわたってE_tが一定と考えているが，曲げ座屈が起こると部材はたわみ，内側の圧縮側ではますます圧縮応力が大きくなる一方，外側の引張側では逆に圧縮応力は減少（除荷）し，弾性域に戻される。したがって，**図4.20**に示すように，断面の一部は弾性域（ヤング率E），ほかの部分は非弾性域（接線係数E_t）となるであろう。このような状態における断面全体としての平均的なEやE_tに相当するものを**換算係数**(reduced modulus) または等価係数E_rと定義し，これを式 (4.10) のEの代わりに用いて

$$\sigma_{cr,r}=\frac{\pi^2E_r}{(l/r)^2} \tag{4.17}$$

を座屈応力とするというのが換算係数法である。

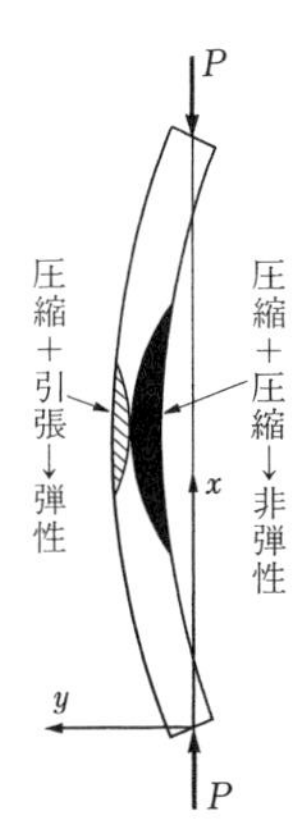

図 4.20　換算係数の説明

換算係数E_rはつぎのように求められる。図4.20に示した断面内の弾性域と非弾性域の境界のy座標をy_0，部材の曲率をϕとすれば，平均応力$\sigma=P/A$からの応力増分は

$$\left.\begin{array}{ll} y\geqq y_0\,(\text{弾性域})\text{において} & \Delta\sigma=E\varepsilon=E\phi(y-y_0) \\ y<y_0\,(\text{非弾性域})\text{において} & \Delta\sigma=E_t\varepsilon=E_t\phi(y-y_0) \end{array}\right\} \tag{i}$$

これに対応する曲げモーメントは

$$M=\int_A\Delta\sigma(y-y_0)\,dA=\phi\left[E\int_{y\geqq y_0}(y-y_0)^2dA+E_t\int_{y<y_0}(y-y_0)^2dA\right] \tag{ii}$$

となる。一方，梁の力学における曲げモーメントと曲率の関係を想起すれば

$$M = E_r I_z \phi \qquad \text{(iii)}$$

におけるE_rが先に定義した換算係数となる。すなわち，式（ii）と（iii）を比較することにより

$$E_r = \frac{1}{I_z}\left[E\int_{y \geqq y_0}(y-y_0)^2 dA + E_t\int_{y<y_0}(y-y_0)^2 dA\right] \qquad (4.18)$$

例として，**図4.21**に示す長方形充実断面の換算係数を求めてみよう。まず，中立軸に相当するy_0を

$$\int_A \varDelta\sigma dA = 0$$

なる条件から定める。すなわち

$$\phi\left[Eb\int_{y \geqq y_0}(y-y_0)dy + E_t b\int_{y<y_0}(y-y_0)dy\right]$$

$$= \phi\frac{b}{2}\left[E\left(\frac{d}{2}-y_0\right)^2 - E_t\left(\frac{d}{2}+y_0\right)^2\right] = 0$$

から

$$y_0 = \frac{d}{2}\cdot\frac{\sqrt{E}-\sqrt{E_t}}{\sqrt{E}+\sqrt{E_t}}$$

したがって，式（4.18）から

$$E_r = \frac{b}{I_z}\left[E\int_{y \geqq y_0}(y-y_0)^2 dy + E_t\int_{y<y_0}(y-y_0)^2 dy\right]$$

$$= \frac{b}{3I_z}\left[E\left(\frac{d}{2}-y_0\right)^3 + E_t\left(\frac{d}{2}+y_0\right)^3\right]$$

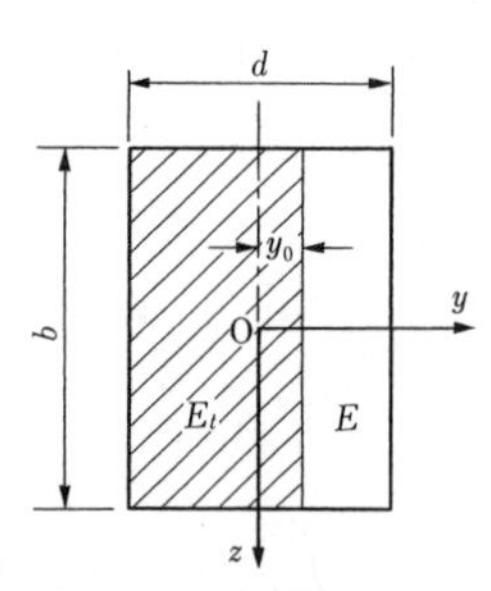

図 4.21　長方形充実断面の換算係数

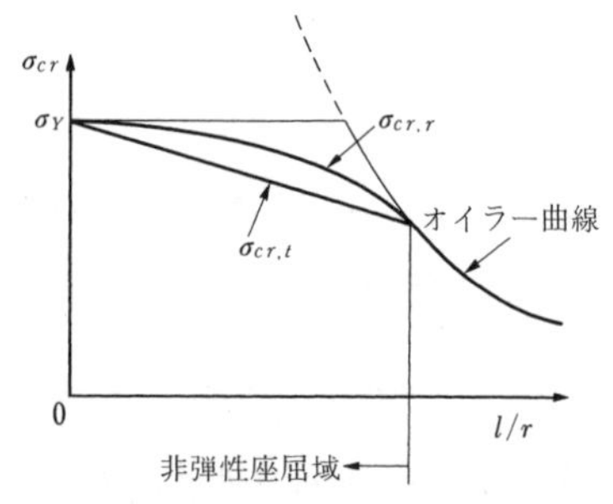

図 4.22　非弾性座屈

この場合 $I_z = bd^3/12$ であるから

$$E_r = \frac{4EE_t}{(\sqrt{E} + \sqrt{E_t})^2} \tag{4.19}$$

となる。

$E > E_t$ となることから，一般に $E > E_r > E_t$ という大小関係があり，したがって非弾性域の座屈応力をそれぞれ式（4.16），（4.17）を用いて求めるならば，$\sigma_{cr,r} > \sigma_{cr,t}$ である（**図 4.22** 参照）。いずれにせよ，ここでも限界応力が材料の降伏点 σ_Y を超えることはない。

では，接線係数，換算係数いずれをとるのがよいか。接線係数による値は座屈応力の下限値を与えるものであるが，実験地はむしろこちらに近い場合が多い。これは，実際の鋼構造部材には次項の初期不整や残留応力の影響があるためである。一方，換算係数の考え方はもっとものようにみえるが，実際の応力変化はここで扱ったよりも複雑であり，座屈応力は $\sigma_{cr,r}$ までは達しえないとされている。断面の形によって換算係数の値が異なるのもやっかいな点である。したがって，つぎの項の後半で述べるように，鋼圧縮材の非弾性座屈応力の評価には接線係数に基づく考えが一般に用いられている。

〔3〕 初期不整および残留応力の影響　これまでは，まっすぐな柱の断面重心を通る部材軸に沿って圧縮荷重が作用する場合の座屈を扱ってきた。しかし，実際の鋼構造部材は完全にまっすぐにつくることは難しく，荷重の作用も偏心が避けられないことが多い。現に，例えば鋼橋の示方書では，部材長の 1/1 000 までの曲がりが圧縮材に許容されている。また，設計上の理由から，どうしても骨組線と部材軸線とを一致させることができなかったり，部材断面が非対称であるために，偏心した軸圧縮力が作用することになる場合がある。

他方，3.2.5 項〔3〕で述べたように，圧延形鋼および溶接組立て部材において，一般に残留応力の存在は避けられない。

荷重がかかる前から存在するこれらの不完全さ（initial imperfection）が座屈強度にどのように影響するかを調べてみよう。

（a） 初期曲がりのある圧縮材　**図 4.23** のように初期曲がり（元たわみと

もいう）v_0 のある両端ヒンジの柱に圧縮荷重 P が作用する場合の支配方程式は，式（4.5）と同じ考え方のもとに

$$EI_z \frac{d^2v}{dx^2} + P\,(v_0 + v) = 0 \tag{4.20}$$

となる。ここに，v は荷重がかかったことにより新たに生じたたわみである。x の関数としての v_0 を与えてこの式を解くのであるが，いま簡単のために

$$v_0 = a \sin \frac{\pi x}{l} \tag{4.21}$$

で表される初期曲がりがあったとする。式（4.6）で定義された α を用いれば，式（4.20）は

$$\frac{d^2v}{dx^2} + \alpha^2 v = -\,\alpha^2 a \sin \frac{\pi x}{l} \qquad \text{(i)}$$

となり，その一般解は

$$v = A \sin\alpha x + B \cos\alpha x - \frac{a\,\alpha^2}{\alpha^2 - (\pi/l)^2} \sin \frac{\pi x}{l} \qquad \text{(ii)}$$

となる。$x = 0$，$x = l$ で $v = 0$ という端末条件を満足するためには $A = B = 0$ でなければならない[1)]。ゆえに

$$v = \frac{a\,\alpha^2}{(\pi/l)^2 - \alpha^2} \sin \frac{\pi x}{l} \tag{4.22}$$

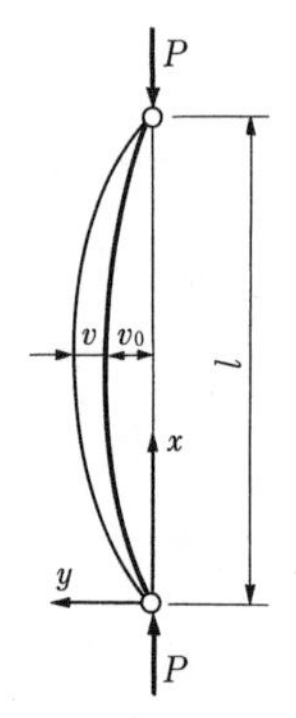

図 4.23　初期曲がりのある柱

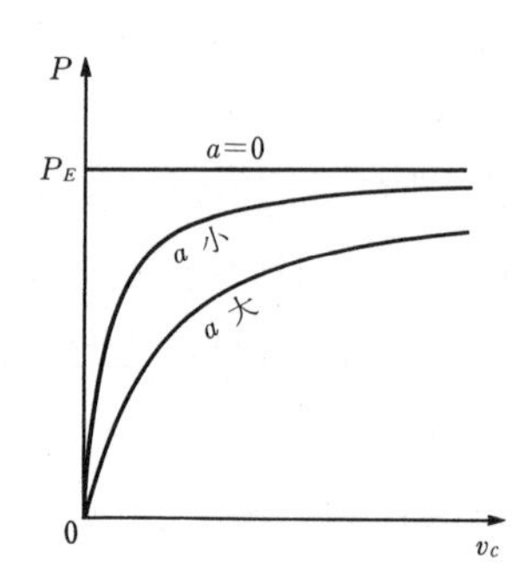

図 4.24　初期曲がりのある柱のたわみ

1）次項（b）の偏心のある場合と同様，これは座屈におけるような固有値問題ではない。

したがって，最大のたわみ，すなわち部材中央点$x = l/2$におけるたわみは

$$v_c = a\frac{\alpha^2}{(\pi/l)^2 - \alpha^2} = a\frac{P}{P_E - P} \tag{4.23}$$

ただしP_Eは式（4.9）のオイラー荷重である。

式（4.23）の結果を図示すれば**図4.24**のようになり，まっすぐな柱の場合〔図4.16（b）〕と違って，荷重Pがかかると同時に部材は横方向にたわみはじめ，Pがオイラーの座屈荷重P_Eに近付くと，たわみは急激に増大する。このたわみは初期曲がりの大きさに比例している。

この場合，たわみがある限度を超えれば部材断面の応力度は降伏点を超え，たわみの増大とともに降伏域は広がっていく。そして，最も曲げモーメントが大きい部材中央点（$x = l/2$）における断面全体が塑性化するまでは荷重を増していくことができる。しかし，それ以前に，すでに塑性化した部分は曲げに対する抵抗がなくなるので，実際は荷重の増加に伴うたわみの増大は図4.24に示したよりも顕著であり，かつ上述のように部材中央点の断面全体が塑性化すれば，この部材は不安定となって耐荷力を失う。つまり，P_Eより低い荷重で崩壊することになる。この傾向は細長比がそれほど大きくない部材で著しい。

（b）　偏心荷重を受ける圧縮材　　部材中心軸（x軸）からy方向に$-e$だけ偏心した圧縮荷重を受ける両端ヒンジのまっすぐな部材（**図4.25**参照）を考える。前項と同様な扱いで

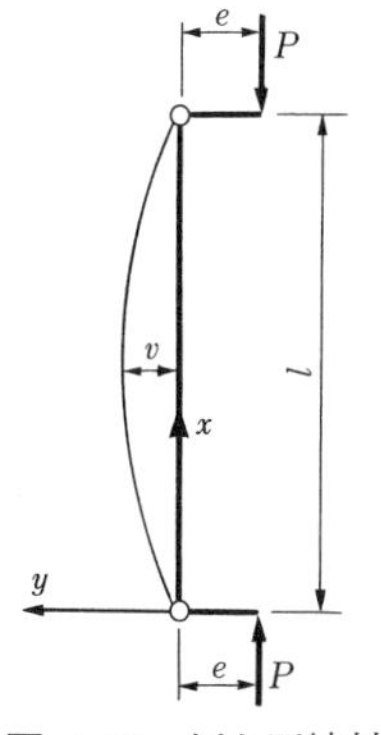

図 4.25　偏心圧縮材

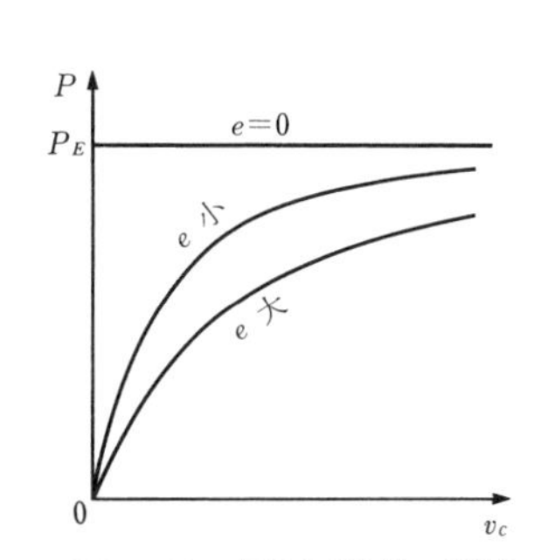

図 4.26　偏心圧縮材の変形

$$EI_z\frac{d^2v}{dx^2}+P(v+e)=0 \tag{4.24}$$

なる，この場合の支配方程式の一般解は，やはり式（4.6）のαを用いると

$$v=A\sin\alpha x+B\cos\alpha x-e \tag{i}$$

であって，端末条件（$x=0$，$x=l$で$v=0$）から積分定数A，Bを定めれば

$$v=e\left\{\frac{\sin\alpha(l-x)+\sin\alpha x}{\sin\alpha l}-1\right\} \tag{4.25}$$

となる。したがって，部材中央点（$x=l/2$）におけるたわみ，すなわち最大たわみの値は

$$v_c=e\left\{\frac{1}{\cos(\alpha l/2)}-1\right\} \tag{4.26}$$

である。

この場合も，$\alpha l/2\to\pi/2$，すなわち$P\to P_E$となるにつれて，v_cは急激に増大し，限界荷重はオイラーの座屈荷重となる（**図4.26**参照)。たわみはやはり偏心量eに比例している。ただし，たわみが大きくなったときには塑性域の広がりを考え，かつ有効変位を考慮した正しい曲率を用いないと実情と相違することになるのは，前項初期曲がりのある場合と同様である。

（c）**残留応力のある圧縮材**　　熱間圧延あるいは溶接組立てに伴って生じたI形断面の残留応力分布を**図4.27**のようにモデル化して考えよう[1]。材料自

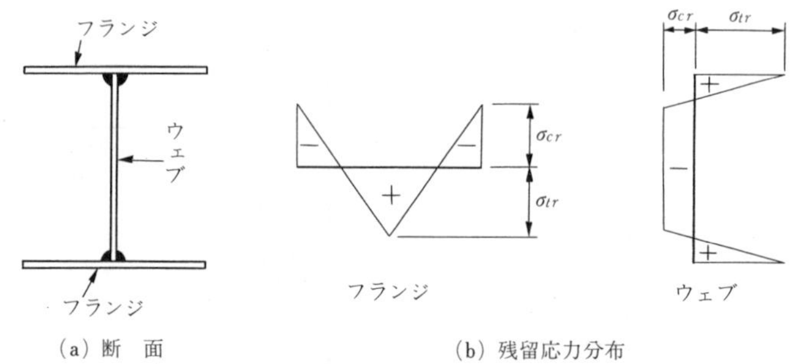

図 4.27　残留応力を有するI形断面

1) 図中のフランジ，ウェブの定義については4.4.2項の〔1〕を参照。

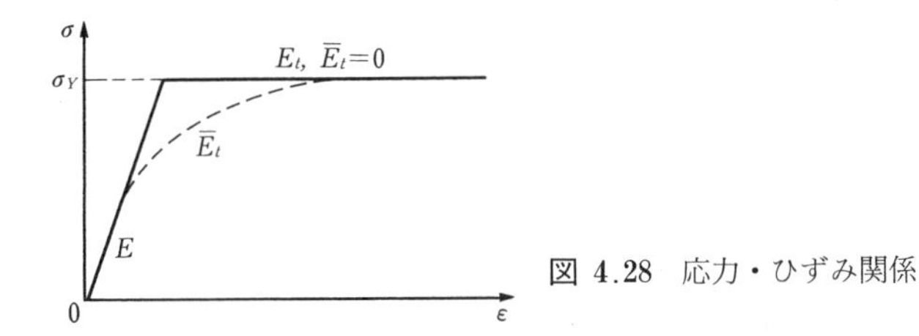

図 4.28　応力・ひずみ関係

体の応力・ひずみ関係は**図 4.28** の実線で表されるような弾塑性挙動を示すとする。部材はまっすぐであるとして，中心軸圧縮荷重 P が作用すると，この荷重による一様な圧縮応力 $\sigma_c = P/A$ が残留応力 σ_r に加算される。

荷重を増していくと σ_c が増加し，全応力 $\sigma = \sigma_c + \sigma_r$ は圧縮残留応力の大きいフランジ端部でまず降伏点 σ_Y に達し，降伏領域はしだいにフランジ内部へ広がっていく（**図 4.29** 参照）。さらに荷重が増大すると，やはり圧縮残留応力の存在するウェブの中央部も塑性化しはじめるであろう。ところで，このように塑性化した降伏領域は圧縮や曲げに対する抵抗，すなわち剛性にそれ以上寄与することができず，いわば実質的に有効な断面がその分だけ減ることになる。

オイラーの座屈荷重を示す式（4.9）には曲げ剛性 EI_z が含まれている。接線

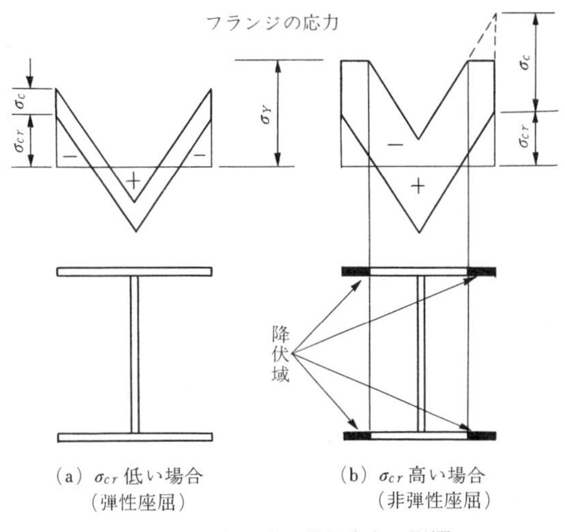

図 4.29　座屈時の残留応力の影響

係数の考えを用いるとすれば，非弾性座屈におけるこの曲げ剛性は一般に

$$B_T = \overline{E}_t I_z = \int_A E_t(y, z)\, y^2 dA \tag{4.27}$$

で定義される。ここに，E_t（y，z）は断面内の点（y，z）における材料の接線係数とする。すなわち，断面全体としての平均接線係数 $\overline{E}_t$ は

$$\overline{E}_t = \frac{1}{I_z}\int_A E_t(y, z)\, y^2 dA \tag{4.28}$$

である。材料が図3.12に示した完全弾塑性体の場合には，降伏点に達した部分では $E_t = 0$，弾性域にとどまっている部分（弾性核）では $E_t = E$ であるから，弾性核の断面2次モーメントを I_{ez} とすると，式（4.28）は

$$\overline{E}_t = E\frac{I_{ez}}{I_z} \tag{4.29}$$

となる。すなわち，断面の一部が降伏しはじめるとともに，断面全体の平均的な接線係数 $\overline{E}_t$ は E からしだいに減りはじめ，全断面が降伏点応力に達したところで $I_{ez} = 0$，すなわち $\overline{E}_t = 0$ となる。図4.28の破線のように推移するわけである。

式（4.29）による $\overline{E}_t$ をオイラーの座屈荷重の式（4.9）の E の代わりに用いれば，座屈荷重は

$$P_{cr,t} = \frac{\pi^2 \overline{E}_t I_z}{l^2} = \frac{\pi^2 E I_{ez}}{l^2} \tag{4.30}$$

となり，これは，残留応力がある圧縮部材の非弾性座屈荷重を求めるのに，接線係数法を拡張して適用したことになる。

しかし，残留応力分布をいちいち測定するのはやっかいであるので，実用上の手段として，座屈を起こさない短柱（stub column）の圧縮実験から図4.28の実線のような結果を得た後，これから求めた接線係数 E_t を利用することもある。この場合は弾性核の断面積を A_e として $E_t = EA_e/A$ であるので

$$\overline{\overline{E}}_t = \frac{1}{A}\int_A E(y, z)\, dA \tag{4.31}$$

なる $\overline{\overline{E}}$ を用いて

$$P_{cr,t} = \frac{\pi^2 \overline{\overline{E}}_t I_z}{l^2} \tag{4.32}$$

から座屈荷重を計算することになり，式（4.30）の結果とは若干異なることになる。

式（4.30）からわかるように，残留応力の存在により見掛けの曲げ剛性は低下し，したがって座屈荷重も低下する。しかし，非常に細長い柱では，すでに知ったように，弾性座屈荷重がもともと低い。したがって，たとえ残留応力が存在しても，降伏領域が広がりはじめる前に，圧縮荷重による応力 σ_c は弾性座屈応力 σ_{cr} に達してしまう〔図 4.29（b）参照〕。すなわち，いわゆる長柱では，残留応力の影響は実質的にないか，あったとしてもきわめて小さい。

非弾性座屈荷重に及ぼす残留応力の影響についていえば，残留応力が大きく，かつその範囲の大きいほど顕著に現れることから

（1） 溶接組立て材のほうが形鋼より影響が大きく，焼なましにより残留応力を減らすことができる場合には，その影響は小さくなる。

（2） 残留応力は材種による差異はあまりないので，降伏点の高い高張力鋼のほうが普通の軟鋼より相対的に影響が小さい。

（3） 図 3.5 に示した残留応力分布の例から察することができるように，同じ溶接組立て材でも，I 形断面のほうが箱形断面より影響が大きく，I 形断面では弱軸まわりの座屈におけるほうが影響が大きい（**図 4.30** 参照）。

〔4〕 **鋼圧縮材の耐荷力**　　設計規範を策定するにあたっては，部材の耐荷力を把握しておかなければならない。すでに学んだように，形鋼や溶接組立て材を圧縮部材として用いるときは，その耐荷力に及ぼす初期不整と残留応力両者の影響をあわせ考慮することが一般に必要である。そのほか，部材の断面形状，鋼自体の寸法のばらつき，応力・ひずみ曲線の非線形性，降伏点の断面内

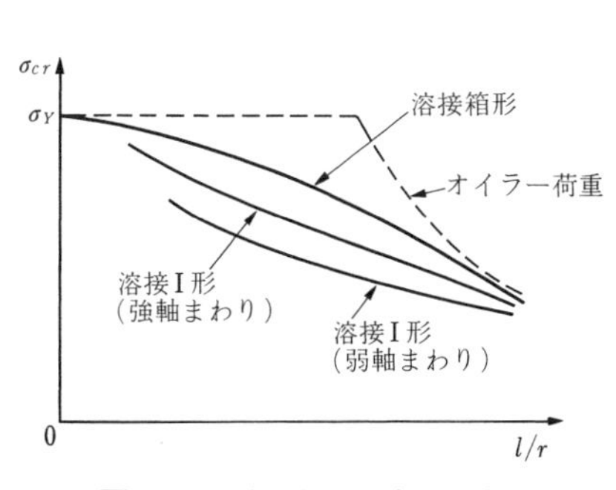

図 4.30　溶接断面の座屈強度

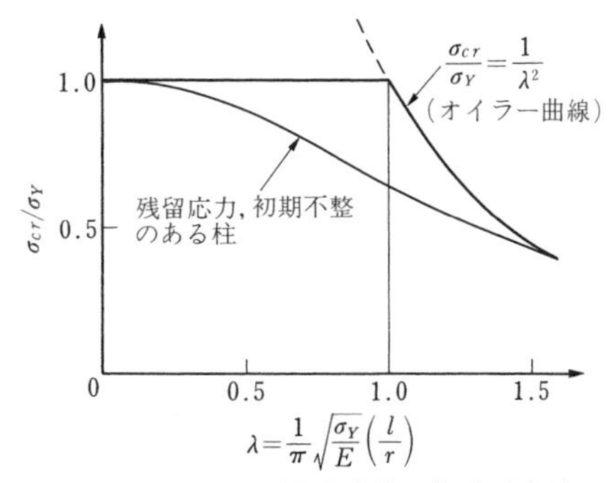

図 4.31　柱の耐荷力曲線の無次元表示

でのばらつきなど，鋼部材の耐荷力に影響する要因は多い。

そこで，これらの諸要因，特に初期曲がりで代表される製作精度や残留応力の大きさ・分布などを変化させた場合の理論数値計算および数多くの実験結果をもとに，設計に用いる耐荷力を評価しなければならない。こうして，実際の設計規準に反映させるためのさまざまな耐荷力曲線が提案されている。この場合も耐荷力を部材の細長比の関数として表すことになるが，**図4.31**のように両者を無次元化して表示する。すなわち，耐荷力（最高強度）は降伏強度で無次元化し，一方細長比 l_k/r はもともと無次元量ではあるが，さらに，つぎのようなパラメータを用いると，鋼種によらない耐荷力曲線となって都合がよい。

$$\lambda = \frac{1}{\pi}\sqrt{\frac{\sigma_Y}{E}}\left(\frac{l_k}{r}\right) \tag{4.33}$$

この λ は換算細長比あるいは細長比パラメータと呼ばれ，細長比 l_k/r と，弾性座屈応力 σ_{cr} が σ_Y に等しくなるときの細長比との比である。このパラメータを用いれば，式（4.10）のオイラーの弾性座屈応力は

$$\frac{\sigma_{cr}}{\sigma_Y} = \frac{1}{\lambda^2} \tag{4.34}$$

なる2次曲線関数で与えられる。

図4.32（a）はSchulzらの提案した柱断面をいくつかのグループに分類した複数の耐荷力曲線，同図（b）はアメリカと日本の鋼道路橋示方書のもとになっている基準耐荷力曲線を示しており，いずれも初期曲がりは部材長の1/1 000まで許すとし，ばらつきのある実測値のほぼ下限にあたるものとしている。アメリカではこのほか，図4.32（a）に似た複数の耐荷力曲線もみられ，いずれも，細長比が非常に大きい領域ではオイラー座屈曲線に一致するようになっている。これにつながる非弾性座屈領域においては，上に凸なる放物線か直線のいずれかがよく用いられているが，残留応力の影響が顕著な断面では直線が実情に近い。図4.32（b）の中のわが国道路橋のものは，$\lambda \leqq 0.2$（短柱）では座屈強度が降伏強度を上まわるとして，降伏強度で頭打ちとし，$0.2 < \lambda \leqq 1.0$（中間柱）では非弾性座屈領域としての直線式，$\lambda > 1.0$（長柱）でオイラー型の弾性座屈曲線を用いている。具体的には，SBHS500 以外の鋼材で製

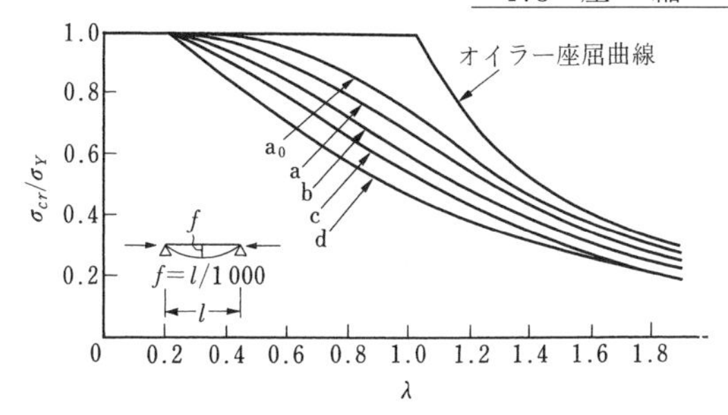

a_0：溶接 I 形，箱形断面（高張力鋼，応力除去焼なまし）
a：圧延 I 形強軸まわり，溶接 I 形応力除去焼なまし，鋼管など
b：溶接箱形，圧延 I 形，溶接 I 形強軸まわりなど
c：溶接 I 形，U，L，T 形断面など
d：厚肉圧延 I 形，厚肉溶接 I 形弱軸まわり

（a）ヨーロッパ鋼構造連合（ECCS）

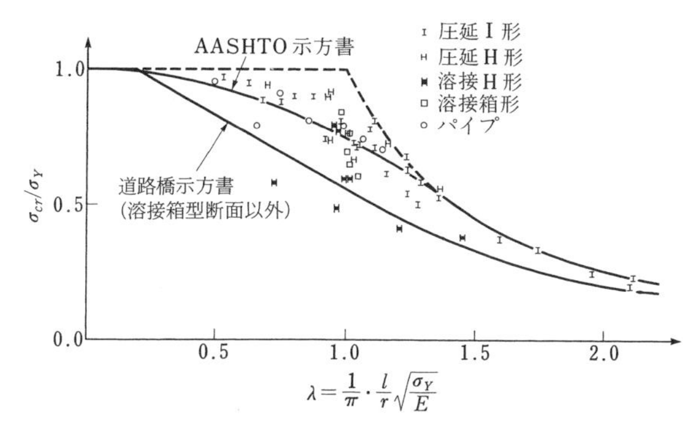

（b）日米道路橋示方書（東海鋼構造研究グループによる）

図 4.32 鋼柱の基準耐荷力曲線

作された溶接箱形断面以外の柱では，次式で表される。

$$\rho_{crg} = \frac{\sigma_{cr}}{\sigma_Y} = \begin{cases} 1.0 & (\lambda \leqq 0.2) \\ 1.109 - 0.545\lambda & (0.2 < \lambda \leqq 1.0) \\ 1.0/(0.733 + \lambda^2) & (1.0 < \lambda) \end{cases} \tag{4.35}$$

結果として図 4.32（a）の曲線 c に近く，一方，アメリカの道路橋のものは曲線 a をやや上まわる結果となっている。

実験も数多く実施されている。もちろん，そのデータはかなりばらついてはいるが，この種の問題は理論のみに頼ることはできず，このような実験結果の集積は設計規準を策定するうえできわめて重要である。図 4.32（b）には，既往の実験値の一部もあわせて示してある。

4.3.2　板要素の局部座屈

〔1〕 **一般**　4.3.1項では圧縮部材（柱）全体の座屈〔**図4.33**（a）〕を考えた。しかし，鋼構造部材は鋼板や形鋼のような薄肉の板要素によって構成されているので，もし板厚が非常に小さいと，部材全体としては座屈していないのに，板だけが同図（b）のように局部的に座屈し，その結果部材全体としての耐荷力を減じ，あるいは永久変形を残して役に立たなくなる恐れがある。部材としての座屈を**全体座屈**，板要素の部分的な座屈を**局部座屈**（local buckling）と呼ぶ。

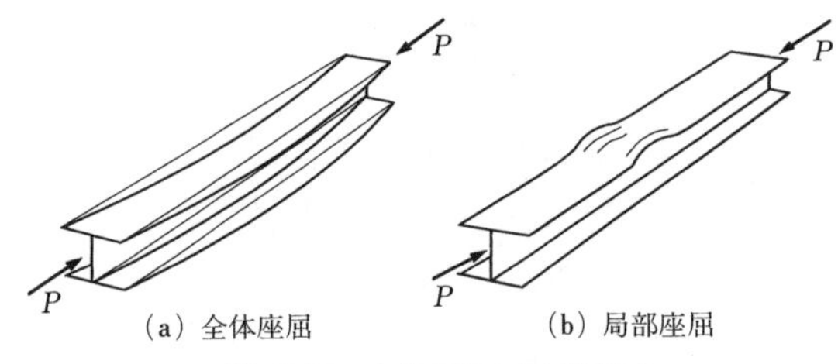

（a）全体座屈　（b）局部座屈

図 4.33　全体座屈と局部座屈

〔2〕 **等方性平板の座屈**　板の座屈は，面内荷重がある値（座屈荷重）に達したとき，突然板が面外への変形（たわみ変形）を引き起こす現象である。この板の座屈荷重を求めるには，柱の場合と同様，板が座屈してたわんだ後のつり合い式から出発する。鋼材は本質的に均質かつ等方性の材料とみなしてよい。

棒状部材のたわみの支配方程式である式（4.13）に対応する等方性平板のたわみ（**図4.34**参照）の支配方程式は，つぎのような形で書き表される[1)]。

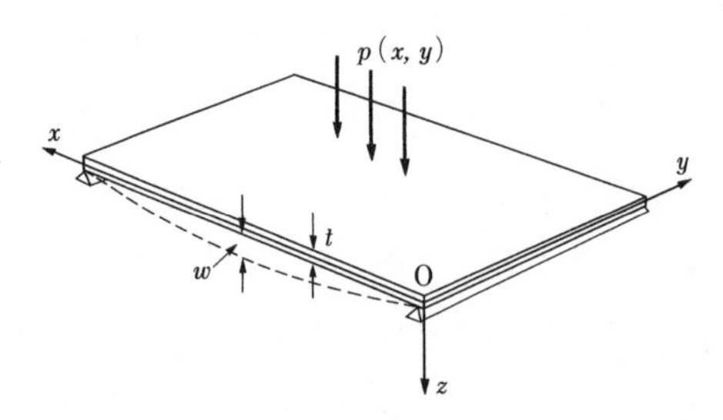

図 4.34　等方性平板

1）この式の誘導については参考文献〔8〕，〔9〕などを参照。

$$B\left(\frac{\partial^4 w}{\partial x^4}+2\frac{\partial^4 w}{\partial x^2 \partial y^2}+\frac{\partial^4 w}{\partial y^4}\right)=p(x, y) \tag{4.36}$$

ここに，座標軸は板の面内に沿って x，y 軸を，たわみ方向に z 軸をとり，z 方向の変位，すなわち，たわみを w とする。p（x, y）は板面に垂直に作用する面外からの荷重，B は単位幅あたりの板の曲げ剛性で，つぎのように表される。

$$B=\frac{Et^3}{12(1-\nu^2)} \tag{4.37}$$

ただし，t は板厚，E，ν はそれぞれ材料のヤング率，ポアソン比である。

板の曲げの式（4.36）は，当然のことながら，梁の支配方程式（4.13）とつぎのように相似た性格を有している。すなわち，梁は直線的（x 軸方向）な広がりしかもたないのに対し，板は平面的な広がりをもつので，たわみ w は x，y 二つの独立変数の関数である。したがって，式（4.36）の左辺には x，y が対称な形で現れ，常微分方程式ではなく偏微分方程式となっている，式（4.36）は曲げ剛性×曲率＝荷重という形をとる点で，基本的に梁の場合と変わりない。ただ，左辺（　）内の第 2 項はねじりに関する項で，板のたわみの場合には一般に隣り合う要素のたわみが異なるにもかかわらず，これが連続体として形状を保たなければならないので，ねじれ変形を伴うのである。曲げ剛性もヤング率 E に単位幅の長方形充実断面の断面 2 次モーメント $1\times t^3/12$ を乗じているところまで梁の場合と変わりない。ただ，板は単位幅の帯片が連なって連続体を構成しているので，横方向のひずみが拘束され，したがって横ひずみに関連するポアソン比 ν が姿を見せるのである。

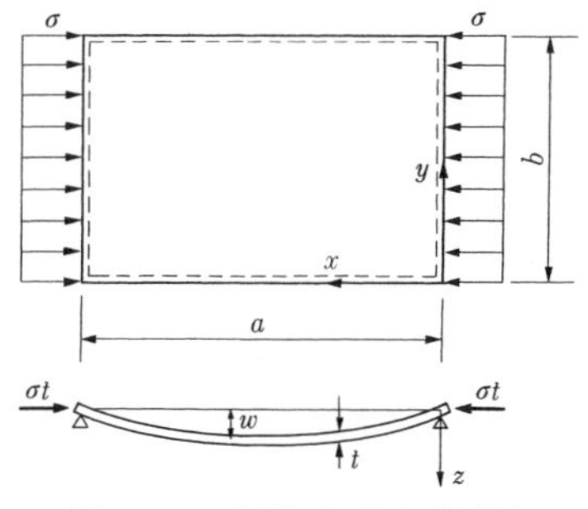

図 4.35　座屈した長方形平板

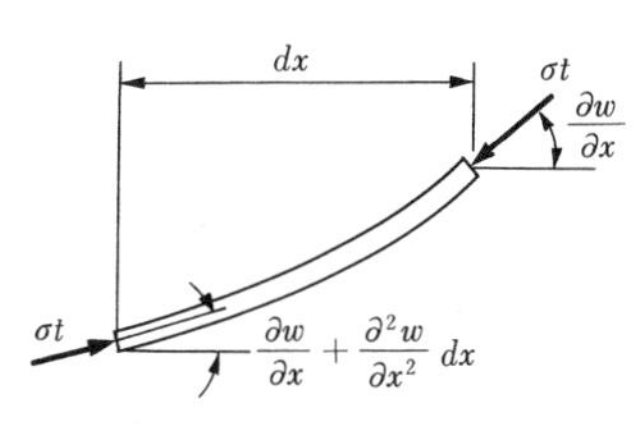

図 4.36　座屈した板の微小要素

さて，いま**図 4.35** に示すような，一方向（x 軸方向）に均一な圧縮応力度 σ を受ける4辺単純支持の長方形平板の座屈を考えてみよう。辺の長さ，すなわち支間長は x 方向に a，y 方向に b とする。座屈する前は面内荷重を受ける平板は縮むだけであるから，式(4.36)は関係ない。ところが，σ がある値に達して平板が図4.35のように座屈したとする。このときの平板の単位幅の微小要素 dx を**図 4.36** のように取り出し，これに働いている鉛直下向き方向の力を考えると [1)]

$$\sigma t\frac{\partial w}{\partial x}-\sigma t\left(\frac{\partial w}{\partial x}+\frac{\partial^2 w}{\partial x^2}dx\right)=-\sigma t\frac{\partial^2 w}{\partial x^2}dx$$

したがって，単位面積あたり

$$p(x,\,y)=-\sigma t\frac{\partial^2 w}{\partial x^2}$$

の分布力が z 方向に働いていることになる。これを式（4.36）に代入すれば

$$B\left(\frac{\partial^4 w}{\partial x^4}+2\frac{\partial^4 w}{\partial x^2\partial y^2}+\frac{\partial^4 w}{\partial y^4}\right)+\sigma t\frac{\partial^2 w}{\partial x^2}=0 \tag{4.38}$$

すなわち，座屈したことによって板面に垂直方向の面外荷重 p（x，y）が生まれ，平板の曲げの問題となった。前項の柱のところで述べたように，座屈後のつり合いを考えているのである。

式（4.38）は x，y に関しそれぞれ4階の偏微分方程式であるから，これを解けば8個の積分定数が現れ，それらを定めるのに8個の境界条件が必要となる。長方形平板の場合，4辺それぞれにおける2個ずつの端末条件がそれにあたる。単純支持辺ではたわみと曲げモーメントが0，埋め込み辺ならばたわみとたわみ角が0，自由辺では反力（せん断力）と曲げモーメントが0といった具合である。

しかし，この例のように4辺単純支持であれば，各辺でたわみと曲げモーメントが0という条件を満足してくれる，つぎの形の解をただちに思いつくこと

1) $\partial w/\partial x$ はたわみ角。圧縮力 σt の鉛直方向成分は $(\sigma t)\sin(\partial w/\partial x)$ であるが，座屈の当初，変形が小さければ $\sin(\partial w/\partial x)\fallingdotseq\partial w/\partial x$ なのでこの式のようになる。また，左辺第2項で，dx だけ隔たったところでたわみ角は $\partial w/\partial x$ にその増分を加えたものとなり，近似的に増分の第1項のみをとるとこの形になる。

ができる。

$$w(x, y)=A_{mn}\sin\frac{m\pi x}{a}\sin\frac{n\pi y}{b}\ ;\ n, m=1, 2, 3, \cdots \tag{i}$$

これを式（4.38）に代入すると，つぎの結果を得る。

$$\sigma=\frac{\pi^2 B}{b^2 t}\left(m\frac{b}{a}+\frac{n^2}{m}\frac{a}{b}\right)^2 \tag{ii}$$

すなわち，応力 σ がこの値をとるときにのみ，座屈が起こりうる。最大たわみ A_{mn} は決定できないことは柱の場合と同様である。上式（ii）で最小の σ を与えるのは，つねに $n=1$ のときである。したがって，求める座屈応力は

$$\sigma_{cr}=\frac{\pi^2 B}{b^2 t}\left(m\frac{b}{a}+\frac{1}{m}\frac{a}{b}\right)^2=\frac{\pi^2 E t^2}{12b^2(1-\nu^2)}\left(m\frac{b}{a}+\frac{1}{m}\frac{a}{b}\right)^2 \tag{iii}$$

以上の結果を，つぎのように整理しておこう。

座屈応力度：
$$\sigma_{cr}=k\frac{\pi^2 E}{12(1-\nu^2)}\cdot\frac{1}{(b/t)^2} \tag{4.39}$$

ただし

$$k=\left(m\frac{b}{a}+\frac{1}{m}\frac{a}{b}\right)^2,\qquad m=1, 2, 3, \cdots \tag{4.40}$$

座屈モード：
$$w(x, y)=A_m\sin\frac{m\pi x}{a}\sin\frac{\pi y}{b},\qquad m=1, 2, 3, \cdots \tag{4.41}$$

式（4.41）から，この板の座屈形状が，作用応力に直角方向の y 軸方向にはつねに半波の正弦波形であることがわかる。

ここで，まだ正の整数 m の値についてふれていないことに注目されたい。われわれが関心をもっているのは最小のσ_{cr}を与える場合であるが，式（4.40）のkを辺長比 a/b の関数としてかくと**図 4.37** のようになる。すなわち，a/bの値によって，最小の k，したがって最小の σ_{cr} を与える m の値が異なるのである。特に，同じ m の値に対して変化する k の値が極小値（この場合 $k=4$）となるのはつねに $a/b=m$ においてである。前述のように y 方向の座屈変形は，つねに半波の正弦波形であったから，このことは，x，y 方向ともに座屈変形の波長が等しくなる，あるいは座屈の半波長が板幅に等しくなるような状態が最も自然な座屈変形であることを意味している。

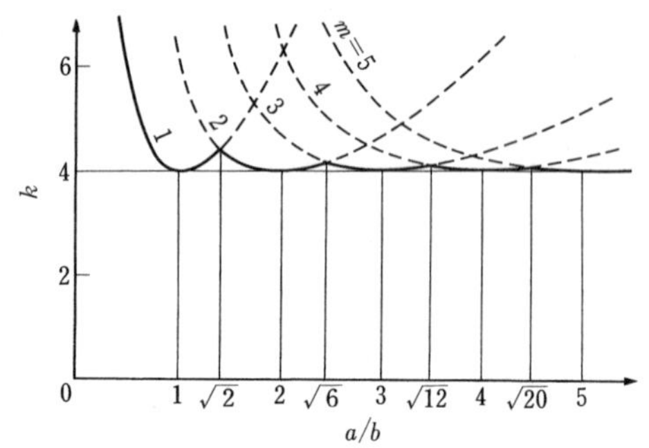

図 4.37　圧縮を受ける4辺単純支持板の座屈係数

両端ヒンジの柱の場合と違って，荷重作用方向の座屈波形が必ずしも半波の正弦波形ではなく，板が細長くなるにつれて，多くの波からなる座屈モードとなること，それに式（4.39）からわかるように，板の座屈応力は板の長さaよりも板の幅bに左右されるということは興味ある事実である。図にみるように，非常に細長い板に長辺方向の圧縮荷重が作用する場合には$k \fallingdotseq 4$とみてよい。

ところで，式（4.39）は長方形平板の座屈に一般的に適用できる表現で，柱の全体座屈の場合の細長比にあたるb/tを板の幅厚比という。無次元の値であ

表 4.8　長方形平板の座屈係数（$\alpha = a/b$）

荷　重	圧	縮		曲　げ	せん断
支持条件	4辺単純支持	2辺固定 2辺単純支持	3辺単純支持 1辺自由	4辺単純支持	4辺単純支持
状　況	a, b, σ	σ	σ	σ	τ
座屈係数	$k=\left(\dfrac{m}{\alpha}+\dfrac{\alpha}{m}\right)^2$ $m=1, 2, 3, \cdots$ $k \fallingdotseq 4.0$ （α大なる場合）	$\alpha > 0.66$ $k \fallingdotseq 7$ $\alpha \leqq 0.66$ $k=2.366+5.3\alpha^2+\dfrac{1}{\alpha^2}$	$k \fallingdotseq 0.42+\dfrac{1}{\alpha^2}$	$\alpha > \dfrac{2}{3}$ $k \fallingdotseq 23.9$ $\alpha \leqq \dfrac{2}{3}$ $k \fallingdotseq 15.87+1.87\alpha^2+\dfrac{8.6}{\alpha^2}$	$\alpha > 1$ $k=5.34+\dfrac{4.00}{\alpha^2}$ $\alpha \leqq 1$ $k=4.00+\dfrac{5.34}{\alpha^2}$

るkは座屈係数と呼ばれ，応力状態，境界条件および辺長比a/bによって定まる定数である。先にみてきたkの値は4辺単純支持の板が一方向の均一圧縮応力を受ける場合のもので，これを含めて，異なる応力状態および境界条件における座屈係数の例を**表4.8**に示す。板の場合，圧縮応力以外の応力状態でも座屈が生じるわけで，これは，例えば純せん断の場合，主応力の一つは圧縮であることから容易に理解できよう。

〔3〕 **鋼板の耐荷力**　柱の全体座屈の場合の式（4.35）と同様に，鋼板の座屈応力についても，鋼種にかかわらず適用しうる，つぎの無次元化した表現を使うのが便利である。これもオイラー式という。

$$\frac{\sigma_{cr}}{\sigma_Y}=\frac{1}{R^2} \tag{4.42}$$

ここに

$$R=\frac{1}{\pi}\sqrt{\frac{12(1-\nu^2)}{k}}\sqrt{\frac{\sigma_Y}{E}}\left(\frac{b}{t}\right) \tag{4.43}$$

は板の座屈パラメータで換算幅厚比とも呼ばれ，板の幅厚比と，$\sigma_{cr}=\sigma_Y$となるときの幅厚比との比にあたる。

座屈応力σ_{cr}は降伏点σ_Y以上にはなりえないとして式（4.42）を図示すれば，**図4.38**の破線のようになる。しかし，これも柱の場合と同じように，実際に

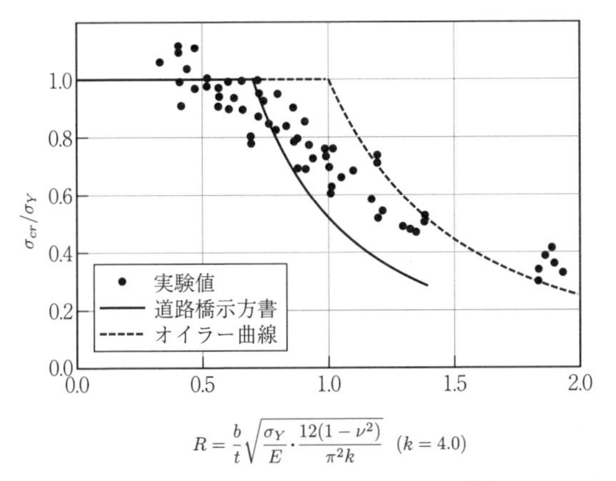

図4.38　等分布圧縮応力を受ける両縁支持板の設計基準強度と実験値（東海鋼構造研究グループによる）

は非弾性座屈の領域があり，ここでは初期不整や残留応力による座屈応力の低下が顕著である。したがって，実際結果も図4.38に示すようにばらつく。他方，きわめて幅厚比の小さい板では，鋼板のひずみ硬化によりσ_Yを超える強度が期待しうる。

〔4〕　**平板の座屈後強度**　　柱の座屈と異なり，側辺が支持されている板（**図4.39**参照）においては，座屈が発生してもただちに耐荷力を失い，崩壊することはない。それは，座屈によるx方向のたわみ変形が側辺の間でのy方向の曲げによって，ある程度拘束されるからである。この際，y方向の幅の中央付近の帯域は座屈応力をほとんど保ったまま変形のみ進行するが，側辺に近い部分はあまりたわむことができず，場合によっては材料の降伏点近くまで応力が増加しうる余力がある〔**図4.40**（a）参照〕。

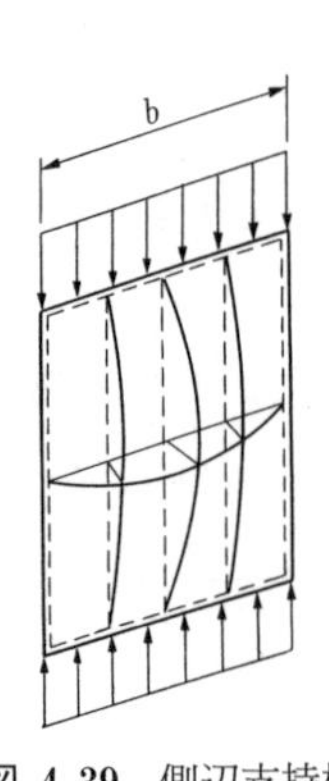

図 4.39　側辺支持板の座屈

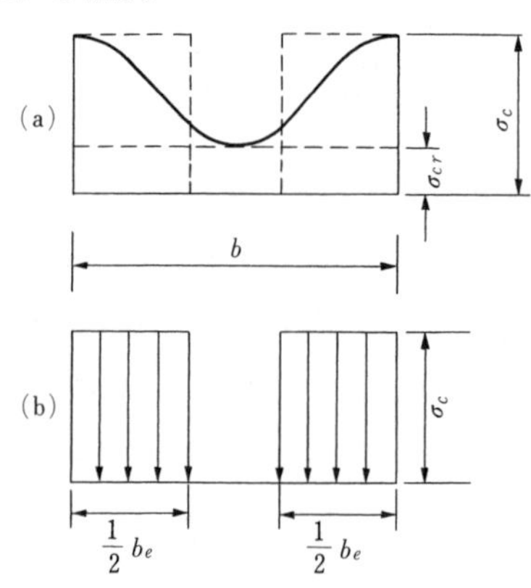

図 4.40　座屈した板の応力分布と有効幅

このいわゆる**座屈後強度**（postbuckling strength）は部材の細長比，側比における板の拘束の度合い，材料の特性，板の初期不整などいくつかの要因に左右される。

板の設計に座屈後強度を期待する際，有効幅（effective width）なる考え方が用いられる。それは，終局荷重P_uのもとで図4.40（a）に示す応力分布をなす実際の板幅bを，最大応力σ_cが一様に分布するとして同じ耐荷力をもたらす等価板幅b_e〔同図（b）〕で置き換え，このb_eを有効幅と定義するのである。

すなわち

$$b_e = \frac{\int_0^b \sigma dy}{\sigma_c} \tag{4.44}$$

したがって，$\sigma_{cr} \leqq \sigma_c$ のとき

$$P_u = b_e t \sigma_c \tag{4.45}$$

となる。

あまり長くない柱の板要素において側辺が拘束されている場合，この σ_c は降伏点 σ_Y とみてよい。このとき，式（4.42），（4.43）から

$$b_e = \pi\sqrt{\frac{k}{12(1-\nu^2)}}\sqrt{\frac{E}{\sigma_Y}}\,t \leqq b \tag{4.46 a}$$

先の一方向圧縮を受ける 4 辺単純支持長方形板の場合，$k = 4$，$\nu = 0.5$ とすれば，上式はつぎのようになる。

$$b_e = 1.9\sqrt{\frac{E}{\sigma_Y}}\,t \leqq b \tag{4.46 b}$$

〔5〕 **補剛された平板の座屈**　同じ長さ，同じ断面積の圧縮部材の全体座屈強度を高めるには，式（4.9）によれば断面 2 次モーメントを大きくするのがよい。そのためには断面中立軸からなるべく遠い位置に板要素を配置すればよいが，断面積は変わないとすると，必然的に板厚は薄くなる。しかし，こうなると板の局部座屈が起こりやすくなる。そこで，板の局部座屈に対する抵抗を増すために，**図 4.41** に示すように補剛材（stiffener）を溶接した補剛板とすることがある。

もっとも，補剛板とすることは製作にそれなりの余分な手間を要し，工費が

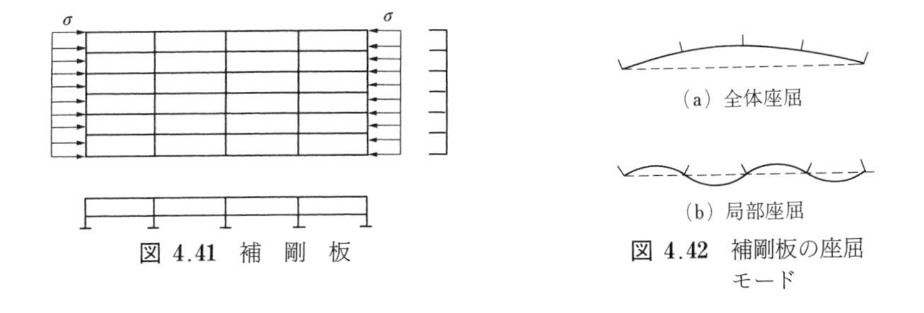

図 4.41　補　剛　板

図 4.42　補剛板の座屈モード

増すので，材料をよけいに使っても工数の少ない厚板断面とするか，それともこのような補剛板にするかは慎重に判断する必要がある。一般に，補剛板を用いるのは寸法の大きな部材の場合である。

補剛板の座屈には

Ⅰ．補剛板全体としての座屈〔**図4.42**（a）〕

Ⅱ．補剛板で囲まれる板要素の局部座屈〔同図（b）〕

のいずれかがある。このほか，補剛材がまず座屈するという場合がありうるが，これでは補剛材としての役目を果たしていないわけで，補剛材には，補剛される板の鋼種と同等以上のものを用い，かつ十分な剛性をもたせるなどして，そのようなことはないようにしている。

補剛材として最も簡単で多く用いられるのは**図4.43**（a）に示す鋼板や山形鋼であるが，剛性の大きいU形鋼〔同図（b）〕などの閉断面のものが用いられることもある。

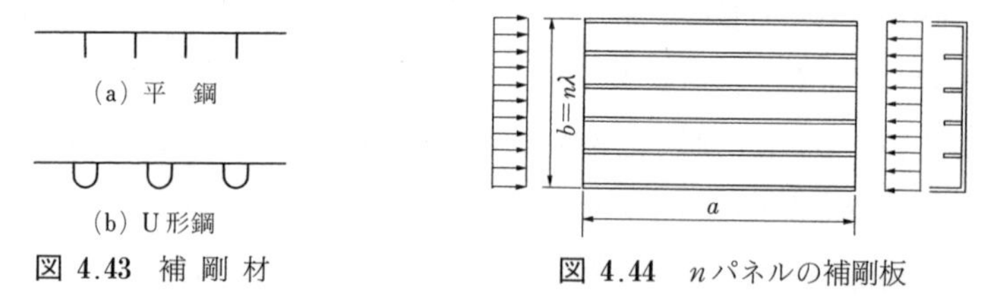

図4.43　補剛材

図4.44　nパネルの補剛板

図4.41にみられる横方向(圧縮応力作用方向に直角方向)の補剛材も，板の座屈波形を思い起こせば，それなりの効果がある。しかし，圧縮を受ける板の座屈に対し直接的な効果を発揮するのは縦方向（荷重作用方向）の補剛材であるので，以下では，**図4.44**に示すような等間隔の縦補剛材によってnパネルに区切られた補剛板を考えよう。

図4.42（b）に示す補剛材間の局部座屈が発生する座屈モードの座屈係数k〔式（4.39)〕は，板パネルが補剛材により単純支持されていると考えれば

$$k_l = 4n^2 \tag{4.47}$$

である。ただし，この場合，式（4.39）の板幅bとしては補剛板の全幅をとっている。一方，図4.42（a）の補剛板全体としての座屈には，平板の座屈のと

ころで述べた諸要因のほかに

$$断面積比： \quad \delta_s = \frac{A_s}{bt} \tag{4.48}$$

$$剛\quad比： \quad \gamma_s = \frac{I_s}{bt^3/\{12(1-\nu^2)\}} \doteqdot \frac{I_s}{bt^3/11} \tag{4.49}$$

が関係する。ここに，A_s, I_s はそれぞれ補剛材の断面積，断面２次モーメントで，t は補剛される板の厚さである。

式の誘導は省略するが，図 4.44 の補剛板全体を１枚の平板に置き換えた場合の座屈係数 k_g はつぎのようになる。

$$\left.\begin{array}{ll} \alpha \leqq \sqrt[4]{1+n\gamma_s} のとき： & k_g = \dfrac{(1+\alpha^2)^2+n\gamma_s}{\alpha^2(1+n\delta_s)} \\ \alpha > \sqrt[4]{1+n\gamma_s} のとき： & k_g = \dfrac{2(1+\sqrt{1+n\gamma_s})}{1+n\delta_s} \end{array}\right\} \tag{4.50}$$

ここに，$\alpha = a/b$（補剛板の辺長比）である。

したがって，補剛板に対する上記２種の座屈係数は剛比 γ_s に対して**図 4.45** のように変化し，実際の耐荷力は低いほうの座屈応力によって支配されるのであるから，図中の実線のようになる。補剛材の役目は補剛板全体としての座屈を防止し，したがって座屈が起こるとすれば図 4.42（b）の補剛材を節（ふし）とする補剛材間での板の座屈でなければならない。したがって，少なくとも図 4.45 における γ_0 以上の剛性を補剛材がもつことを要求される。

そのうえで，設計強度を定めるために，図 4.42（b）の補剛材間の板の局部座屈に対応する耐荷力が問題となる。ところで式（4.47）では，板が補剛材の

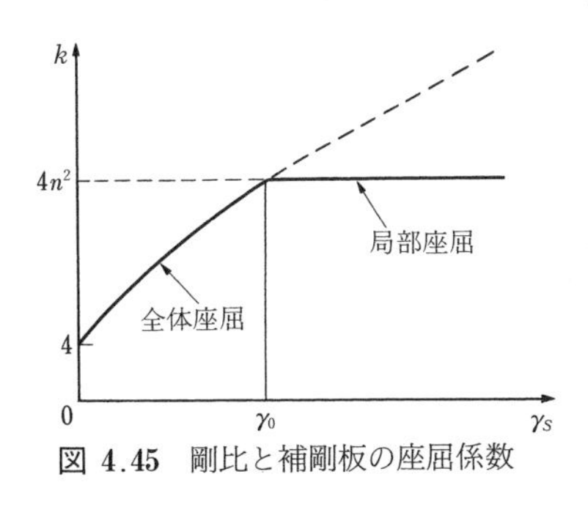

図 4.45　剛比と補剛板の座屈係数

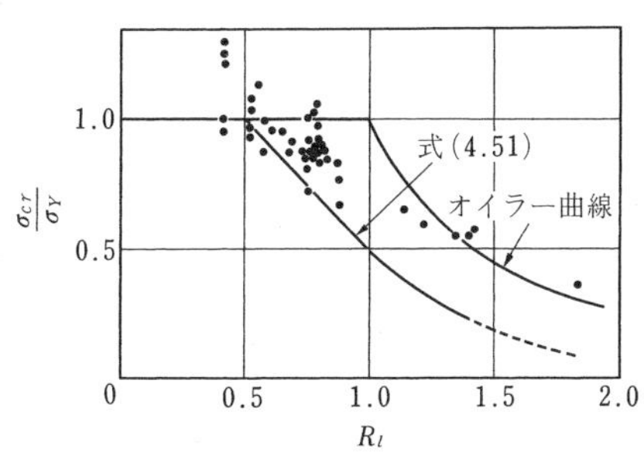

図 4.46　補剛板の実験結果と耐荷力曲線

ところで単純支持されているとしたが，一般には補剛材はそれほど剛でなく，また補剛板を構成する板要素が薄いために，溶接による初期変形，残留応力などの影響がかなりあって，鋼橋設計規準のもととなっているつぎの基準耐荷力式は，**図4.46**にみるように，実験値に比べてかなり安全側に定めている。

$$\left.\begin{aligned}&\frac{\sigma_{cr}}{\sigma_Y}=1.0 && R_l\leqq 0.5\\&\frac{\sigma_{cr}}{\sigma_Y}=1.5-R_l && 0.5<R_l\leqq 1.0\\&\frac{\sigma_{cr}}{\sigma_Y}=\frac{0.5}{R_l^2} && 1.0<R_l\leqq 1.4\end{aligned}\right\}\tag{4.51}$$

ここに，R_lは式(4.43)において$k=4n^2$としたものである。また上式でR_lの上限を1.4としているのは，板の座屈は起こらなくても，あまり薄い板を使うと製作，取扱い上などで問題が生じるためである。

〔6〕 **鋼管における局部座屈**　円形断面の鋼管は閉じた断面であるので，局部座屈にも比較的強いが，曲面からなる構造であるだけに，平板の場合とはいささか事情が異なる。円筒殻における局部座屈には**図4.47**に示す二つの形態があり，(a)は比較的厚肉の場合，(b)は薄肉のものに生じる。

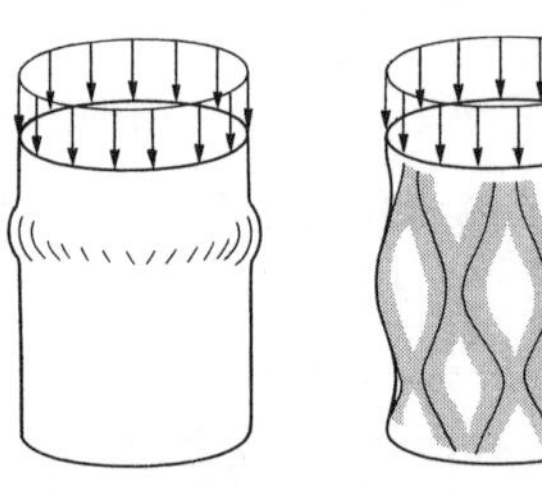

図 4.47　円筒の局部座屈

円筒の板厚中心線半径をr，板厚をtとするとき，長い円筒の弾性局部座屈応力として

$$\sigma_{cr}=\frac{E}{\sqrt{3(1-\nu^2)}}\cdot\frac{t}{r}\fallingdotseq 0.6E\,\frac{t}{r}\tag{4.52 a}$$

なる解が与えられているが，円筒殻の強度は初期不整にきわめて敏感であって，実験結果は上式の値よりかなり低下するといわれている。ともかく円筒の場合には幅厚比に代わるものが r/t であり，しかも平板の場合と異なり座屈応力はこれに逆比例する形となっている。

$$\sigma_{cr}=kE\frac{t}{r} \tag{4.52 b}$$

とするとき，上述のように k の値は r/t および初期不整などに大きく左右され，薄肉で初期不整がある場合には $k=0.2$ あるいはそれ以下まで下がることがある。また，局部座屈を考えなくてよい限界，すなわち $\sigma_{cr}>\sigma_Y$ となる限界はプランテマ（Plantema）の実験によれば $r/t=E/(16\sigma_Y)$ とされている。

4.3.3 局部座屈と全体座屈の連成

全体座屈を起こす荷重と局部座屈を起こす荷重が離れていれば，その低いほうが部材の強度を支配することになる。しかし，この両者は無関係ではない。現実の剛部材では一般に初期不整が避けられず，小さい荷重のもとでも柱には曲げ変形が生じ（図 4.24，図 4.26 参照），したがって断面を構成する板要素の中には，断面全体としての平均圧縮応力が全体座屈応力に達するよりもかなり早い段階で局部座屈応力に達するものがあろう。一方，局部座屈応力が全体座屈応力より低い板要素が断面の中に含まれていると，局部座屈を起こした段階で，その部分はそれ以上の耐荷力を期待できず，見掛けの断面 2 次モーメントの減少によって部材全体としての座屈荷重が低下することになる。この場合，4.3.2 項〔4〕で述べた座屈後強度が板には期待できたとしても，有効幅分しか働かないので，やはり局部座屈の発生とともに見掛けの剛性は低下する。

このような部材の全体座屈強度に対する構成板要素の局部座屈の影響を厳密に評価することは容易ではないうえ，さらに残留応力の影響もあり，つぎのような近似的な考え方が設計に取り入れられている。すなわち，局部座屈をする板要素を用いた鋼圧縮部材の限界応力 σ_{cr}^g を

$$\sigma_{cr}^g=\sigma_{cr}^0\frac{\sigma_u^l}{\sigma_Y} \tag{4.53}$$

と表現する。ここに σ_{cr}^{0} は局部座屈の影響を無視した柱部材としての全体座屈応力，σ_{u}^{l} は板の耐荷応力である。式（4.53）は局部座屈をしない部材の平均圧縮応力と断面内最大圧縮応力が線形関係にある場合には正しいが，そうでない場合は安全側の値を与える[14]。

4.3.4　圧縮材の設計規範

〔1〕　全体座屈への対処　許容応力度方式の設計規準では，次式を満足する総断面積 A_g を有するような圧縮部材を設計しなければならないとする。

$$\sigma = \frac{P}{A_g} \leqq \sigma_{ca} = \frac{\sigma_{cr}}{\gamma} \tag{4.54}$$

ここに，P は設計荷重から計算された作用部材力，したがって σ は断面に均一に作用するとした応力度，σ_{ca} は許容軸方向圧縮応力度，σ_{cr} は座屈を考慮した基準耐荷応力度，γ は安全率である。いま，部材の全体座屈のみを対象とするならば，許容軸方向圧縮応力度は図 4.32 に示したような基準耐荷応力 σ_{cr} を適当な安全率 γ で割った値として規定される。

一方，部分係数法を用いているわが国の鋼道路橋示方書では左辺は荷重係数倍された応力となり，右辺は軸圧縮応力度の制限値 σ_{cud} となり，図 4.32（b）に示した基準耐荷力 σ_{cr} に抵抗係数 Φ 等を乗じた値として規定されている。

$$\gamma_D \sigma_D + \gamma_L \sigma_L \leqq \sigma_{cud} = \xi_1 \xi_2 \Phi \sigma_{cr} \tag{4.55}$$

ここで，γ_D，γ_L は各々死荷重と活荷重に関する荷重係数，同じく σ_D，σ_L は死荷重と活荷重による軸圧縮応力度を表す。ξ_1 と ξ_2 は調査・解析係数と部材・構造係数と呼ばれ，部分安全係数の一つである。なお，上式において，話を単純化するため局部座屈の影響は無視し，荷重としては死荷重と活荷重のみを考慮している。

基準耐荷力を求めるためには，部材の端末条件に応じて有効座屈長 l_k 定め，細長比パラメータ式（4.33）を計算する必要がある。部材の端末条件がヒンジ，完全固定あるいは自由など，はっきりしていれば，表 4.7 のように有効座屈長がわかっているが，実際の構造物では必ずしもこれがあてはまらない場合が多い。鋼橋によく用いられる代表的な構造物については，例えばつぎのような方法をとっている。

（a） **トラス構造**　現代のほとんどの鋼トラス構造の部材（図 **4.48** 参照）は，溶接または高力ボルト接合により，材端を格点におけるガセット（4.8.2項参照）なる連結板を介して隣接部材に拘束されている。したがって，一般的にいえば，有効座屈長 l_k は部材骨組長 l より小さいと考えられる。

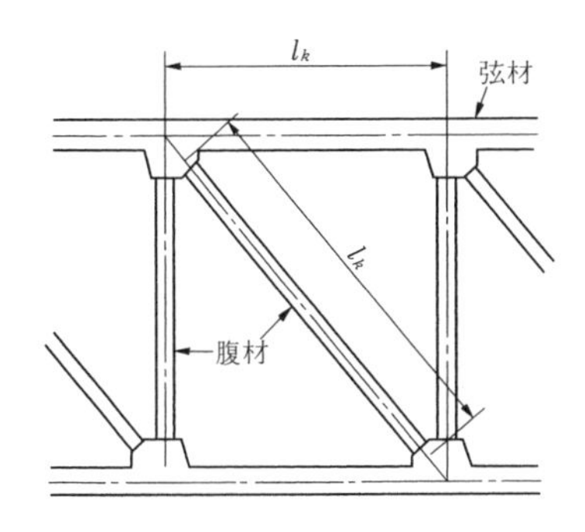

図 4.48 トラス部材の有効座屈長

i）トラス面内への座屈　弦材は普通腹材より大きい断面をもつので，弦材の座屈に対する腹材の拘束はあまり期待しえないとみなして，$l_k = l$ とする。一方，ガセットによって弦材に連結された腹材の有効座屈長は，鉄道橋において $l_k = 0.9l$，道路橋においては連結高力ボルトまたはリベット群の重心間距離（ただし $0.8l$ 以上）としている。非常に細い部材からなるトラスでは，いずれの部材も $l_k = l$ とするのがよく，部材の中間点をほかの部材が有効に支持する場合はその支持点間隔を l_k としてよい。

ii）トラス面外への座屈　格点における拘束が面内ほど期待できないので，原則として $l_k = l$ としている。しかし，単に一面のトラスだけを考えた場合，格点をまたいで剛性が連続している弦材のような部材では，腹材だけで面外への拘束が期待できるとは思えないが，ふつうこのような格点では，横構などほかの部材で面外に拘束されているので，上述のように規定しているのである。したがって，特殊な構造では，実情に応じて判断しなければならない。

（b） **ラーメン構造**　ラーメン構造の部材は一般に曲げモーメントと軸方向力を受けるので，その設計の考え方は後の4.5節で扱うことになるが，軸方向力を受けているからには，有効座屈長を評価することが必要である。ラーメンに用いられる柱はこれに剛結される梁によって弾性的に固定されているので，その有効座屈長はラーメン全体の座屈を考えないと決まらない。すなわち，柱と梁の**剛比**[1)]が関係する。

さらに，柱の有効座屈長は荷重条件によっても変化する〔15〕。例えば**図4.49**の2層の連続する柱において，(a)の場合は上層と下層の柱は同時に座屈するので有効座屈長はそれぞれの柱の部材長 l であるが，(b)の場合は上層の柱には圧縮力が作用しないので，下層の柱が座屈するときに上層の柱は下層の柱の頂部の回転を拘束する働きをし，有効座屈長は部材より短くなる。**図4.50**のラーメンにおいても，鉛直荷重が柱の上に位置するときと，梁の中央に作用するときとでは，同様は理由により柱の有効座屈長は違ってくる。

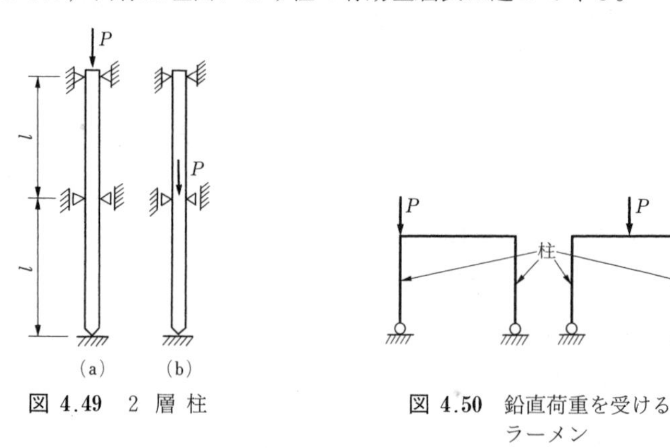

図 4.49　2 層 柱

図 4.50　鉛直荷重を受けるラーメン

したがって，設計規準には代表的なラーメン構造に対して，設計の便のため，有効座屈長を部材の剛比の関数として近似的に与えていることもあるが，そう複雑な構造でなければ，計算によって有効座屈長を求めるのがよい。

〔2〕　**局部座屈への対処**　図4.38に示した剛板の耐荷性状を念頭に置いて，板要素の局部座屈への対処の仕方としてはつぎの二つの方法が考えられる。

1）部材の断面2次モーメントと部材長の比 I/l のことを剛度といい，剛比とは二つの部材の剛度の比をさす。

（1） 全体座屈に先立って局部座屈が生じないような幅厚比の制限を板要素に課する。言い換えれば，作用応力が降伏点に達するまで局部座屈が生じないような，あるいは局部座屈応力が降伏点を下まわらないような板厚を確保させるということである。このためには，**図 4.51** から $R \leqq R_{cr}$ でなければならない。式（4.43）から，この条件は

$$\frac{b}{t} \leqq R_{cr}\sqrt{\frac{\pi^2 k}{12(1-\nu^2)} \cdot \frac{E}{\sigma_Y}} \tag{4.56}$$

であれば満足される。多くの実験結果などから，限界座屈パラメータ R_{cr} は片縁または両縁を支持された板の場合 0.7，補剛板の場合 0.5 程度とされている。表 4.9 の鋼鉄道橋に対する規定はこの考え方によった設計規準の例である。

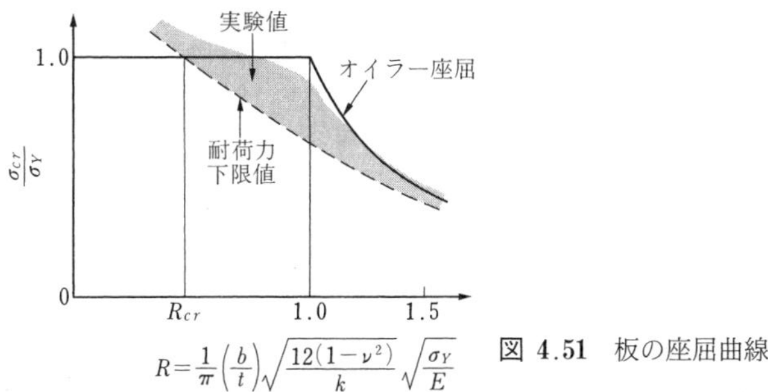

図 4.51　板の座屈曲線

座屈を生じないとした場合の限界応力である降伏点 σ_Y に対する作用応力 σ の安全率を γ とすれば，式（4.56）は，つぎのように書き換えられる。

$$\frac{b}{t} \leqq R_{cr}\sqrt{\frac{\pi^2 k}{12(1-\nu^2)} \cdot \frac{E}{\gamma\sigma}} \tag{4.57 a}$$

ここで，板の支持条件が与えられれば σ 以外の数値はすべて定まるので，式（4.56）の規定は

$$\frac{b}{t} \leqq \frac{\text{定数}}{\sqrt{\sigma}} \tag{4.57 b}$$

という形をとることになる。すなわち，当然のことながら，作用応力が小さいほど幅厚比を大きくすることができる。

表 4.9　圧縮を受ける板の幅厚比制限

板の縁の条件 / 材料	板の最大幅厚比 $(b/t)_0$		
	片縁のみで支持（片縁支持板）	両縁で支持（両縁支持板）	両縁で支持され，板幅の n 等分線上付近におのおの1本の補剛材がある場合（補剛板）
SS400 SM400 SMA400	12.5	40	$28n$
SM490	11	34	$24n$
SM490Y SM520 SMA490	10	32	$22n$
SM570 SMA570	9	28	$20n$
適用例	腹板表面 腹板外面 b t	腹板内面 b t	腹板内面 b t

（注）荷重の組合せによって正負の応力が作用し，圧縮応力が許容応力に比べて小さい部材および架設時のみに一時的な圧縮応力を受ける部材については緩和規定あり。
（鉄道総合研究所編：鉄道構造物等設計標準・同解説鋼・合成構造物より）

（2）　幅厚比に応じて板の局部座屈に対する許容応力度を設定する。図4.38に示したような鋼板の耐荷力のほぼ下限にあたる基準耐荷力曲線を設定し，これを安全率で割って局部座屈に対する許容応力度とする。現在のわが国の鋼橋の設計では，両縁で支持されている鋼板に対しては

$$\rho_{crl}=\frac{\sigma_{cr}}{\sigma_Y}=\begin{cases}1.0 & (R\leqq 0.7)\\ (0.7f/R)^{1.83} & (0.7<R)\end{cases}\tag{4.58}$$

一方，片縁で支持されている鋼板に対しては

$$\rho_{crl}=\frac{\sigma_{cr}}{\sigma_Y}=\begin{cases}1.0 & (R\leqq 0.7)\\ (0.7/R)^{1.19} & (0.7<R)\end{cases}\tag{4.59}$$

を基準耐荷力とし，道路橋示方書では抵抗係数Φと調査･解析係数 ξ_1，部材･構造係数 ξ_2 を乗じて，局部座屈に対する圧縮応力の制限値 σ_{crld} を設定している。

$$\sigma_{crld} = \xi_1 \xi_2 \Phi \sigma_{cr} \tag{4.60}$$

なお，SBHS 500 とSBHS 500 W 以外の通常鋼材で，地震時以外の荷重の組合せにおいては，上記の係数は $\xi_1 = 0.90$，$\xi_2 = 1.00$，$\Phi = 0.85$ に設定されている。

鉄道橋においては，作用応力が全体座屈に対する許容応力度に比べて小さい部材とか，架設時にのみ一時的な圧縮応力を受ける部材に限って，同様な考え方のもとに表4.9の最大幅厚比制限の緩和を許す規定を設けている。

道路橋示方書では鋼製橋脚など耐震設計上じん性が要求される部位の鋼板については応力制限値の上限値となる範囲，すなわち $R \leqq 0.7$ の範囲で部材断面を設計することとしている。

なお，式（4.58）における f は軸方向力と曲げモーメントが同時に作用して，直応力 σ が一様でない場合の補正係数で

$$f = 0.65\varphi^2 + 0.13\varphi + 1.0, \qquad \varphi = \frac{\sigma_1 - \sigma_2}{\sigma_1} \tag{4.61}$$

である。σ_1，σ_2 は**図4.52**に示すように板の両縁での縁応力度で，$\sigma_1 \geqq \sigma_2$，圧縮応力を正としている。式（4.61）は，純圧縮の場合の R_{cr} を上述のように0.7，純曲げに対する R_{cr} を1.1として，その間の R_{cr} は直線的に変化するものとし，f は近似的に φ の2次式で表すものとしたうえで，それぞれの応力状態に対する座屈係数 k の数値を用いて導いたものである。

また，同じく表4.11では，局部座屈に対する許容応力度を設けたうえで，これ以上幅厚比を大きくしてはならないという限界を規定している。この限界は $R \leqq 1.0$(図4.51参照）にあたるもので，溶接の際のひずみや取扱いの際の不測の外力による損傷，ならびに剛性の低下を防ぐため，あまりに薄い板を用いることを避けようという意図によるものである。

図4.38に示したように，式（4.58）は座屈パラメータ R の大きい領域ではやや安全側に過ぎる。座屈後強度を考えれば，式（4.58）第2式の右辺はもう少し大きい値をとりうると思われる。

さて，以上（1），（2）の二つの方法にはそれぞれ得失がある。（1）の考え

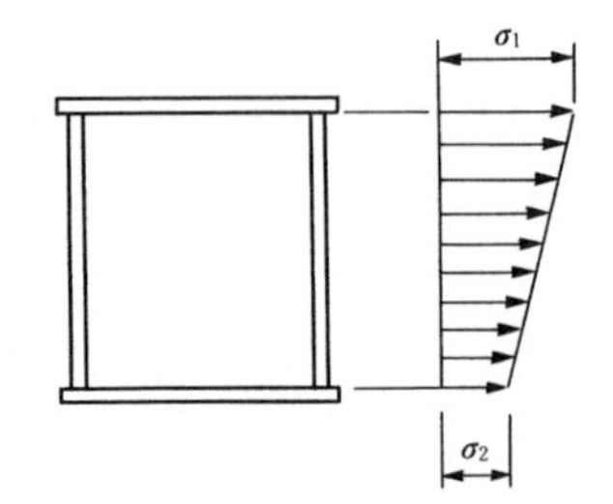

図 4.52　曲げと圧縮を受ける板

方によると，設計の繁雑さを避けるために，式（4.57 a）の σ には圧縮許容応力度の上限値（すなわち座屈が起こらない場合の値）σ_{ca0} を用いて，表 4.10 のように鋼種ごとに幅厚比を制限することになる。この場合，局部座屈を心配するわずらわしさがない利点はあるものの，作用応力が小さい場合には材料強度を十分利用しつくしていないことになり，不経済な設計を強いる恐れがある。式（4.56）からも明らかなように，σ_Y の大きい高張力鋼ほど幅厚比制限は厳しくなることにも注目されたい。

他方，（2）の考え方によると，全体座屈と局部座屈に対し二本建ての許容応力度を設計することになるため，設計計算が煩雑になるので，道路橋示方書では局部座屈を考慮した圧縮材の軸圧縮応力度の制限値を次式のように規定している。

$$\sigma_{cud} = \xi_1 \xi_2 \Phi \rho_{crg} \rho_{crl} \sigma_Y \tag{4.62}$$

ここで，ρ_{crg} は式（4.35）で表される局部座屈を考慮しない柱としての強度低減率，ρ_{crl} は式（4.58）もしくは式（4.59）で表される局部座屈による低減率を表す。この制限値は式（4.43）で示した積公式の考え方を採用したもので，局部座屈を考慮しない柱としての応力制限値に，局部座屈による低減効果を掛けることで，両方の影響を考慮している。

4.3.2 項〔5〕で述べた補剛板に対しては，つぎのような考え方に基づいて設計がなされる。

i）補剛材自体が座屈しないよう，補剛される板が座屈する際，そこが節となるように必要な剛性，断面積，幅厚比をもたせ，そのうえで

ii）補剛される板の局部座屈に対して，式（4.51）のような基準耐荷力をも

とに，上述の補剛材をもたない板に対すると同様な考え方で対処する。ただ，座屈応力が降伏点に達する限界である R_{cr} が補剛材をもたない板の場合よりさらに低くなるので，R_{cr} を超えて許容応力度の低減も併せ用いるのが普通である。

〔3〕 **全体座屈と局部座屈の連成**　　4.3.3 項で述べたように，板要素の局部座屈が部材の全体座屈にどのような影響を及ぼすかはかなり難しい問題であるが，実際の設計ではなるべく簡便な方法が望ましく，鋼道路橋示方書では，式（4.53）の σ_{lu} を局部座屈応力とした形のものをもとにしている。すなわち，式（4.62）で示したように軸圧縮応力度の制限値として，局部座屈を考慮しない制限値（式（4.55）の σ_{cud}）に，局部座屈による低減値 ρ_{crl}（例えば両縁支持板の場合，式（4.58））を乗じた値を規定している。座屈後強度は考えていないので，これはかなり安全側の結果となっている。

〔4〕 **細長比の制限**　　鋼部材の圧縮許容応力度は細長比の関数である。したがって，強度への細長比の影響はこれにすでに考慮されているのであるが，そうかといってあまり細長い部材を用いると，引張部材のところで述べたと同じように，予期しない横方向の力に対し危険であること，運搬中に損傷を生じやすいこと，剛性の不足による過度な変形や振動の恐れがあること，さらに圧縮材の場合には，許容応力度があまりに低くなるのは材料を有効に利用していないことにつながる，などの理由から，細長比の上限を規定している。

表 4.10 は鋼橋における細長比制限で，鉄道橋のほうがより厳しいのは，死荷重に対する活荷重の比が大きく，列車走行に伴う衝撃の影響も大きいので，部材の振動には特に注意を要するからである。ちなみに，棒状部材の振動は軸方向力によってどのような影響を受けるのであろうか。**図 4.53** のように両端ヒンジ支持で，圧縮力 P

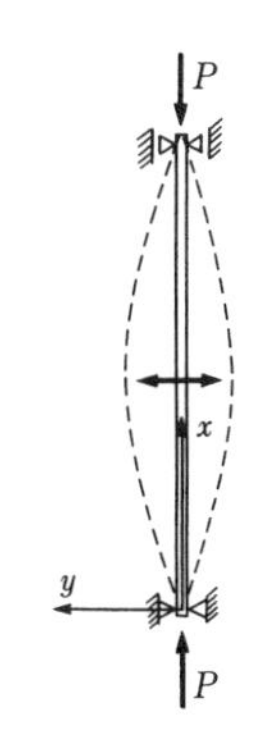

図 4.53　圧縮材の曲げ振動

表 4.10　鋼橋における圧縮材の細長比制限

部材の種類	道　路　橋	鉄　道　橋
主　部　材	≦ 120	≦ 100
二 次 部 材	≦ 150	≦ 120

を受ける柱のたわみ自由振動の支配方程式は，つぎのようになる。

$$m\frac{\partial^2 v}{\partial t^2}+EI_z\frac{\partial^4 v}{\partial x^4}+P\frac{\partial^2 v}{\partial x^2}=0 \tag{4.63}$$

ここに，m は単位長さあたりの質量，EI_z は曲げ剛性である。この式は前出の式（4.12）に質量×加速度という慣性力の項が加わり，振動変位 v が位置の座標 x のみでなく時間 t の関数でもあることから偏微分方程式の形となったものである。実際には式（4.63）には減衰力の項も加わるべきであるが，簡単のため，ここでは省略している。最低次の振動モードは式（4.11）の座屈モードと同じで，柱が基本固有振動数[1] f_n で単振動をしているとすれば

$$v(x,t)=v_0\sin\frac{\pi x}{l}\sin 2\pi f_n t \tag{i}$$

が式（4.63）を満足する解である。式（i）を式（4.63）に代入し，f_n について解けば

$$f_n=\frac{1}{2\pi}\left(\frac{\pi}{l}\right)^2\sqrt{\frac{EI_z}{m}}\sqrt{1+\frac{Pl^2}{\pi^2 EI}} \tag{ii}$$

オイラー荷重 P_E が式（4.9）で与えられたことを思い起こせば

$$f_n=\frac{1}{2\pi}\left(\frac{\pi}{l}\right)^2\sqrt{\frac{EI_z}{m}}\sqrt{1+\frac{P}{P_E}} \tag{4.64}$$

となる。

この結果から，軸圧縮力 P の存在により固有振動数は低下することがわかる。特に $P=P_E$ になると固有振動数は0となるが，これは不安定な状態を意味しており，座屈現象につながるものである。ともかく，軸圧縮力が加わることによって部材固有の振動数が低下することは部材の剛性が低下することを意味し，それだけ振動しやすくなる。逆に，引張部材においては式（4.64）の P の符号が変わり，軸方向力の存在によって固有振動数は高くなる。

1）連続体の固有振動数は理論上無数にあるが，最低のものを**基本固有振動数**（fundamental natural frequency）という。

部材に周期的な外力が作用するとき，その振動数と上述の固有振動数が近づくと共振現象を起こし，振幅が大きくなって危険である。特に軸方向力 P 自体が周期的に変化するときは，その振動数と部材の固有振動数が整数比になった場合に不安定となる恐れがある[1)]。

4.3.5　部材の断面構成

座屈が支配的な限界状態となることの多い鋼圧縮部材には，鋼棒のような充実断面を用いるのは不利であって，断面積のわりに回転半径（$r=\sqrt{I/A}$）の大きい断面とするのがよい。したがって，もし形鋼を用いるにしても，H形鋼を単独で用いるか，2枚の溝形鋼を鋼板要素で結合したものになる。また，4.3.2項〔6〕で述べたように，鋼管の使用も有利であり，これが地上に立つ柱として用いるときには，コンクリートを充てんし圧縮材としての強度と剛性をさらに高め，あるいは安定性を増加させることもある。

最もよく用いられる圧縮部材の断面は鋼板を溶接集成したもので，**図4.54**に示すように，部材力が小さい場合はH形，大きい場合は箱形断面とする。さらに大きな軸方向力を受け，あるいは曲げも加わるような構造部材，例えば吊橋や斜張橋の塔では，図（c），（d）に示すような補剛板から構成された箱形断面や隔壁を入れた多室断面とする。

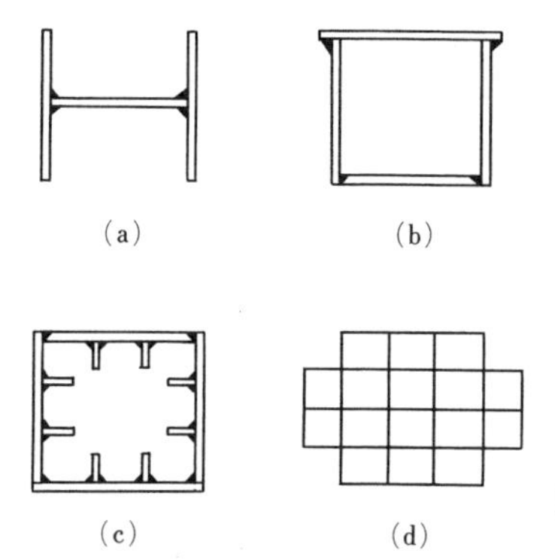

図 4.54　溶接集成圧縮部材

1）この種の不安定振動を係数励振型の自励振動という。やや高度な振動問題ではあるが，興味があれば振動学の本を参照されたい。

4.4 曲　げ　材（桁）

4.4.1 薄肉断面梁の応力

曲げを受ける棒状部材を**梁**（beam）あるいは**桁**（girder）という。これら双方の呼び名の間に明確な区別があるようには思えないが，どちらかといえば，力学用語では梁と呼ばれ，構造部材の場合には小さい曲げ材を梁，比較的大きいものを桁という感覚的な差異があるようである。

断面の重心を連ねる部材軸をx軸，断面主軸をy，z軸にとるとき（**図4.55**参照），まっすぐな梁に働くz軸まわりの曲げモーメントM_zとy方向に働くせん断力S_yの間には，つぎの関係がある。

$$S_y = \frac{dM_z}{dx} \tag{4.65}$$

したがって，曲げモーメントが一定の場合を除き，一般に曲げを受ける部材にはせん断力も働いている。

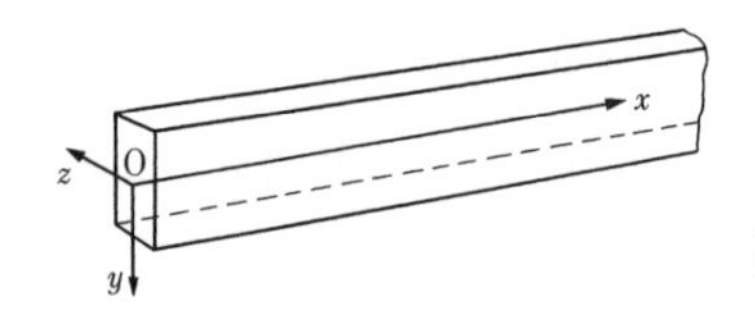

図 4.55　座標のとり方

曲げを受けて梁が変形する前に平面であった断面は変形後も平面を保つという仮定のもとで，断面の中立軸（この場合z軸）からyの距離にある点における直応力度およびせん断応力度が弾性範囲内でそれぞれ

$$\sigma_x = \frac{M_z}{I_z} y \tag{4.66 a}$$

$$\tau = \frac{S_y G_z}{b I_z} \tag{4.66 b}$$

であることも，すでにわれわれは構造力学において学んでいる。ここに，I_zは中立軸に関する断面2次モーメント，bは着目点における断面の幅，G_zは着目点を通ってz軸に平行な線の外側部分の中立軸に関する断面1次モーメントである。

しかし，鋼構造における薄肉断面の梁では，板厚方向の応力成分は無視しうることから，せん断応力は図 **4.56** のように，板厚中心線に沿う s 軸の方向に働くと考えてよい。この図でせん断力 S_y が作用している点Sは後で述べる断面のせん断中心（shear center）で，せん断力がこの点を通らないとねじりが生じてしまう。

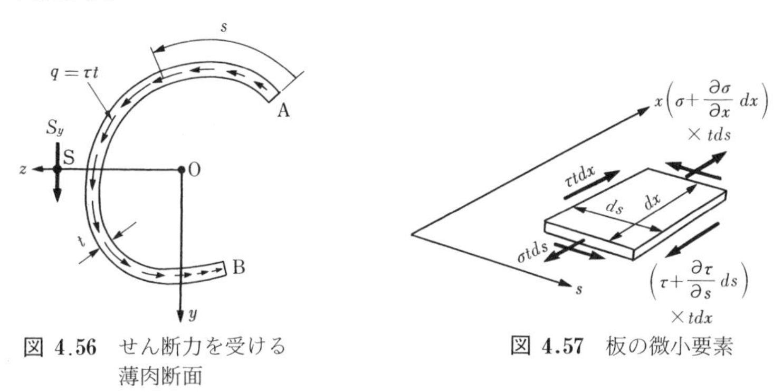

図 4.56　せん断力を受ける薄肉断面

図 4.57　板の微小要素

いま図 **4.57**[1]のような板の微小要素 $dx \times ds$ を取り出し，この部分に直接外力は作用しないとして x 方向の力のつり合いを考えると

$$\left[\sigma t + \frac{\partial(\sigma t)}{\partial x}dx\right]ds - \sigma t ds + \left[\tau t + \frac{\partial(\tau t)}{\partial s}ds\right]dx - \tau t dx = 0$$

よって

$$\frac{\partial(\sigma t)}{\partial x} + \frac{\partial(\tau t)}{\partial s} = 0 \tag{4.67}$$

となる。この左辺第2項の τt，すなわち板厚中心線方向のせん断応力度と板厚の積（単位は例えばN/cm）

$$q = \tau t \tag{4.68}$$

は水路にたとえれば流量（流速と断面積の積）にあたるので，せん断流（shear flow）と呼ばれる。式（4.67）を s について積分すると

1）図 4.57 で $\sigma t + \dfrac{\partial(\sigma t)}{\partial x}$ のような力を考えている理由は，122 ページの脚注における と同じ論拠による。

$$q = \tau t = -\int_0^s \frac{\partial(\sigma t)}{\partial x}\,ds + C_0 \tag{4.69}$$

ここに，C_0は積分定数で，$s = 0$，すなわち図4.56の点Aにおけるqの値である。したがって

$$C_0 = q\,|_{s=0} = \tau t\,|_{s=0} \tag{4.70}$$

式（4.69）のσに式（4.66 a）を代入し，式（4.65）を用いると，断面がx方向に一定，すなわちI_zがxに無関係の場合には

$$q = \tau t = -\frac{S_y}{I_z}\int_0^s ytds + q\,|_{s=0} \tag{4.71}$$

〔1〕 **開断面の場合**　図4.56のように自由縁（点A，点B）を有する断面を開断面という。この場合はs軸の原点を一つの自由縁，点Aに選べれば，ここではせん断応力が0であるから，式（4.71）の$q|_{s=0} = 0$であり，したがってせん断流ならびにせん断応力は式（4.71）から，それぞれ次式で計算すればよいことになる。

$$q = \tau t = -\frac{S_y}{I_z}\int_0^s ytds \tag{4.72 a}$$

$$\tau = \frac{q}{t} = -\frac{S_y}{tI_z}\int_0^s ytds \tag{4.72 b}$$

ここで，式（4.72 b）の積分の外側分母にあるtは着目点の板厚である。この結果を式（4.66 b）と比較すれば，薄肉断面の場合，当然のことながら断面幅bをtとしていることになる。すなわち

$$G_z = \int_0^s ytds \tag{4.73}$$

とおけば，式（4.72 b）は式（4.66 b）と同じ意味をもつ。

式（4.72 b），（4.73）を用いて，**図4.58**の溝形断面におけるせん断応力分布を求めてみよう。

i）板$\overline{\mathrm{AC}}$において：$y = -d/2$，$t = t_f$であるから

$$G_z = \int_0^s \left(-\frac{d}{2}\right) t_f ds = -\frac{t_f d}{2}s$$

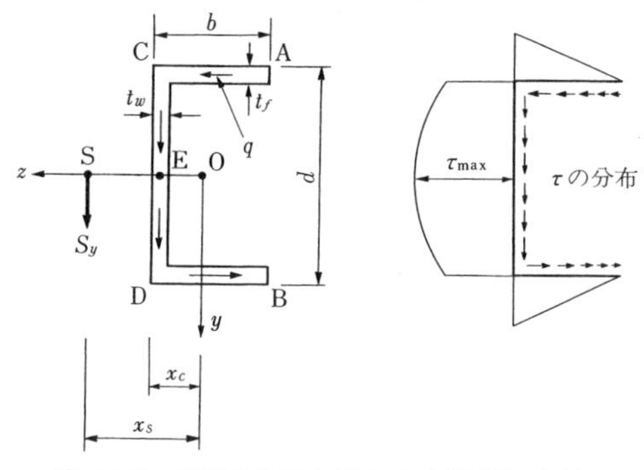

図 4.58 溝形断面におけるせん断応力分布

よって

$$\tau = \left(-\frac{S_y}{t_f I_z}\right)\left(-\frac{t_f d}{2}\right)s = \frac{S_y}{I_z}\cdot\frac{d}{2}\,s$$

τ は s の 1 次関数であるから，せん断応力は図示のように直線的に変化する。

ii） 板$\overline{\mathrm{CD}}$において：$s' = s - b$，すなわち点Cを原点にとった s' 軸について考えることにする。$y = s' - (d/2)$，$t = t_w$ であるから

$$G_z = \int_0^{s'}\left(s' - \frac{d}{2}\right)t_w ds + \text{点 C における } G_z \text{ の値}$$

$$= -\frac{(d-s')s't_w}{2} - \frac{dbt_f}{2}$$

したがって

$$\tau = \frac{S_y}{2t_w I_z}\left[(d-s')s't_w + dbt_f\right]$$

τ は s' の 2 次関数であるから，ここでのせん断応力は放物線分布をしている。

iii） 板$\overline{\mathrm{DB}}$において：同様にして計算すると，板$\overline{\mathrm{AC}}$と z 軸に関し対称なせん断力分布で，応力の方向のみ逆となる。

以上をまとめると図 4.58 のようになる。ここでつぎの諸点に注目されたい。

（1） せん断流 q は水路における流量と同じく連続の条件を満足しなければならない。例えばいまの例題で，点Cにおいては，板$\overline{\mathrm{AC}}$について求めた q

の点Cでの値と板$\overline{\mathrm{CD}}$における点Cでの q は等しい。したがって，もし $t_f > t_w$ であれば，同じ点Cにおけるせん断応力 τ は板$\overline{\mathrm{CD}}$における値のほうが板$\overline{\mathrm{AC}}$における値より大きい。また，**図 4.59** の I 形断面では，上の板の左右の部分から流れてきたせん断流が合流して鉛直な板に流れ込む。

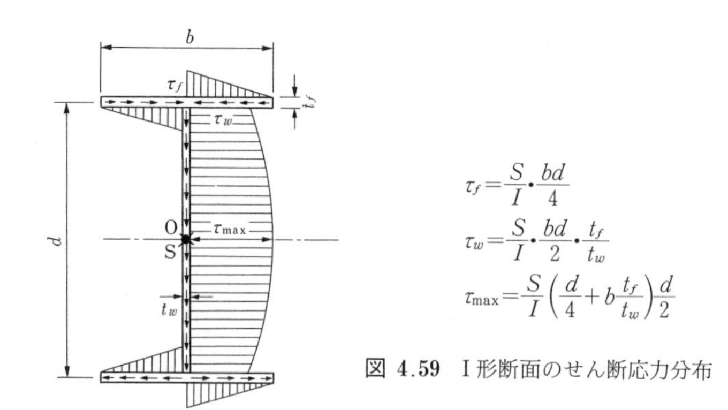

図 4.59　I 形断面のせん断応力分布

（2）　前にもふれたことであるが，自由縁（図4.58での点A，点B）ではせん断応力は0である。

（3）　図4.58の溝形断面の板$\overline{\mathrm{CD}}$の中心点E（中立軸である z 軸が横切る点）のまわりのモーメントを考えてみよう。断面の重心OからEまでの距離を x_c，せん断力 S_y の作用点Sまでの距離を x_s とするとき，つぎのモーメントに関するつり合い条件が成り立っていなければならない。なお板$\overline{\mathrm{CD}}$のせん断応力は点Eを通る直線上に作用しているので，モーメントは生じない。

$$\underbrace{\frac{S_y}{I_z}\int_0^b \frac{dbt_f}{2} \cdot \frac{d}{2} ds}_{\text{板}\overline{\mathrm{AC}}\text{のせん断応力による}} + \underbrace{\frac{S_y}{I_z}\int_0^b \frac{d(b-s)t_f}{2} \cdot \frac{d}{2} ds}_{\text{板}\overline{\mathrm{DB}}\text{のせん断応力による}} = \underbrace{(x_s - x_c)S_y}_{\text{外力による}}$$

これを計算すれば

$$x_s - x_c = \frac{d^2 b^2 t_f}{4I_z} > 0$$

すなわち，せん断応力は断面重心でもなく，板$\overline{\mathrm{CD}}$の中点でもない断面背後の点Sに作用しなければ，この断面には回転させせようとするモーメント（ねじりモーメントまたはトルクという)が働いてしまう。ねじりを起こさせないような荷重の作用点Sは断面の形状，寸法に固有であり，この点をせん断中心と呼ぶのである。この例のように非対称な断面では，せん断中心は重心と一致しない。

〔2〕 **閉断面の場合**　箱形，円形などの閉じた薄肉断面では，**図4.60**(a)に示すように，$\tau=0$ あるいは $q=0$ となる自由縁がない。したがって，式(4.67)における $q|_{s=0}$ が0でなく，何らかの方法でこれを見いださなければならない。そこで，まず同図(b)のように任意の切断部Aをつくってやる。切断部があれば開断面になるので，式(4.72 a)を用いてこの場合のせん断流は

$$q_0=-\frac{S_y}{I_z}\int_A^s ytds \tag{i}$$

により計算できる。しかしこの状態は与えられた条件とは異なるので，図4.60(c)のような一様なせん断流 q' を加え合わせて，与えられた状態〔同図(a)〕にしてやる。すなわち

$$q=q_0+q' \tag{ii}$$

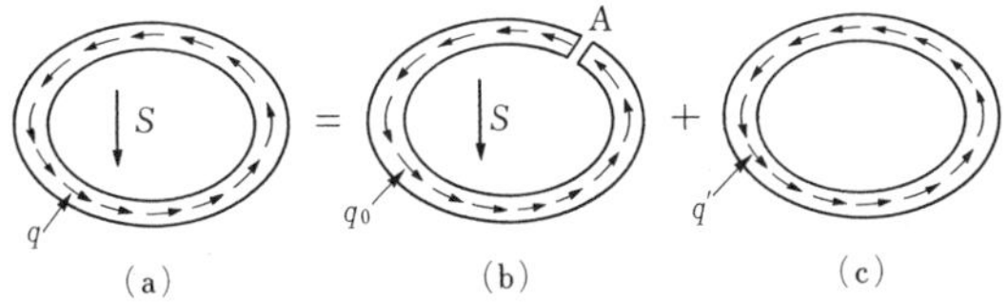

図 4.60　閉断面のせん断流解析

ところで，図4.60(b)のままではどこが与えられた状態(a)を満足しないかといえば，点Aで切断したために，ここで断面のずれが生じてしまうことにある。このずれは，せん断応力の作用している断面ではせん断ひずみ $\gamma=\tau/G$ によるもので，つぎのようにせん断ひずみを断面全周にわたって積分して求められる。

$$\oint \gamma ds=\oint \frac{\tau}{G}ds=\frac{1}{G}\oint \frac{q}{t}ds \tag{iii}$$

ここに，G は材料のせん断弾性係数

$$G=\frac{E}{2(1+\nu)} \tag{4.74}$$

であり，鋼材ではヤング率 $E = 2.0 \times 10^5$ MPa，ポアソン比 $\nu \fallingdotseq 0.3$ であるから，$G \fallingdotseq 7.7 \times 10^4$ MPaである。

与えられた閉断面では，式（iii）のずれ量は0でなければならない。したがって

$$\frac{1}{G}\oint\frac{q}{t}\,ds=0 \tag{iv}$$

これに式（ii）を代入すると，q'は一定であるから

$$\oint\frac{q_0}{t}\,ds+q'\oint\frac{1}{t}\,ds=0 \tag{v}$$

ゆえに

$$q'=-\frac{\oint(q_0/t)\,ds}{\oint(1/t)\,ds} \tag{4.75}$$

式（4.75）に式（i）の q_0 を代入すれば未知のせん断流 q' が求まり，結局，求めるせん断流 q は式（ii）から，つぎのようになる。

$$q=\tau t=-\frac{S_y}{I_z}\left[\int_A^s ytds-\frac{\oint\frac{1}{t}\left(\int_A^s ytds\right)ds}{\oint\frac{1}{t}ds}\right] \tag{4.76}$$

以上の過程は不静定構造物を解く場合と似ていることに注目したい。すなわち，不静定量 q' を変形の適合条件式（iv）を用いて定め，静定基本形（b）に対する解 q_0 に加えてやると，与えられた構造系の解が求まるということになる。この場合のように1室からなる閉断面はいわば1次不静定であるが，**図4.61**のような多室閉断面では不静定次数が増える。

例として，**図4.62**の箱形断面についての結果を示しておこう。ここでは，まず仮に点Aを切断し，開断面として式（4.72）により前の溝形断面におけると同様にして静定せん断流 q_0 を求め〔図4.62（a）〕つぎにこの切断部を閉じるための不静定せん断流を式（4.75）により求めると

$$q'=\frac{S_y}{I_z}\cdot\frac{bdt_f}{4} \qquad 〔図4.62（b）〕$$

このようにして，これら両者を加えた $q = q_0 + q'$ が同図（c）のように得られ

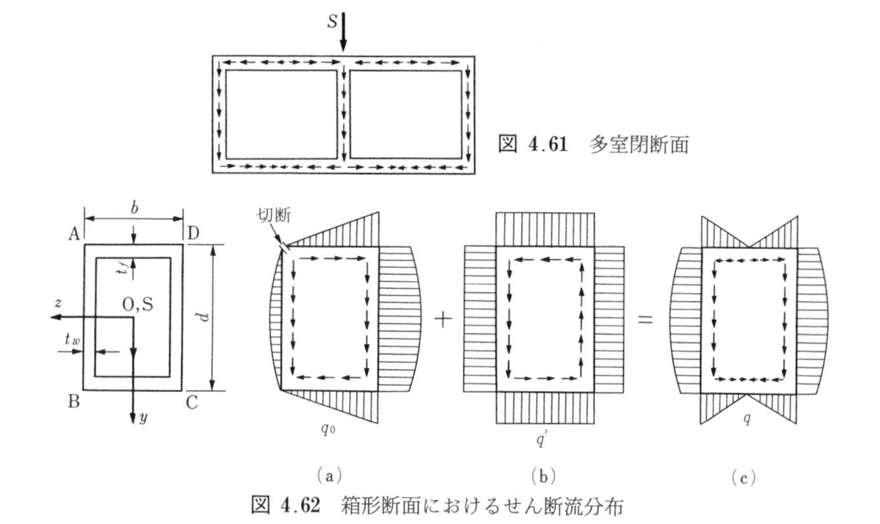

図 4.61 多室閉断面

(a) (b) (c)

図 4.62 箱形断面におけるせん断流分布

る。当然 q の分布は y 軸に関して対称であり，先の溝形断面の場合と同様に，上下の板では直線分布，せん断力作用方向の鉛直な板では放物線分布となる。なお，この例で切断点を点Aでなく，板 $\overline{\mathrm{AD}}$ の中央点に選ぶと $q'=0$ となるが，もちろん最終的なせん断流分布は図 4.62 (c) と一致する。

4.4.2 鋼桁の構成

〔1〕 **横断面形状**　前項冒頭に述べたように，曲げ材である鋼桁には曲げモーメントとせん断力が作用する。曲げモーメントによる弾性域内での直応力は式（4.66 a）にみるように断面中立軸からの距離に比例し，**図 4.63** (b) に示すように三角形分布をしている。したがって，中立軸から遠い位置に断面を集中させるのが得策である。一方，せん断によるせん断応力は図 4.58 や図 4.62 にみるように，桁高の中央部で大きい。

これらのことから，比較的薄肉の断面とすることが可能な鋼構造の曲げ材ではI形の断面が基本となっている〔図 4.63 (a)，(b)〕。主として曲げによる直応力を受けもつ上下の板を**フランジ**（flange），上下のフランジをつなぎ，主としてせん断力を受けもつ垂直な板を**ウェブ**（web）と呼ぶ。ウェブは**腹板**ともいい，孔でもあけない限り，トラス桁に対してこの種の桁を充腹桁と呼ぶこと

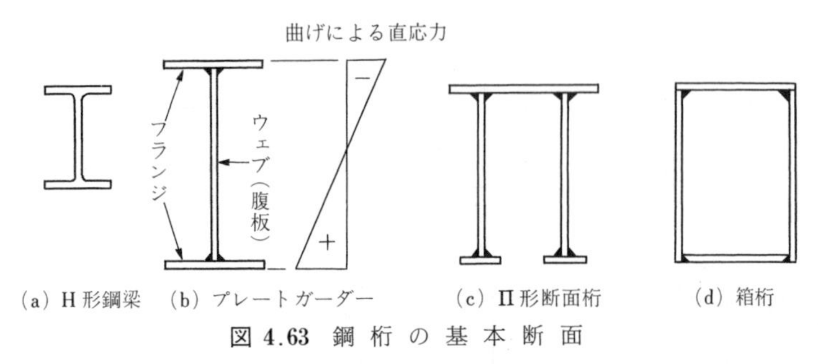

（a）H形鋼梁　（b）プレートガーダー　（c）Π形断面桁　（d）箱桁

図 4.63　鋼桁の基本断面

もある。

I形断面の鋼桁として最も簡単な構造は，製鉄所で熱間圧延されたI形鋼やH形鋼をそのまま使ったものである〔図4.63（a）〕。特にH形鋼[1]は曲げ材に適する規格の断面も多く用意され，比較的厚肉で局部座屈に対する心配もないので，建築の鉄骨はもちろん，橋桁としてもそのまま利用されることが多い。しかしH形鋼の桁高は高々90 cmまでで，曲げモーメントがそれほど大きくない場合，すなわち橋の主桁としてはせいぜい25 mぐらいまでの支間長にしか使えない。

そこで一般には，鋼板を溶接集成してI形断面として**プレートガーダー**（plate girder，“板桁”の意）が鋼桁として最も広く用いられている〔図4.63（b）〕。板の幅と厚さの組合せで断面が適宜に選べるので経済的である。さらにI形断面のプレートガーダーを2本以上並べ，上フランジをつないだ形のΠ形断面桁〔同図（c）〕や，上下フランジをつないで閉断面とした箱桁（box girder）とすることがある。特に箱桁〔同図（d）〕は，4.6節で述べるようにねじりに強く，フランジの幅を広くでき，かつ内部が腐食から守られている，美観に優れる，などの利点があるので利用範囲が広い。長支間の幅員の広い橋桁では上フランジを橋床としても兼用させ，全断面を立体的に有効に働かせることがある（**図4.64**参照）。このとき，1枚の鋼板では橋床としての耐荷力と剛性に欠けるので，裏面に縦横のリブを溶接した鋼床版（4.7.1項参照）とする。

1）アメリカではwide flange shapes（広幅フランジ形鋼）と呼んでいる。

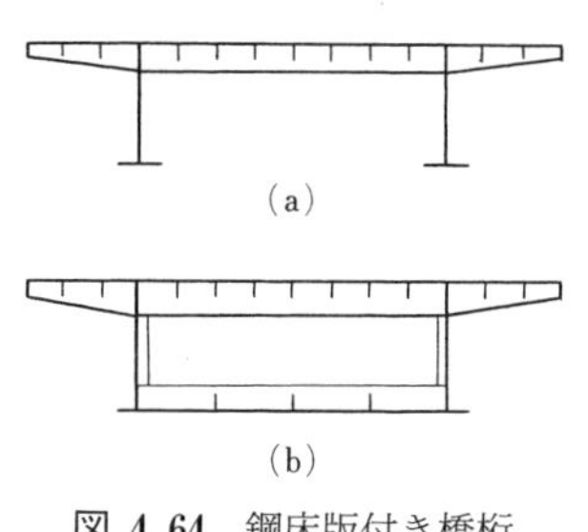

図 4.64 鋼床版付き橋桁

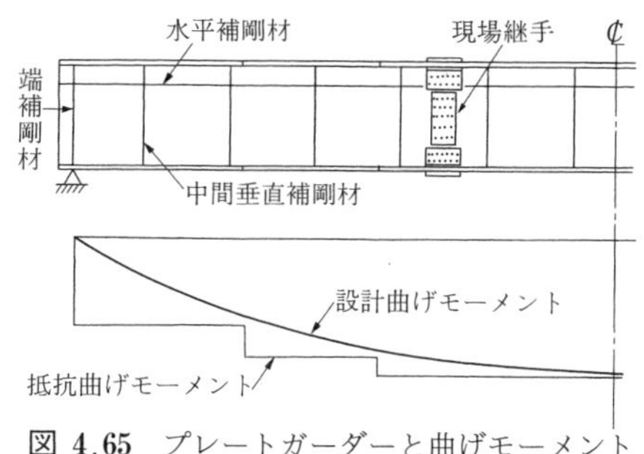

図 4.65 プレートガーダーと曲げモーメント

図 4.63 (b)～(d) のプレートガーダーでは，作用応力を負担でき，製作や防食の面から規定される最小板厚を満足する限り，比較的薄い鋼板を用い，局部座屈の防止については補剛材で対処することが多い。しかし，補剛材の溶接が製作に手間と費用を要することは念頭に置かなければならない。

設計上の理由から円形の鋼管を曲げ材として用いる場合もあるが，断面性能の面からはあまり有利ではない。曲げを受ける鋼管については 4.7.2 項〔2〕で改めてふれることにする。

〔2〕 側面の形態　図 **4.65** に典型的なプレートガーダーの側面からみた姿を示す。工場でつくられる部分は溶接構造であるが，現場継手は高力ボルト接合によるのが普通である。通常ウェブには薄い板を用いるので，これがせん断によって局部座屈することを防ぐため，ある間隔で中間垂直補剛材が配置されていることが多い。桁の支点上の垂直補剛材は端補剛材といい，補剛材としての性格のほか，集中荷重としてここに作用する支点反力に抵抗する柱としての役割を期待している。図 4.65 にみられる水平補剛材はウェブの曲げ圧縮による局部座屈を防ぐためのもので，原則として長支間の桁にのみ用いられる。

図 4.65 は単純支持桁であるが，ほかの支持状態の場合でも，設計曲げモーメントは部材軸方向に沿ってかなり著しく変化する。設計せん断力についても同様であるが，その変化の様子は設計曲げモーメントとは異なる。最も材料が少なくてすむ設計は，このような設計曲げモーメントおよび設計せん断力に合わせて断面を変化させることであろうが，それでは製作に手間がかかってかえ

って不経済となったり，ほかの部材を取り付けるのに不都合が生じたりする。特に近年は，構造をできるだけ簡素化，統一化することにより製作の省力化をはかるほうが，鋼材量は多少増えても，結果的には維持費を含め経済性のうえでむしろ得策であるとされている。例えば，フランジやウェブの断面はなるべく一定とする，同じ部材は同一断面とする，あるいは厚めの板を用いて補剛材の数を減らす，といった設計をする。

しかし，スパンが長く，大きな断面を必要とする桁では，やはり作用する断面力に応じて適当に断面を変化させるのが合理的である。この場合，特に曲げに対する抵抗を対象として剛桁の断面を変化させるのにつぎの三つの方法があり，適宜使い分けられ，あるいは併用されている。

（a）　**フランジ断面積の変化**　　フランジの板幅，板厚のいずれか，または双方をある位置で変化させる。この結果，桁の抵抗曲げモーメントは図4.65に示すように，断面変化位置で変化する。しかし，応力集中を避けるために，図3.21に示したように，断面の急変は避けなければならない。溶接による板継ぎを避けて，2.1.2項〔2〕で紹介したLP剛板を使うのも一法である。

（b）　**剛種の変化**　　幸い構造用鋼には強度の異なるいくつかの種類の材料がある。したがって，応力のあまり大きくないところには普通の軟鋼を，応力の大きい支間中央付近のフランジには高張力鋼を使うといった手段がある。この際の抵抗曲げモーメントの変化は，やはり図4.65のようになる。

他方，同一断面で異なる鋼種を用いた桁を**混合桁**（hybrid girder）ということがある。すなわち，フランジには高張力鋼，応力的には比較的楽なウェブには普通の軟鋼を用いる。ウェブも曲げ応力を負担しているので，この場合はフランジの降伏より前にフランジに接するウェブの部分が降伏しはじめる。したがって，フランジとウェブの間の鋼材強度に差がありすぎるといささか問題があると思われる。

（c）　**桁高の変化**　　フランジ断面が同じでも，桁高の大きいほうが断面係数が大きく，抵抗曲げモーメントは増す。したがって，設計曲げモーメントの大きさにつれて桁高を変化させる。もちろん，応力の流れを円滑にし，応力集中を避けるために，桁高は徐々に変化させる。この手段がよく用いられるのは，中間支点上での負の曲げモーメントが局部的に大きくなる長支間の連続桁やカンチレバー桁である（図 4.66 参照）。曲線が入るので，外観が改善されるという利点もある。ただし，短支間の場合には，製作上も美観上も等桁高のほうが一般的には有利と考えられる。

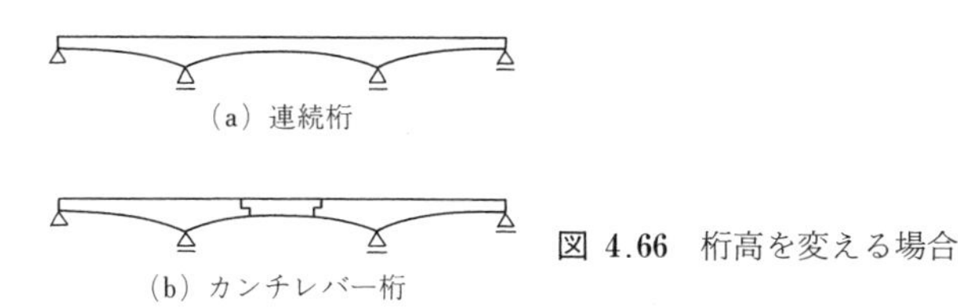

図 4.66 桁高を変える場合

〔3〕 **桁の横方向の連結**　I 形断面の桁 1 本では次項で述べる横倒れ座屈に対する抵抗が劣り，また風や地震など横方向の荷重に耐えることが難しいので，I形桁の場合には 2 本またはそれ以上の並列する桁をほかの部材で横方向につなぐ。その際の連結部材には，つぎのようなものがある。

（a） **横構**（lateral bracing）　桁をつなぐ水平方向のトラスで，その弦材は連結される桁の一部（例えばフランジ）が兼ねることになる。そもそも風や地震など横荷重に対して設けられるものであるが，横方向のせん断力に抵抗できるので，桁の上下面にこれがあれば構造全体として閉断面を形成し，ねじり剛性が大きくなる。

（b） **対傾構**（sway bracing）　並列する桁をつなぐため，ある間隔で設けられる桁軸に直角な面内のトラス〔図 4.67（a）〕であるが，桁の間の空間を全面的に塞ぎたくない場合にはラーメン構造〔同図（b）〕とすることもある。桁の支点上に設けられる端対傾構は横荷重による反力を受けて支点に伝える役目をもち，その他の中間対傾構は主として構造全体の断面変形防止の役目をする。また，断面変形を防ぐということでは，箱桁内部に一定間隔で設けられる**ダイヤフラム**（diaphragm，隔板ともいう）がある。このダイヤフラムは竹の節のような役をするが，マンホール孔をあけておくことを忘れてはならない。

図 4.67　並列 I 形桁の横方向連結

（c） **横桁**（cross beam）　桁と桁を結ぶ横方向の鋼桁〔図 4.67（d）〕で，本来の役割は床にかかる荷重を主桁に伝える床組の一部として，あるいは主桁間の荷重分配のために設けられる。しかし，これをもっと低い位置に配する場合もある。この横桁を主桁と剛結してラーメン的な構造にすれば，先の中間対傾構と同様，断面変形防止にも役立つ。

（d）**床版**（floor slab）　橋や建物の場合には桁の上に鉄筋コンクリート床版や鋼床版（4.7.1 項参照）などが位置し，これが桁にしっかり結合されていれば（a）の横構の役も兼ねる。

4.4.3　曲げ材の耐荷性状

〔1〕 **塑性曲げ崩壊**　鋼材を図 3.12 に示したような完全弾塑性体とし，以下に述べる限界状態まで座屈などによる不安定現象は生じないものと仮定する[1)]。このとき上下対称の梁に曲げモーメントを加えていくと，断面内の曲げ応力度の分布は**図 4.68** のように変わっていく。まず同図（a）は式（4.65）による弾性曲げ応力で，応力は曲げモーメントに比例して増加し，やがて同図（b）のように，最大縁応力度

$$\sigma_{\max} = \frac{M}{I_z} y_{\max} = \frac{M}{W} \tag{4.77}$$

が材料の降伏点 σ_Y に達する。このときの曲げモーメントを**降伏モーメント**（yield moment）M_Y と呼ぶ。なお，上式で

$$W = \frac{I_z}{y_{\max}} \tag{4.78}$$

1) 条件さえ整えば，この仮定が非現実的でないことが，4.4.3 項〔2〕以下から理解できよう。

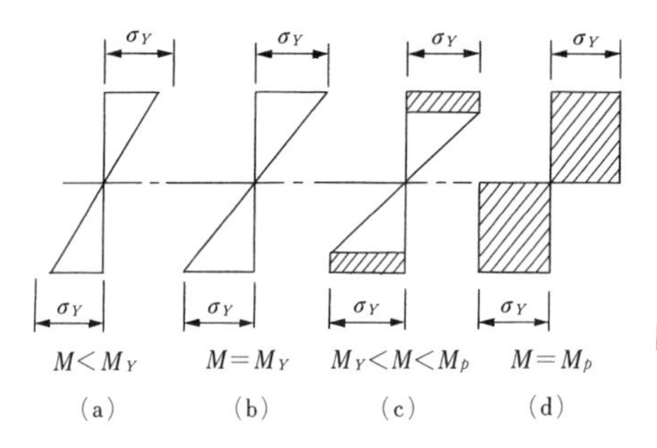

図 4.68　梁断面の塑性崩壊への過程

は断面の形状，寸法に固有な値で**断面係数**（section modulus）といい，これを用いれば降伏モーメントは

$$M_Y = \sigma_Y W \tag{4.79}$$

と書ける。

ところで，降伏モーメントより大きい曲げモーメントを加えることができないわけではない。すなわち，M_Y を超えて曲げモーメントを増すと，断面の平面保持の仮定のもとで断面のひずみ分布は相変わらず中立軸からの距離に比例する三角形分布のまま大きさを増していくが，応力度は σ_Y 以上になりえないので，断面の外縁からしだいに塑性域に入り，図 4.68（c）のような応力分布を呈する。しかし，曲げモーメントとこれによる直応力の間には

$$M = \int_A \sigma y dA$$

なる関係のあることから明らかなように，この図（c）に対応する曲げモーメントは同図（b）における M_Y より大きい。そして最後に，図 4.68（d）のように，全断面が塑性化して，それ以上曲げモーメントは増やせない限界に達する。このときの曲げモーメントを**全塑性モーメント**（full plastic moment）M_p と呼ぶ。式（4.79）にならって

$$M_p = \sigma_Y Z \tag{4.80}$$

と書くとき，やはり断面に固有な Z を**塑性断面係数**という。

以上の経緯を曲げモーメントと梁の変形（ここでは曲率）の関係で示せば**図 4.69** のようになる。このとき

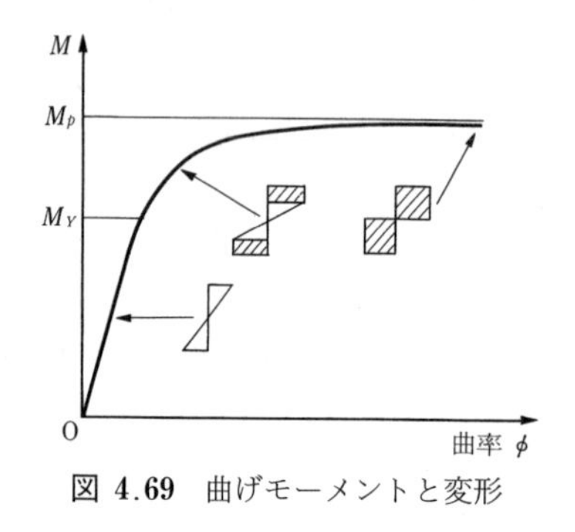

図 4.69　曲げモーメントと変形

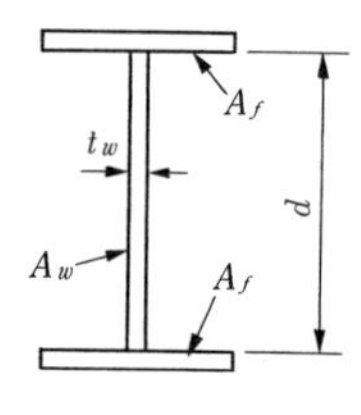

図 4.70　2軸対称 I形断面

$$\frac{M_p}{M_Y}=\frac{Z}{W}=f \tag{4.81}$$

は断面の形状，寸法によって決まる形状係数(shape factor)であり，降伏モーメントを超えて全塑性モーメントに至る余裕の程度を示す。f の値は充実断面では比較的大きい(例えば長方形の場合 1.5)が，鋼構造に用いられる薄肉の I 形あるいは箱形断面では 1.1～1.2 とあまり大きくない。例として，**図 4.70** の 2軸対称 I 形断面の f を求めてみよう。板厚は板幅に比べてきわめて小さいとすれば

$$I_z \fallingdotseq 2A_f\left(\frac{d}{2}\right)^2+\frac{t_w d^3}{12}=\frac{d^2}{2}\left(A_f+\frac{A_w}{6}\right)$$

ここに，A_f，$A_w=dt_w$ はそれぞれ 1 枚のフランジ，ウェブの断面積である。したがって

$$W \fallingdotseq \frac{I_z}{d/2}=d\left(A_f+\frac{A_w}{6}\right)$$

一方，全塑性モーメントは

$$M_p=\int_A \sigma_Y y dA \fallingdotseq \sigma_Y \times 2\left(\frac{d}{2}A_f+\frac{d}{4}\cdot\frac{A_w}{2}\right)$$

であるから，式 (4.80) より

$$Z=\frac{M_p}{\sigma_Y}\fallingdotseq d\left(A_f+\frac{A_w}{4}\right)$$

したがって

$$f=\frac{Z}{W}\doteqdot\left(1+\frac{1}{4}\cdot\frac{A_w}{A_f}\right)\Big/\left(1+\frac{1}{6}\cdot\frac{A_w}{A_f}\right)$$

となり，例えば $A_w=2A_f$ の場合に $f=1.125$ となる。

図 4.71（a）の単純支持梁の場合，曲げモーメントが最大である支間中央点の断面において，その点の曲げモーメントが全塑性モーメント M_p に達すると，梁は不安定な構造となり壊れてしまう。一方，同図（b）の両端埋込み梁では，荷重を増していくとまず両端での曲げモーメントが M_p に達するが，この段階ではまだ両端がヒンジのようになっただけで単純支持の状態にあり，さらに荷重を増して支間中央点の曲げモーメントも M_p になると，三つのヒンジをもつ梁は不安定な構造となって崩壊する。これらの崩壊現象を**塑性崩壊**，あるいはメカニズムが形成されると呼んでいる。

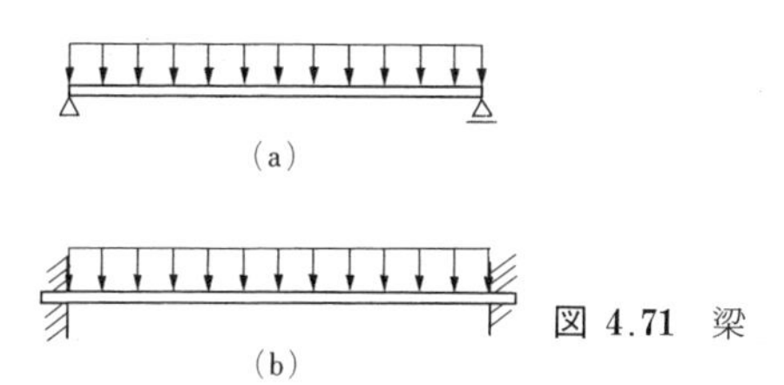

図 4.71　梁

なお，せん断力が共存する場合には，曲げモーメントの最大値は上述の M_p までは達することができない。なぜならは，前に述べたように，最大せん断ひずみエネルギー説による式（2.4）から

$$\text{換算応力：}\quad \sigma_v=\sqrt{\sigma^2+3\tau^2}\leqq\sigma_Y \tag{4.82}$$

であって，せん断応力 τ が存在するところでは曲げによる直応力 σ は σ_Y に達することができない。したがって，たとえ τ が特に大きくなくても**図 4.72**（a）に示すような曲げ応力分布以上に曲げモーメントを増すことはできない。また，もし τ が大きいと，同図（b）に示すように，断面中央部はせん断による降伏，外側の部分は曲げ応力による降伏といった形で耐荷力は限界に達する。このような関係は**図 4.73** のような曲げモーメントとせん断力の相関曲線で表される。

〔2〕 **横倒れ座屈**　直定規のような平たい板を曲げ材として使うとき，**図 4.74** の y 軸（弱軸）まわりに曲げるとすぐたわみ，いずれは折れてしまう。

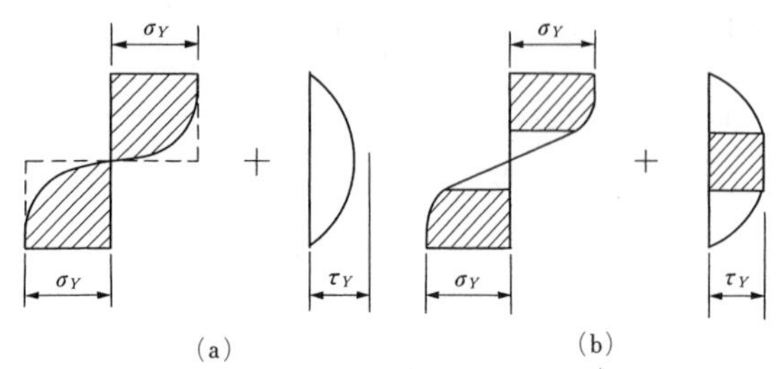

図 4.72 せん断応力共存の場合の塑性曲げ崩壊

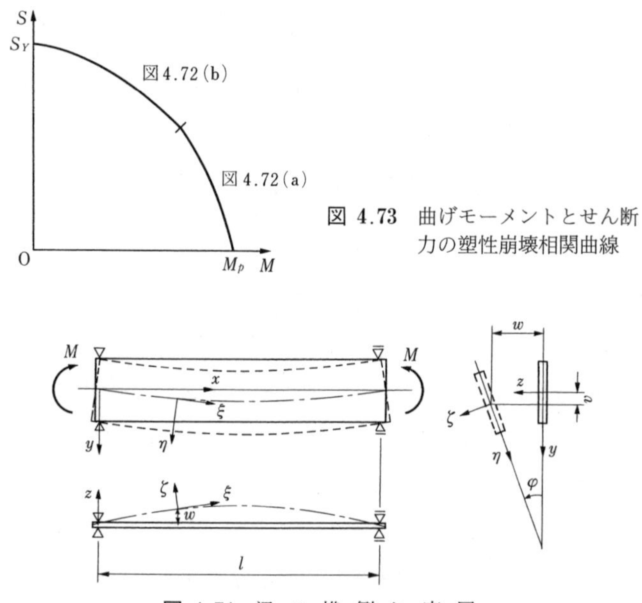

図 4.73 曲げモーメントとせん断力の塑性崩壊相関曲線

図 4.74 梁の横倒れ座屈

一方，断面2次モーメントの大きい，強軸である z 軸まわりに曲げると，強くはあるが，ある曲げモーメントに達したところで，突然この図に示すように横方向へたわみ，かつねじれてしまう。すなわち，もともとの曲げ変位 v とはまったく異なる，面外への曲げ変位 w とねじれ変位 φ とが連成した変形状態に移り，しかもこれ以上の曲げ抵抗は期待できなくなる。これは圧縮材のところで学んだ座屈現象の一種で，梁の**横倒れ座屈**または**横座屈**（lateral buckling）と呼ぶ。

z 軸まわりの等曲げモーメント M を受ける図 4.74 の梁について，横座屈を生じさせる曲げモーメントの値を求めてみよう。座屈前の座標は部材軸方向に x，断面主軸方向に y，z をとっているが，座屈変形後は部材軸および断面主軸はそれぞれ方向が変わるので，これらをそれぞれ ξ，η，ζ 軸とする。座屈変形後の横方向たわみ角は dw/dx，断面の回転角は φ であるから，新たな座標軸 ζ，η，ξ 軸まわりのモーメントは，変形が微小であるとすればそれぞれつぎのようになる。

$$\left.\begin{aligned} M_\zeta &= M\cos\varphi \fallingdotseq M \\ M_\eta &= M\sin\varphi \fallingdotseq M\varphi \\ M_\xi &= M\sin(dw/dx) \fallingdotseq M(dw/dx) \end{aligned}\right\} \qquad \text{(i)}$$

したがって，ζ，η 各軸まわりの曲げ，および ξ 軸まわりのねじれ[1)]の支配方程式はそれぞれ以下のように書ける。

$$\left.\begin{aligned} EI_z\frac{d^2v}{dx^2} &= -M \\ EI_y\frac{d^2w}{dx^2} &= -M\varphi \\ GJ\frac{d\varphi}{dx} - EI_w\frac{d^3\varphi}{dx^3} &= M\frac{dw}{dx} \end{aligned}\right\} \qquad \text{(ii)}$$

ここに，EI_z，EI_y はそれぞれ面内曲げ剛性，面外曲げ剛性，GJ はねじり剛性，EI_w は反りねじり剛性である。

さて，式（ii）のうち第1式はほかの二つの式とは関係がない独立の式であって，座屈前の曲げの支配方程式そのものである。しかし，第2式と第3式はいずれも変数 w と φ を含むので，この二つは連立方程式として扱わなければならない。すなわち，横座屈においては，横方向曲げ w とねじれ φ とが連成している。そこで，上の第3式を x でもう一度微分し，右辺の d^2w/dx^2 に第2式を代入すると，つぎの φ のみに関する4階同次常微分方程式が得られる。

1) ねじれの支配方程式〔式（ii）の第3式〕については 4.6.2 項で説明する。ここではいささか天下り的ではあるが，このような形の式になるということで先に進んでほしい。

$$EI_w \frac{d^4\varphi}{dx^4} - GJ \frac{d^2\varphi}{dx^2} - \frac{M^2}{EI_y}\varphi = 0 \qquad \text{(iii)}$$

式（iii）の一般解は

$$\varphi = C_1 \sinh\alpha_1 x + C_2 \cosh\alpha_1 x + C_3 \sin\alpha_2 x + C_4 \cos\alpha_2 x \qquad \text{(iv)}$$

で，ここに

$$\alpha_1 = \sqrt{\frac{\lambda_1 + \sqrt{\lambda_1{}^2 + 4\lambda_2}}{2}}, \qquad \alpha_2 = \sqrt{\frac{-\lambda_1 + \sqrt{\lambda_1{}^2 + 4\lambda_2}}{2}}$$

$$\lambda_1 = \frac{GJ}{EI_w}, \qquad \lambda_2 = \frac{M^2}{(EI_w)(EI_y)}$$

式（iv）の4個の積分定数C_1，C_2，C_3，C_4を定めるには4個の境界条件が必要である。いま，それらを例えば，$x=0$と$x=l$で$\varphi=0$（両端で断面の回転を拘束），$d^2\varphi/dx^2=0$（両端で反り[1]自由）とすると

$$\left.\begin{aligned}
&x=0 \text{ で } \varphi=0\\
&\quad \to C_1\times 0 + C_2\times 1 + C_3\times 0 + C_4\times 1 = 0\\
&x=0 \text{ で } d^2\varphi/dx^2=0\\
&\quad \to C_1\times 0 + C_2\times \alpha_1{}^2 + C_3\times 0 - C_4\times \alpha_2{}^2 = 0\\
&x=l \text{ で } \varphi=0\\
&\quad \to C_1 \sinh\alpha_1 l + C_2 \cosh\alpha_1 l + C_3 \sin\alpha_2 l + C_4 \cos\alpha_2 l = 0\\
&x=l \text{ で } d^2\varphi/dx^2=0 \to C_1\alpha_1{}^2\sinh\alpha_1 l + C_2\alpha_1{}^2\cosh\alpha_1 l\\
&\qquad\qquad - C_3\alpha_2{}^2\sin\alpha_2 l - C_4\alpha_2{}^2\cos\alpha_2 l = 0
\end{aligned}\right\} \qquad \text{(v)}$$

これを満足するには$C_1=C_2=C_3=C_4=0$となるが，それでは$\varphi\equiv 0$となり，座屈は起こっていないことになってしまう。したがって，$\varphi\neq 0$なる解が存在するための条件は式（v）のC_1～C_4の係数行列式が0となること，すなわち

$$\begin{vmatrix}
0 & 1 & 0 & 1\\
0 & \alpha_1{}^2 & 0 & -\alpha_2{}^2\\
\sinh\alpha_1 l & \cosh\alpha_1 l & \sin\alpha_2 l & \cos\alpha_2 l\\
\alpha_1{}^2\sinh\alpha_1 l & \alpha_1{}^2\cosh\alpha_1 l & -\alpha_2{}^2\sin\alpha_2 l & -\alpha_2{}^2\cos\alpha_2 l
\end{vmatrix} = 0 \qquad \text{(vi)}$$

1）これも4.6節であらためて説明する。

でなければならない。これを計算すると

$$(\alpha_1{}^2+\alpha_2{}^2)^2\sinh\alpha_1 l\cdot\sin\alpha_2 l=0 \tag{vii}$$

ここで $(\alpha_1{}^2+\alpha_2{}^2)$ および $\sinh\alpha_1{}^l$ は0とはなりえないので，結局，座屈条件式は

$$\sin\alpha_2 l=0 \tag{viii}$$

あるいは

$$\alpha_2 l=n\pi, \qquad n=1,2,3,\cdots \tag{ix}$$

となる。α_2 には曲げモーメント M が含まれているので，式(ix)を満足する M の値においてのみ座屈が起こりうる。柱の座屈の場合と同様，このうち最小の M が実際の座屈モーメントで，それは $n=1$ のとき，すなわち

$$M_{cr}=\frac{\pi}{l}\sqrt{EI_yGJ}\sqrt{1+\left(\frac{\pi}{l}\right)^2\frac{EI_w}{GJ}} \tag{4.83}$$

となる。この結果から，横方向の曲げ剛性 EI_y やねじり剛性 GJ の小さいほど，また横方向支持点間距離 l の大きいほど，横座屈モーメント M_{cr} は小さくなる。

ところで，式(4.83)についてはつぎのような疑問が生じる。すなわち，図**4.75**のような扁平な箱形断面でも計算上はこの式から M_{cr} の値が得られるが，このような断面で横座屈が起こるのだろうか。じつは起こりえないのである。これは，座屈モーメントを求めるための先の式(ii)の第2式，第3式において座屈前の面内変形 v を考えていなかったためで，これを考慮したより厳密な解析[11]から，つぎの結果が導かれる。

$$M_{cr}=\frac{\pi}{l}\sqrt{\frac{EI_yGJ}{1-(I_y/I_z)}}\sqrt{1+\left(\frac{\pi}{l}\right)^2\frac{EI_w}{GJ}} \tag{4.84}$$

これより，$I_y>I_z$ では M_{cr} は存在しない。しかしながら，横座屈が設計上問題となるような梁では $I_z\gg I_y$ であるから，実用的には先の式(4.83)を用いてさしつかえない。

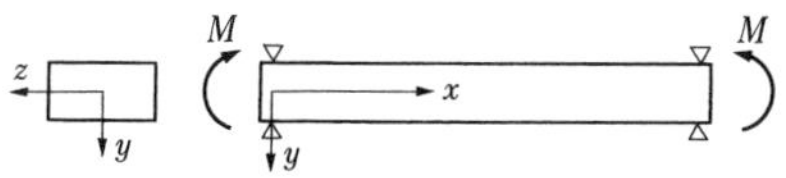

図 4.75　扁平な断面の梁

柱の座屈の場合と同様，同じ寸法の梁でも境界条件が変われば座屈モーメントは変化する。また，モーメントのかかり方によっても異なる。上の例は一定の曲げモーメントを作用した場合であるが，**図 4.76** のように両端に等しくない曲げモーメントを受ける場合，$\chi = M_2/M_1$ として近似的に

$$C = 1.75 - 1.05\chi + 0.3\chi^2 \leqq 2.56, \qquad -1 \leqq \chi \leqq 1 \tag{4.85 a}$$

あるいはもっと簡略化した

$$1/C = 0.6 + 0.4\chi \geqq 0.4, \qquad -1 \leqq \chi \leqq 1 \tag{4.85 b}$$

で計算される座屈補正係数 C を式(4.83)の右辺に乗じてやると安全側の結果を与えるとされている。

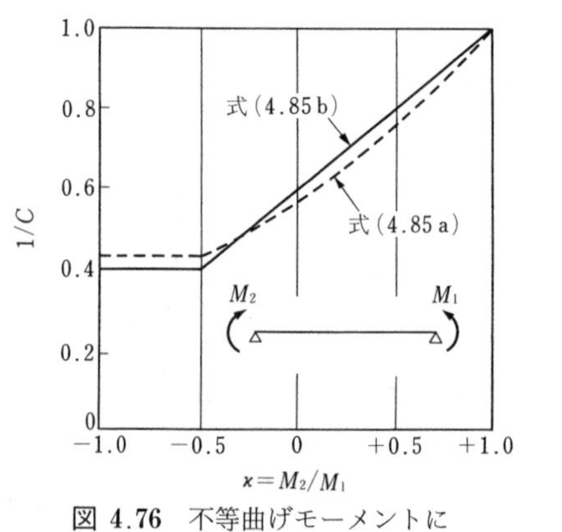

図 4.76　不等曲げモーメントに対する修正係数

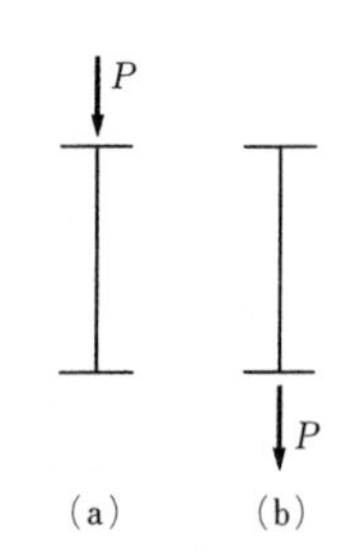

図 4.77　上縁載荷(a)と下縁載荷(b)

実際の梁では**図 4.77** のように，荷重が梁に載荷されることによって曲げが作用する場合が多い。このときには荷重の載荷位置によって座屈モーメントは変わる。例えば，同図（a）のように上縁に載荷したときのほうが，同図（b）のように下縁に載荷した場合よりも座屈モーメントが低下する。

これらさまざまな要因を考慮した横座屈モーメントの一般的表現は，つぎのようになる。

$$M_{cr} = C\left(\frac{\pi}{k_y l}\right)\sqrt{EI_y GJ}\sqrt{1+\left(\frac{\pi}{k_z l}\right)^2 \frac{EI_w}{GJ}} \tag{4.86}$$

ここに，k_y，k_z は柱の場合に似て境界条件の相違による有効座屈長係数，C は

前述の載荷方法などに対する補正係数である。

これまで述べたのは単独の桁についてであるが，2本の桁が横構や対傾構で結ばれている場合に，桁間隔のわりに支間長が大きく，したがって桁高が高いと，構造全体としての横倒れ座屈を起こす恐れがある。閉断面構造や上下の横構と対傾構で2本のI形断面が連結されている場合はねじり剛度が高く，断面変形も拘束されているので，その心配は少ない。しかし，**図 4.78** のようなU形断面では全体的なねじり剛度が低く，しかもせん断中心（S）の位置に比べ荷重の作用点が高くなるので，横倒れ座屈が起こりやすくなる。

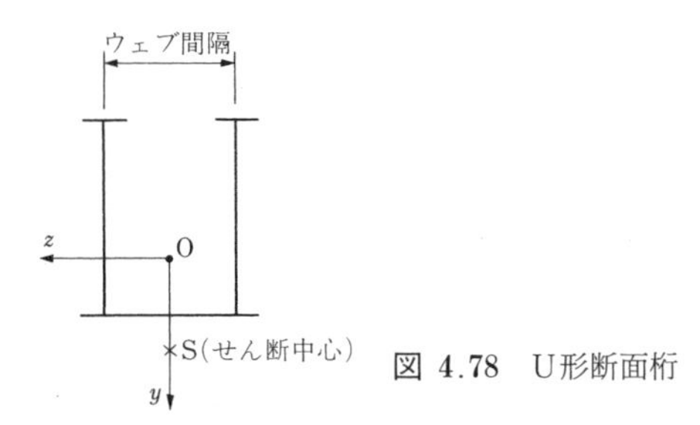

図 4.78　U形断面桁

横倒れ座屈の場合にも，鋼桁の横方向支持点間距離があまり大きくなければ非弾性座屈となり，残留応力や初期不整が耐荷力に影響する。したがって，多くの実験結果を考慮した基準耐荷力式が設計規範策定のために用いられることになるが，このことについては4.4.4項〔1〕で述べることにする。

〔3〕 構成要素の局部座屈　形鋼は〔1〕に述べた塑性曲げ崩壊に至るまでは局部座屈が生じないような，比較的厚肉の，いわゆるコンパクトな断面となっているので実用上問題とならないが，任意の寸法の鋼板を集成してつくられるプレートガーダーでは，構成要素の局部座屈が構造全体としての耐荷力を支配する恐れがある。

プレートガーダーの曲げ抵抗は本質的にフランジで受けもたれている。したがって，圧縮側フランジは曲げによる圧縮応力を受ける板として考えなければならない。一方，ウェブは曲げとせん断を受けるが，曲げに対しては断面形状を保持するための要件を満たすことが第一義的な要請であって，実質的にはせん断に対する耐荷力を負担することを求められている。

ここで最も基本的なI形断面のプレートガーダーを取り上げれば，その耐荷力は，つぎの要因によって支配されると考えられる。

（1）　桁の曲げによる圧縮フランジの側方への座屈

（2）　桁の曲げによる圧縮フランジのねじれ座屈

（3）　桁の曲げによる圧縮フランジの垂直座屈（ウェブへの食い込み）

（4）　曲げとせん断によるウェブの座屈

（5）　集中荷重作用点におけるウェブの圧潰

最後の（5）は支点上などが対象となるが，これはその位置における断面の柱としての耐荷力の問題であって，ほかの現象とはやや性格が異なる。残る（1）～（4）のうち図**4.79**（a）に示す（1）は，結果的にウェブの一部を含めた圧縮フランジの柱としての側方への曲げ座屈であるが，4.4.4項〔1〕で述べるように，本質的には4.4.2項〔2〕の横座屈に対する梁の耐荷力と関連づけられる。つぎに，同図（b）に示す前記（2）の現象は，ウェブで支持され他端自由の板要素であるフランジ突出脚が純圧縮を受ける場合の局部座屈であって，すでに学んだ板要素の局部座屈の扱いを適用すればよい。しかし，この現象はフランジを支持するウェブの座屈に大きくかかわっており，これだけを取り出して議論することには問題がある。前記（3）の圧縮フランジのウェブへの食い込みは，図4.79（c）に示すように，桁の曲げによりフランジが湾曲して圧縮フランジからウェブに働く分布圧縮力が生じ，このためにウェブが柱としての曲げ座屈を起こし，かつウェブ内の曲げ応力の一部が圧縮フランジに再分配されるため，フランジも曲げ圧縮による降伏あるいは座屈を起こすというものである。しかし，よほど薄いウェブでなければ，このような現象は起こりにくい。

最後に残る（4）のウェブの座屈については

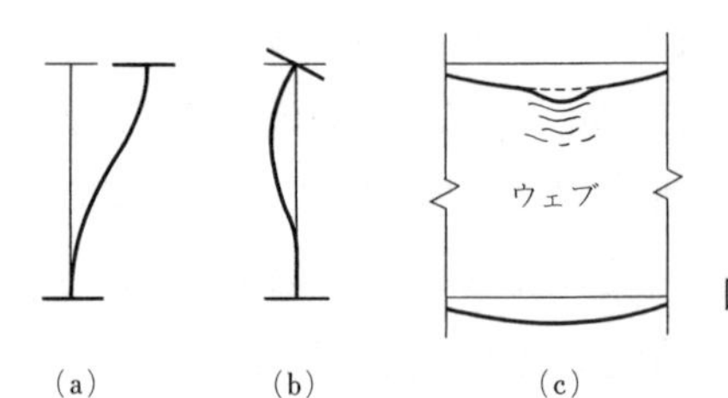

図 4.79　プレートガーダーの圧縮フランジの局部座屈

a ）補剛材のない場合

b ）垂直補剛材のみがある場合

c ）垂直補剛材と水平補剛材がともにある場合

のおのおのにより事情が異なる。a) の場合はやはり，すでに知っている板の局部座屈であって，妥当な幅厚比を確保すればウェブの座屈が問題となることは避けられる。後の補剛材付きウェブ，その中でも最も基本的な形式であるｂ）の垂直補剛材付きウェブの座屈は，以下に示すように，プレートガーダーという構造形態独自の力学的挙動を呈するものである。

例えば，垂直補剛材を有するウェブが**図 4.80** のようにせん断を受ける場合を考えよう。純せん断を受けるということは同図（ａ）に示すように，部材軸と 45°をなす方向に，大きさの等しい引張，圧縮の主応力が働いていることを意味する。ウェブが残留応力や初期不整のない理想的平板とすれば，せん断応力が式 (4.38) と同じ形で与えられる座屈応力 τ_{cr} に達したところでウェブパネルは局部座屈を生じる。その座屈波形は，図 4.80（ａ）の主応力の状況からもわかるように，ウェブパネルの対角線方向，圧縮主応力方向に押しつぶされて，しわが発生した状態となる。しかし，フランジと補剛材が健在ならば，ウェブが座屈したこの状態でまだ耐荷力の余裕が残っている。なぜならば，ウェブはまだ破断したわけではなく，そうであれば引張主応力方向には強度を期待でき，結局，同図（ｂ）に示すように，いわばプラットトラスなる骨組構造として機能することができるからである。座屈した板のこのような働きを**張力場作用** (tension field action) と呼ぶ。

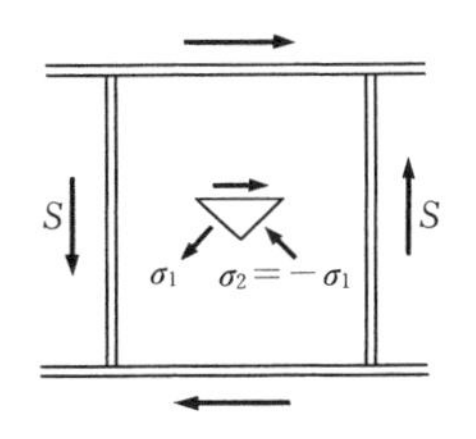

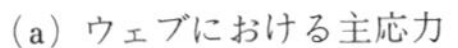

(a) ウェブにおける主応力　　(b) 座屈後の張力場

図 4.80　ウェブのせん断による座屈

ごく単純に考えて，この張力を受けもってくれる座屈したウェブ部分の幅をs，板厚をt_w，材料の引張強さをσ_t，そして張力場のなす角をϕ〔図4.80（b）参照〕とすると，最終的な耐荷力は

$$S_u = dt_w\tau_{cr} + st_w\sigma_t \sin\phi \tag{4.87}$$

ということになる。右辺第2項は座屈後強度である。機構は異なるが，このような座屈後強度は曲げを受ける場合にも期待できる。しかし実際には，プレートガーダーの耐荷力は材料的および幾何的非線形性をもつ複雑な問題であり，かつ不確定性の大きい残留応力や初期不整の存在がからむので，厳密に解析することは困難である。そこで，さまざまな仮定に基づく力学的崩壊機構に着目したモデル解析が多くの研究者によって提案されてきた〔16〕。

ウェブの座屈に起因するこのような耐荷性状にも圧縮フランジの役割が大きく関与する。そこで，結局は上述の研究成果と既往の実験結果とを勘案して，実用に便利な形の基準耐荷力曲線を設定し，設計に反映させることになる。福本ら〔17〕が実験結果の分析から帰納した，つぎの式はその例である（**図4.81**参照）。

$$曲げ耐荷力：\quad \frac{M_u}{M_Y} = -0.044\bar{\lambda} + 1.044 \tag{4.88 a}$$

ただし

$$\bar{\lambda} = \frac{d}{t_w}\sqrt{\frac{\sigma_Y}{E}}\sqrt{\frac{12(1-\nu^2)}{\pi^2 k_b}} \tag{4.89}$$

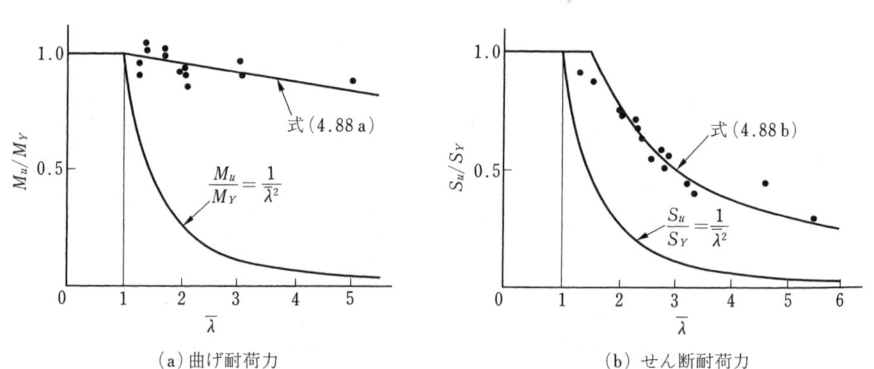

（a）曲げ耐荷力　（b）せん断耐荷力

図4.81　プレートガーダーの耐荷力（黒丸は実験値）

せん断耐荷力： $\dfrac{S_u}{S_Y}=\dfrac{1.507}{\bar{\lambda}}$ (4.88 b)

式 (4.88 b) の $\bar{\lambda}$ は式 (4.89) の $\bar{\lambda}$ と同じ形であるが，σ_Y の代わりに τ_Y，座屈係数には k_b の代わりにせん断の場合の座屈係数 k_s を用いたものである。図 4.81 において，実験値がいずれも弾性座屈理論よりはるかに大きいことは，座屈強度の存在を物語るものである。

ウェブが曲げ応力とせん断応力を同時に受ける場合の強度はやはり種々の要因によって異なるが，つぎのような相関式で近似できるとしている。

$$\left(\frac{\sigma_{cr}{}^*}{\sigma_{cr}}\right)^2+\left(\frac{\tau_{cr}{}^*}{\tau_{cr}}\right)^2=1 \tag{4.90}$$

ここに，σ_{cr}，τ_{cr} はそれぞれ曲げ，せん断が単独に作用したときの耐荷力，$\sigma_{cr}{}^*$，$\tau_{cr}{}^*$ は曲げとせん断が共存する状態におけるそれぞれの耐荷力である。

ここでは静的耐荷力についてのみ述べたが，橋梁，クレーンなどでは繰返し荷重による疲労に注意しなければならない。プレートガーダーでは溶接箇所が多いので，材料の選択を誤り，設計や製作上の欠陥があったために疲労破損を生じた例がこれまでにしばしば報告されている。

4.4.4 設 計 規 範

〔1〕 応力度の照査　設計にあたっては，まず桁全体としての強度が十分安全に確保されていなければならない。ここで述べるのはいわゆる許容応力度方式による強度照査であるが，曲げモーメントやせん断力といった断面力について照査する方法をとる場合でも，基本的な考え方は共通している。なぜならば，以下に示すように，許容応力度そのものが断面力で表示される鋼桁の耐荷力に基づいて導かれたものであるからである。

(a) 曲げモーメントによる直応力度　弾性曲げによる直応力度は式 (4.65) のように中立軸からの距離に比例するので，同一断面内で異種の鋼材を用いない限り，最も条件が厳しいのは最外縁応力度，すなわちフランジ外縁における応力度である。したがって，式 (4.65) における y をそれぞれ引張縁，圧縮縁の中立軸からの距離 y_t，y_c とし，あるいはさらに式 (4.78) で定義され

る断面係数 W を用いて，次式を満足するような断面を選べばよい。

$$\text{引張側：}\quad \sigma_t=\frac{M}{I_g}y_t\left(\frac{A_{fg}}{A_{fn}}\right)=\frac{M}{W_t}\cdot\frac{A_{fg}}{A_{fn}}\leqq\sigma_{tud} \tag{4.91 a}$$

$$\text{圧縮側：}\quad \sigma_c=\frac{M}{I_g}y_c=\frac{M}{W_c}\leqq\sigma_{cud} \tag{4.91 b}$$

ただし，M：設計荷重から計算された曲げモーメント，I_g：総断面の中立軸まわりの断面2次モーメント，A_{fg}，A_{fn}：それぞれ引張側フランジの総断面積，純断面積，σ_{tud}：曲げ引張応力度の制限値，σ_{cud}：曲げ圧縮応力度の制限値である。

式（4.91）に関連して，つぎの諸点につき説明を加えておく必要がある。

（1）　断面2次モーメントは総断面について計算されるが，引張側フランジにボルト，リベットなどの孔がある場合には，式（4.91 a）にみるように，引張側フランジの総断面積と純断面積の比を乗じて，孔による断面の欠損を考慮しなければならない。

（2）　総断面の断面2次モーメントの計算にあたって，文字どおり“桁断面のすべての部分”を有効と考えてよいとは限らない。断面が変形後も平面を保持するという仮定のもとでの単純梁理論に基づく式（4.65）によれば，中立軸から等距離にある1枚のフランジでは全幅にわたって曲げによる直応力 σ は一定のはずである。ところが，支間長に比べて幅の広いフランジでは，**図4.82** に示すように，フランジにおける直応力 σ_x の断面内分布は一様でなく，ウェブとの接合点に近いほど応力は大きい。これは，フランジのせん断変形が直応力に影響を及ぼすためであって，この現象を**せん断遅れ**（shear lag）という。詳

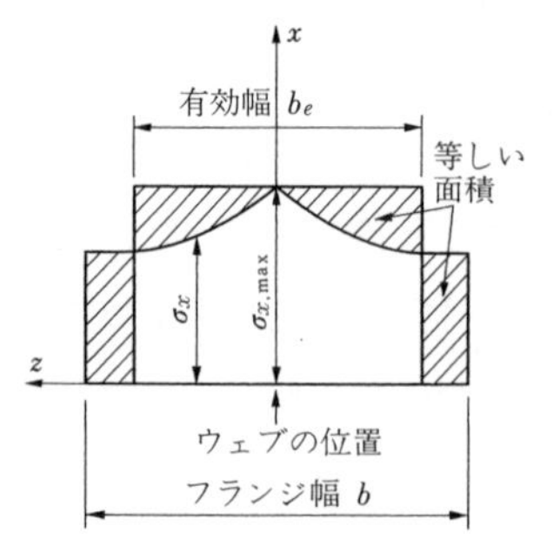

図 4.82　フランジ有効幅

しい説明は省略するが，フランジには図 4.59 の例にみられるようなせん断応力が分布している。これに伴うひずみがフランジの幅方向に一様でないとき，これにつり合うべき直応力 $\Delta\sigma$ が生じ，単純梁理論による直応力 σ に加算されるのである。ウェブ上ではフランジのひずみは拘束され，ウェブから離れたところではそのような拘束がないことから上述の定性的な説明は理解されよう。

実際の設計では，次式で定義される有効幅 b_e のフランジ部分のみを断面 2 次モーメントの計算に考慮することにしている。

$$b_e = \frac{\int_0^b \sigma_x dz}{\sigma_{x,\max}} \leqq b \tag{4.92}$$

ここに，$\sigma_{x,\max}$ はウェブ上での応力で，図 4.82 にみるように，ウェブ上での最大直応力度が均一に分布するとした場合の，フランジにおける実際の応力分布と等価な幅を考えたことになる。

フランジ有効幅は支持条件，荷重の載荷状態，およびフランジ幅と支間長の比に左右されるが，単純支持桁の場合，$b/l < 1/20$ ならば $b_e \fallingdotseq b$，すなわちフランジ全幅を有効とみなすことができる。したがって，フランジ幅の広い合成桁（4.7.4 項で詳述）や鋼床版付き箱桁（4.7.1 項参照）などを除き，このことが問題になる構造はそう多くはない。しかし，連続桁やカンチレバー桁の中間支点付近のようにせん断力が急変する場所では，有効幅が減少するので注意を要する。

（3） 式（4.91 a）の曲げ引張応力度の制限値 σ_{tud} は 4.2 節で述べた軸方向引張の応力度の制限値とまったく同じでよい。しかし，式（4.91 b）の曲げ圧縮応力度の制限値 σ_{cud} は 4.4.3 項〔2〕に述べた桁の全体座屈，すなわち横座屈に対する耐荷力を基準にして規定されなければならない。すなわち，安全率を γ とするとき

$$\sigma_{cud} = \frac{\sigma_{cr}}{\gamma} \tag{4.93}$$

で，式（4.83）の M_{cr} を用いると

$$\sigma_{cr} = \frac{M_{cr}}{W_c} = \sqrt{\left(\frac{\pi}{l}\right)^2 \frac{EI_y GJ}{W_c^2} + \left(\frac{\pi}{l}\right)^4 \frac{EI_y EI_w}{W_c^2}} \tag{i}$$

ここに，$W_c = I_g/y_c$ は圧縮側についての断面係数である。

ところで，式（i）の平方根内の二つの項はともに応力度の2乗の次元をもつので，それぞれ $\sigma_T{}^2$，$\sigma_W{}^2$ とおけば，両者の違いは GJ と EI_w/l^2 の違いにある。この両者の比の平方根

$$\chi = l\sqrt{\frac{GJ}{EI_w}} \tag{4.94}$$

をねじり定数比と呼んでいるが，後掲の図4.112（202ページ）にみるように，横座屈が問題になるような断面ではこの χ の値は小さい。したがって，式（i）は近似的に

$$\sigma_{cr} = \sqrt{\sigma_T{}^2 + \sigma_W{}^2} \fallingdotseq \sigma_W = \frac{\pi^2 E}{l^2 W_c}\sqrt{I_y I_w} \tag{ii}$$

とおくことができる。これは σ_{cr} を小さめに見積もっているので安全側でもある。**図4.83**の2軸対称I形断面を例にとれば，ウェブおよび1枚のフランジの断面積をそれぞれ A_w，A_f，フランジ幅を b，桁高を d として

$$I_z \fallingdotseq \frac{d^2}{2}\left(A_f + \frac{A_w}{6}\right), \qquad I_y \fallingdotseq \frac{b^2}{6}A_f$$

$$I_w \fallingdotseq \frac{d^2}{4}I_y \fallingdotseq \frac{b^2 d^2}{24}A_f$$（4.6.2項の〔3〕でいずれ説明する）

$$W_c = \frac{I_z}{d/2} \fallingdotseq d\left(A_f + \frac{A_w}{6}\right)$$

したがって

$$\sigma_{cr} \fallingdotseq \frac{\pi^2 E}{4\left(3 + \dfrac{A_w}{2A_f}\right)\left(\dfrac{l}{b}\right)^2} \tag{4.95}$$

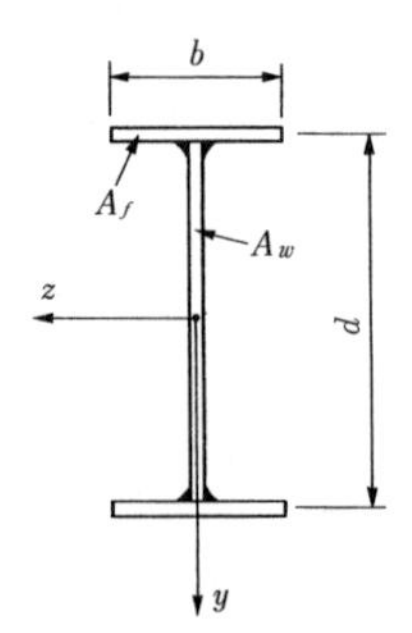

図4.83　2軸対称I形断面

あるいは降伏点応力 σ_Y で無次元化すれば

$$\frac{\sigma_{cr}}{\sigma_Y}=\frac{1}{\alpha^2} \tag{4.96}$$

ただし

$$\alpha=\frac{2}{\pi}\sqrt{3+\frac{A_w}{2A_f}}\sqrt{\frac{\sigma_Y}{E}}\left(\frac{l}{b}\right) \tag{4.97}$$

すなわち，弾性横座屈の限界応力はこれまでにもたびたび現れたオイラー型の式で表され，この場合の等価細長比 α は圧縮フランジの固定点間距離と圧縮フランジ幅の比 l/b のほか，ウェブと圧縮フランジの断面積比 A_w/A_f が関係する。l/b は柱における細長比に相当する。

柱の座屈との関連でいえば，4.4.3 項〔3〕でも述べたように，いま求めた結果は，圧縮フランジとこれにつながるウェブの 1/6 の部分（すなわち $A_f+A_w/6$）が圧縮材として横方向に曲げ座屈を起こしたと考えることと等価である。なぜならば，**図 4.84** を参照して，この部分の y 軸に関する断面 2 次モーメントは近似的に $I_y' \fallingdotseq b^2A_f/12$ であるから，回転半径は

$$r \fallingdotseq \sqrt{\frac{b^2A_f/12}{A_f+A_w/6}}=b\bigg/\sqrt{12\left(1+\frac{A_w}{6A_f}\right)}$$

したがって，これを式（4.10）に代入すれば式（4.95）と一致する。

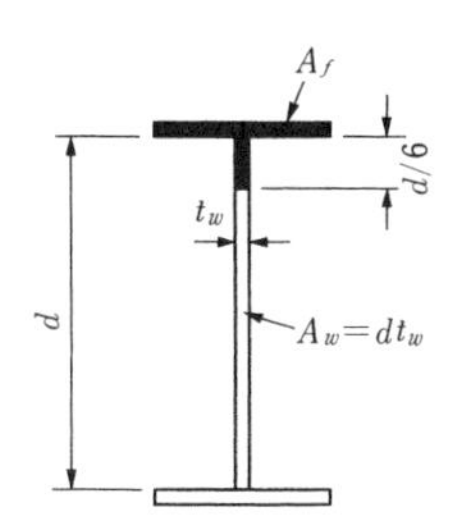

図 4.84 I 形断面

式（4.97）の l は支間長や部材長ではなく，圧縮フランジの固定点間距離であることに注意されたい。固定点とは，桁の横座屈を拘束するのに有効なほかの横方向部材の取付け点のことである。圧縮フランジが全面にわたって鉄筋コンクリート床版などに直接固定されている場合や，箱形またはII形断面のように固定支持条件に近い場合は $l=0$ と考えてよい。l/b が十分小さければ，材

料の降伏点まで横座屈は発生せず，$\sigma_{cr}=\sigma_Y$ としてよい。また，横座屈の場合にも l/b があまり大きくない領域では非弾性座屈となり，残留応力や初期不整の影響も顕著である。

そこで，わが国の道路橋示方書では**図 4.85** に示すような既往の実験結果を勘案して，そのほぼ下限値と思われる基準耐荷力式を設定している。

$$\rho_{brg}=\frac{\sigma_{cr}}{\sigma_y}=\begin{cases}1.0 & (\alpha\leqq 0.2)\\ 1.0-0.412(\alpha-0.2) & (0.2<\alpha)\end{cases}\tag{4.98}$$

これに抵抗係数等を乗じて曲げ圧縮応力度の制限値 σ_{cud} を規定している。

$$\sigma_{cud}=\xi_1\xi_2\Phi\rho_{brg}\sigma_Y\tag{4.99}$$

ここで，抵抗係数 $\Phi=0.85$，調査・解析係数 $\xi_1=0.90$ であり，地震以外の荷重組合せで，SBHS500 以外の鋼材では，部材・構造係数は $\xi_2=1.00$ となる。上式が使用できる l/b の範囲には式（4.97）で定義される α を用いるとほぼ $\alpha\leqq\sqrt{2}$ の上限値が設けられている。これは，応力度の制限値が極端に低下するのを防ぐためで，式（4.98）に示されているように，じつは式（4.96）の形のオイラー座屈領域は使われていない。

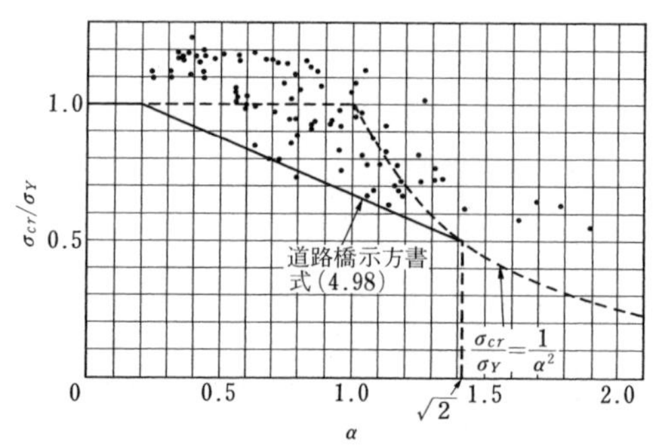

図 4.85　溶接桁の基準耐荷力曲線と実験値
（東海鋼構造研究グループによる）

（b）　せん断力によるせん断応力度　　プレートガーダーとして基本的な薄肉I形断面の曲げに伴うせん断力 S によるせん断応力分布は図 4.59 のようになり，ウェブ中央におけるその最大式は式（4.66）からは

$$\tau_{\max} \fallingdotseq \frac{S}{A_w} \cdot \frac{1 + A_w / (4A_f)}{1 + A_w / (6A_f)} \tag{4.100}$$

となる。しかし，一般のプレートガーダーの設計では

$$\tau \fallingdotseq \frac{S}{A_w} \leqq \tau_{ud} \tag{4.101}$$

なる条件を満足するウェブ断面積 A_w を確保するように求めている。ただし，τ_{ud} はせん断応力度の制限値で，せん断降伏応力度 $\tau_Y = \sigma_Y / \sqrt{3}$ を安全率で除すことで求められる。すなわち，ここではせん断力はすべてウェブで受けもたれ，しかもせん断応力はウェブ内に均一に分布すると考えている。

すでに明らかなようにフランジにもせん断応力は存在するが，4.4.1項におけるせん断流理論によれば，図4.59のウェブとフランジの接合点におけるせん断応力度は

$$\text{フランジ部で}\quad \tau_1 = \frac{S}{I_z} \cdot \frac{bd}{4}, \quad \text{ウェブ部で}\quad \tau_2 = \frac{S}{I_z} \cdot \frac{bd}{4} \cdot \frac{2t_f}{t_w}$$

である。プレートガーダーでは通常フランジの板厚は t_f はウェブの板厚 t_w よりかなり大きい。したがって，フランジのせん断応力度はその最大値である上記の τ_1 でさえも，ウェブにおける最小値である上記の τ_2 よりかなり小さい。そのことから，大きな直応力を受けもつフランジにおけるせん断力の分担は無視してもよかろう。他方，ウェブにおけるせん断応力は放物線分布をするとはいえ，その変化はあまり顕著でなく，式（4.100）からもうかがえるように，その最大値は式（4.101）による値とさして差はない。以上の理由から，実用設計では式（4.101）のような簡便な方法が用いられているのである。

プレートガーダーのウェブとフランジはすみ肉溶接で接合される。すみ肉溶接は主としてせん断応力で抵抗するのであるが，この場合のど厚断面に作用するせん断応力度 τ_h は次式によって検算することにしている。

$$\tau_h = \frac{SG_z}{I_z (\sum a)} \leqq \tau_{yd} \tag{4.102}$$

ここに，S は着目断面に作用するせん断力，G_z は桁総断面の中立軸に関する接合線から外側のフランジの断面1次モーメント，Σa はのど厚の合計である。しかし，できるならばこの溶接継手はせん断応力を受けもつウェブと同程度以

上の強度をもつことが望ましく，その意味からすれば $\Sigma a \geqq t_w$ で，かつ3.2.9項〔2〕の（4），i）の条件も満足しているに越したことはない。$\Sigma a \geqq t_w$ であれば，式（4.102）による検算は必要でなくなる。

（c）合成応力　曲げモーメントによる直応力 σ とせん断力によるせん断応力 τ とが同時に作用する場合の合成応力に対する検算は，溶接継手の場合における式（3.8）によればよい。もちろん，σ と τ はそれぞれ対応する応力度の制限値 σ_{yd}，τ_{yd} を超えてはならず，したがって図3.19に示したように，この検算が必要なのは，σ と τ がともにそれぞれの応力度の制限値45%を超える場合のみということになる。

〔2〕　局部座屈への対処：板の幅厚比制限　局部座屈が問題となるプレートガーダーは単なる板要素の集成構造ではなく，フランジ，ウェブ，そして補剛材という各構成要素の間には相互の協力作用があって，せん断を受ける場合にはウェブの張力場作用による骨組構造としての性格も有し，その力学的特性は複雑である。このような状況のもとで，現実の設計規範は，上述の構造全体としての特質を念頭に置きつつ，構成する板要素の幅厚比や剛度などをおさえていく，といった方法をとる。

プレートガーダーの構成要素のうち圧縮フランジについては，4.4.3項〔3〕に挙げた諸現象のうち，側方への座屈は前項の横座屈への対処で考慮されており，ねじれ座屈については，その折にもふれたように，純圧縮を受ける板の展部座屈に関する規定（4.3.4項〔2〕参照）に従って設計すればよい。したがって，ここで特に取り上げておかなければならないのは，ウェブとその補剛材についてである。

（a）座屈に対する安全率　板要素，特にそれが垂直補剛材を有する場合には，応力状態によってはかなりの座屈後強度が期待できることをわれわれは知った。したがって，座屈後強度を含めた終局耐荷力を基礎強度とし，これを安全率で割って設計強度とすることが考えられるが，わが国の鋼橋の設計規準では，これを座屈強度に対する安全率の調整という形で反映されている。例えば，道路橋示方書では応力度の制限値における強度側の安全率は1.30であるが，ウェブにおいても，座屈後強度があまり期待できない純圧縮の場合は1.36，純曲げを受ける場合は1.12，純せん断の場合は1.00と座屈安全率を低減させている。他方，鉄道橋ではこれよりやや厳しく，純曲げと純せん断に対して1.4，曲げとせん断が同時に作用する場合に1.3なる座屈安全率をとっている。

（b）ウェブの幅厚比制限　表4.8に示したように，板要素は圧縮のみならず，曲げやせん断を受ける場合にも局部座屈を生じる。その座屈強度は一般に残留応力などの影響で低下するが，このことを考慮した限界座屈パラメータ R_{cr} を設定し，式（4.56）のように板の幅厚比を制限すれば，降伏応力まで板が局部座屈を起こすことはない。すでに述べたように，圧縮を受ける板ではこの R_{cr} を1より低い値としているのに，鋼桁のウェブに対しては弾性座屈理論による値そのままの $R_{cr}=1.0$ としている。その理由は，ウェブ内の残留応力がフランジに近いところでは引張，ウェブ中央部では圧縮であり（図3.5参照），曲げによる直応力と加え合わせると**図4.86**に示すようになって，残留応力がウェブの曲げ座屈に及ぼす影響は比較的小さいと考えられるからである。

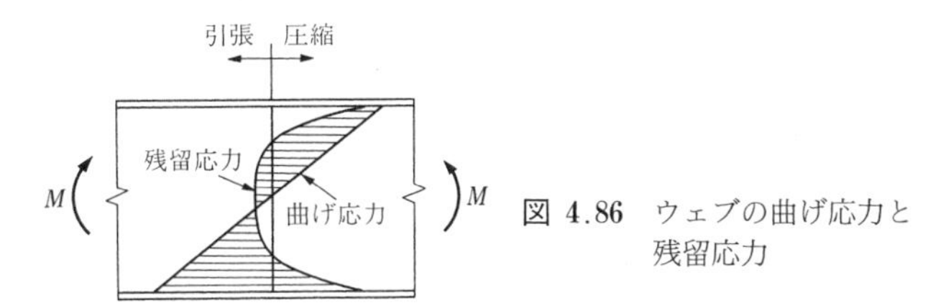

図 4.86　ウェブの曲げ応力と残留応力

曲げとせん断を同時に受ける板の座屈強度は式（4.90）で表される。これから，作用応力を σ と τ，安全率を γ_B とするとき，座屈の検算式はつぎのようになる。

$$\left(\frac{\sigma}{\sigma_{cr}}\right)^2+\left(\frac{\tau}{\tau_{cr}}\right)^2\leqq\frac{1}{{\gamma_B}^2} \tag{4.103}$$

まず補剛材をもたないウェブについて，安全側の仮定としてフランジにより単純支持され，無限の長さをもつ板を考える。式（4.39）における座屈係数 k は表4.8から，σ_{cr} に対して $k=23.9$，τ_{cr} に対して $k=5.34$ である。一方，許容応力度の規定からは式（3.8）による制約がある。最も厳しい状態として式（3.8）の等号をとり，これを式（4.103）に代入して σ を消去すれば，高さ d，板厚 t_w なるウェブに対して，$d/t_w \leqq$定数$/\sqrt{\tau}$なる形の式が導かれる。鋼種により許容しうる τ の値が異なるので，**表 4.11** の最上欄にみるような，補剛材を設けなくてよいウェブの最大幅厚比の規定が鋼種別につくられる。

垂直補剛材のある場合，さらに水平補剛材も加わった場合などについても，座屈係数 $\boldsymbol{k}$ を実情に応じて評価することにより，同様な規定を設けることができる。表 4.11 に鋼道路橋示方書における例を併せて示しておく。

表 4.11　道路橋鋼桁ウェブ幅厚比（d/t）の許容最大値
（d：上下フランジ純間隔，t：ウェブの板厚）

鋼　　種	SS 400 SM 400 SMA 400	SM 490	SM 490 Y SM 520 SMA 490 W	SBHS 400 SBHS 400 W	SM 570 SMA 570 W	SBHS 500 SBHS 500 W
水平補剛材のないとき	152	131	124	117	110	107
水平補剛材を1段用いるとき	256	221	208	196	185	180
水平補剛材を2段用いるとき	311	311	293	276	266	253

（注）　計算応力度が曲げ圧縮応力度の制限値に比べて小さい場合には，この表の値を $\sqrt{\text{曲げ圧縮応力度の制限値}/\text{曲げ圧縮応力度}}$ 倍することができる。

〔3〕　局部座屈への対処：補剛材の位置と剛度　　補剛材は補剛される板より先に座屈することなく降伏能力を保持するように，また最も効率よく全体としての座屈強度を高めるように，その配置，間隔および剛度を定めなければならない。

（a）垂直補剛材の間隔　　中間垂直補剛材は主としてウェブのせん断座屈崩壊に抵抗するために設けられる。再び曲げとせん断を受けるウェブの座屈検算式（4.103）を取り上げよう。今度は，厚さ t_w のウェブは間隔 d なる上下フランジのみでなく，間隔 a の垂直補剛材でも囲まれている（**図 4.87** 参照）。式（4.103）の σ_{cr}，τ_{cr} は式（4.39）によりそれぞれ

$$\sigma_{cr}=k_b\,\frac{\pi^2E}{12(1-\nu^2)}\left(\frac{t_w}{d}\right)^2 \tag{i}$$

$$\tau_{cr}=k_s\,\frac{\pi^2E}{12(1-\nu^2)}\left(\frac{t_w}{d}\right)^2 \tag{ii}$$

と書くことができ，これらを式（4.103）に代入すれば

$$\gamma_B{}^2\left(\frac{d}{t_w}\right)^4\left\{\frac{12(1-\nu^2)}{\pi^2E}\right\}^2\left\{\left(\frac{\sigma}{k_b}\right)^2+\left(\frac{\tau}{k_s}\right)^2\right\}\leqq 1 \tag{iii}$$

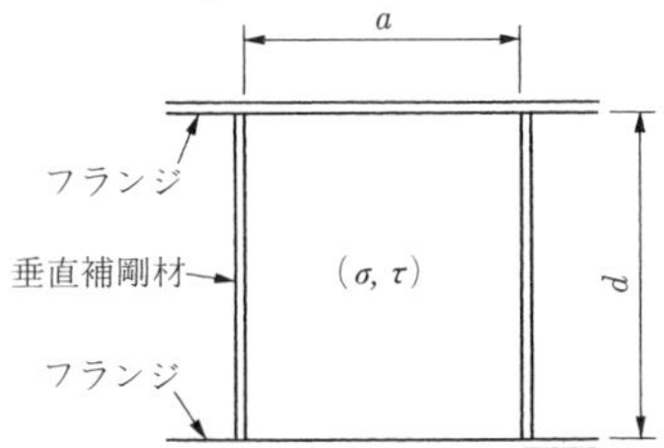

図 4.87　曲げとせん断を受けるウェブパネル

となる。ここに座屈係数 k_b（純曲げ），k_s（純せん断）は表 4.8 に示すとおりであるが，実際上補剛材間隔がウェブ高に比べてそう小さくなることはないので，$k_b \fallingdotseq 24$ とし，k_s は表 4.8 から

$$\left.\begin{aligned} k_s &\fallingdotseq 4\left\{\frac{4}{3}+\frac{1}{(a/d)^2}\right\}, \qquad \frac{a}{d}\geqq 1\\ k_s &\fallingdotseq 4\left\{1+\frac{4}{3(a/d)^2}\right\}, \qquad \frac{a}{d}<1 \end{aligned}\right\} \tag{iv}$$

とする。これらの k_b，k_s を式（iii）に代入すれば，ウェブの高さ d，板厚 t_w，作用応力 σ，τ および安全率 γ_B が与えられるとき，ただ一つ未知数である垂直補剛材間隔 a の許容最大値を求めることができる。

具体的な例をあげれば，道路橋示方書では，座屈安全率 γ_B を純せん断に対する 1.00 として，水平補剛材を設けない場合，式（iii）に対するつぎの式を規定している（寸法はcm，応力度はMpa単位）。

$$\left.\begin{aligned} \left(\frac{d}{100t_w}\right)^4\left[\left(\frac{\sigma}{431}\right)^2+\left\{\frac{\tau}{97+72(d/a)^2}\right\}^2\right]\leqq 1, \qquad \frac{a}{d}>1\\ \left(\frac{d}{100t_w}\right)^4\left[\left(\frac{\sigma}{431}\right)^2+\left\{\frac{\tau}{72+97(d/a)^2}\right\}^2\right]\leqq 1, \qquad \frac{a}{d}\leqq 1 \end{aligned}\right\} \tag{4.104}$$

水平補剛材を用いる場合の中間垂直補剛材の間隔も，水平補剛材，引張フランジおよび垂直補剛材で仕切られたウェブパネルに対して同様な取扱いをすればよい。

（b）水平補剛材の位置　水平補剛材は主として曲げモーメントに対するウェブの座屈耐荷力を高めるために用いられ，ウェブを小さいパネルに分割することにより，この効果が達せられる。分割されたウェブパネルに対し，前述（a）のような解析を行って水平補剛材の最適位置を求めることができるが，計算は煩雑であるので，原則として，1段の場合にはウェブの圧縮縁より $0.2d$ 付近，2段の場合には $0.14d$ と $0.36d$ 付近に配置することにしている（**図4.88**参照）。

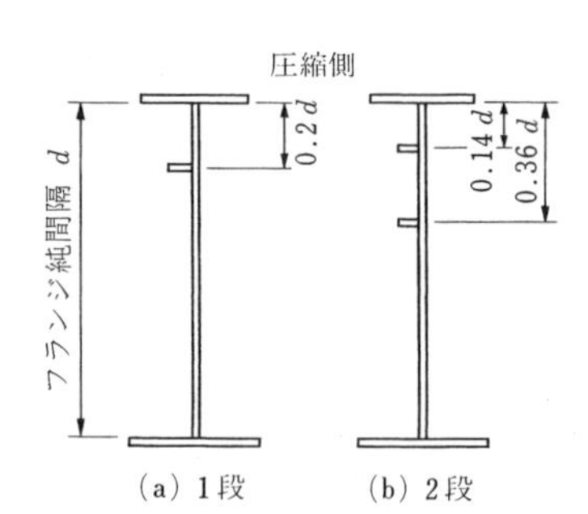

図4.88　水平補剛材の位置

（c）補剛材の剛度　プレートガーダーのそれぞれめざす極限状態まで，補剛材が節となってウェブが座屈しないことを期待されている。したがって，補剛材にはそれに見合った剛度をもつことが要求される。式（4.49）で定義される剛比 γs の所要値 γ_{req} が与えられれば，補剛材の断面2モーメント[1)]は次式を満足しなければならない〔式（4.49）参照〕。

$$I_s \geqq \frac{dt^3}{11}\gamma_{\mathrm{req}} \tag{4.105}$$

1）座屈を防ぐための補剛材は補剛される板の片面のみに配置されることが多く，それで十分役割を果たす。このときの断面2次モーメントは補剛される板の補剛材側の表面に関するものである。

道路橋示方書では必要剛比として

$$\text{垂直補剛材に対し：}\quad \gamma_{\mathrm{req}} = 8(d/a)^2$$

$$\text{水平補剛材に対し：}\quad \gamma_{\mathrm{req}} = 30(a/d)$$

を規定している。

垂直補剛材はさらにせん断座屈後のウェブの張力作用に対し，アンカーの役割も期待されており，張力場からの圧縮力を受けるが，経験的に応力照査までは行わなくてよいことにしている。ただし，補剛材自体が局部座屈を起こさないよう，補剛材自体の幅厚比について制限を設ける必要のあることはいうまでもない。

なお，前にもふれたように，桁の支点や横桁などの取付け部のような荷重集中点上のウェブにも垂直補剛材を設けなければならないが，端補剛材と呼ばれる場合を含むこれらの垂直補剛材の役割は上述の中間垂直補剛材とは異なる。すなわち，これらはその点に加わる反力を受ける柱として設計する。このような補剛材はウェブの両面に設け，溶接桁の場合にはウェブもフランジに密着しているので，いわば有効幅にあたる板厚の24倍の幅ウェブも柱としての有効断面積に含めることにしている（図**4.89**参照）。この際，許容軸方向圧縮応力度の計算に用いる有効座屈は両端の状況から補剛材の長さの1/2とする。

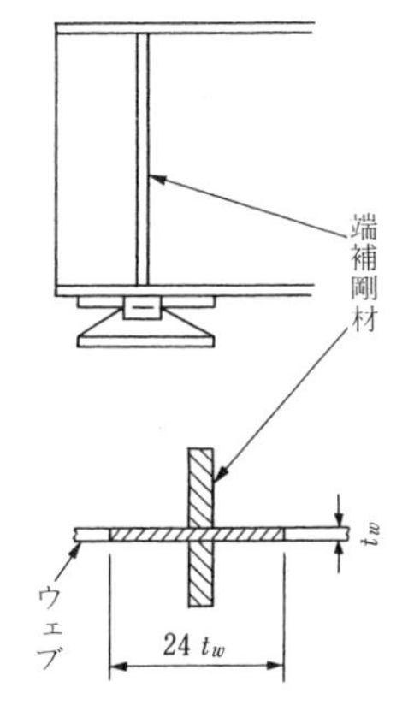

図 4.89　端補剛材

〔4〕 **構造全体としての安定性**　　鋼桁においては，各方向からの荷重に対し強度上の安全が確認されたうえで，転倒，滑動など，剛体としての安定性についても安全を期さなければならない。剛体的な安定性の問題ではないが，U形断面の桁のような場合，前にもふれたが構造全体としての横倒れ座屈も注意を要する現象である。鋼鉄道橋の設計において，以前より，「橋桁の幅は支間の1/20以上とするのを標準とする」と規定されているのも，暗にこのことを念頭に置いたものである。

〔5〕 **桁の剛度**　　鋼桁においては，強度上，安定上から安全を確保するほかに，使用時の変形や振動が大きいために不都合を引き起こすことのないよう配慮しなければならない。特に高張力鋼を用いた場合，材料の強度が大きいにもかかわらずヤング率は変わらないので，剛性の低下をもたらすことがある。

剛性の低下は変形の増大や振動に対する過度の敏感さにつながり，道路橋においては車両の走行安全性への影響，鉄筋コンクリート床版などの破損，橋の振動による歩行者の不快感など，鉄道橋では列車の走行安全性，乗客の乗心地，レールの応力などへの影響が問題になるかもしれない。そこで，橋や建築物などの設計においては，活荷重によるたわみと支間長との比をある許容値以下に抑えることを規定しているが，特定の外力に対する振動の振幅なり加速度の許容値を設けるといったほかの方法も考えられる。

吊形式の充腹鋼桁などでは，耐風性の面から桁断面の形状が左右されることも多い。

4.4.5　鋼桁の設計手順

軸力を受ける部材に比べて，曲げ部材の設計はかなり自由度が大きい。独立な設計変数が増えると言い換えてもよかろう。もちろん，構造物の種類によっても事情は異なるし,〔2〕以下の作業は今はコンピュータの援をかりて行われるが，本項では許容応力度法で鋼桁を設計する過程をたどりながら，これまでにふれなかった点を若干補足しておくことにする。

〔1〕 **構造計画**　　H形鋼桁，プレートガーダー，箱桁などのうち，まずどの構造形式を選ぶかを決める。一般に，曲げ作用の小さい場合にはH形鋼桁が，

非常に曲げモーメントの大きい場合や曲線桁には箱桁が有利であるが，I 形断面プレートガーダーが最も広く用いられている。つぎに，桁の配置（本数，間隔など）および桁どうしの連結方法など構造計画を立てる。構造形式の選定と桁の配置は切り離して扱えるものではなく，構造物に求められる幅員，桁高の制限などの機能上の要件が大きく関係する。幅が広い構造，あるいは桁高に制限を受けている場合，I 形断面では多くの桁を並列させることになるが，このようなときには支間が短くとも箱桁が比較の対象になる。橋においては，下部構造を小さくできる，耐風性の面から有利である，などの理由から，**図 4.90** のような逆台形箱桁が使われることもある。この構造ではウェブが傾斜しているため，応力解析や弾性安定の照査に特に注意を払わなければならない。

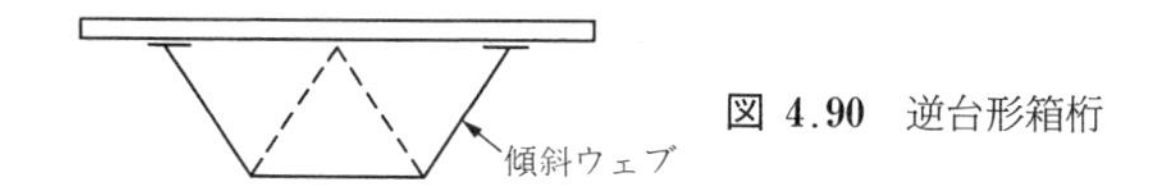

図 4.90 逆台形箱桁

〔2〕 **設計断面力の算定**　設計荷重をそれぞれ最も不利な位置においた場合の各断面における最大曲げモーメントおよび最大せん断力を計算し，設計断面力とする（図 4.65 参照）。桁すべての点において計算する必要はないが，特定の断面において，最大曲げモーメントを与える荷重状態と最大せん断力を与える荷重状態とは一致しないのが普通である。設計断面力を求める際の問題は，まだ設計前とあって，自重（死荷重）が確定していないことである。既往の設計例などからこれを推定しなければならない。

〔3〕 **桁高の設定**　**図 4.91** の 2 軸対称 I 形断面の断面係数は

$$W \doteqdot \frac{I}{d/2} \doteqdot d\left(A_f + \frac{dt_w}{6}\right)$$

したがって，設計曲げモーメントによる最大応力 $\sigma_{\max} = M/W$ を許容応力度 σ_a いっぱいにとるとすれば

$$A_f = \frac{M}{d\sigma_a} - \frac{dt_w}{6} \tag{4.106}$$

よって，この断面における全断面積は

$$A = 2A_f + A_w = 2\left(\frac{M}{d\sigma_a} - \frac{dt_w}{6}\right) + dt_w = \frac{2M}{d\sigma_a} + \frac{2dt_w}{3}$$

となる。このとき A を最小にする桁高 d は $\partial A/\partial d = 0$ の解として得られ

$$d = \sqrt{\frac{M}{2\sigma_a t_w}} \tag{4.107}$$

となる。この式にはウェブ厚 t_w が入っているので，次項のウェブ断面の決定との兼ね合いから d を評価することになる。

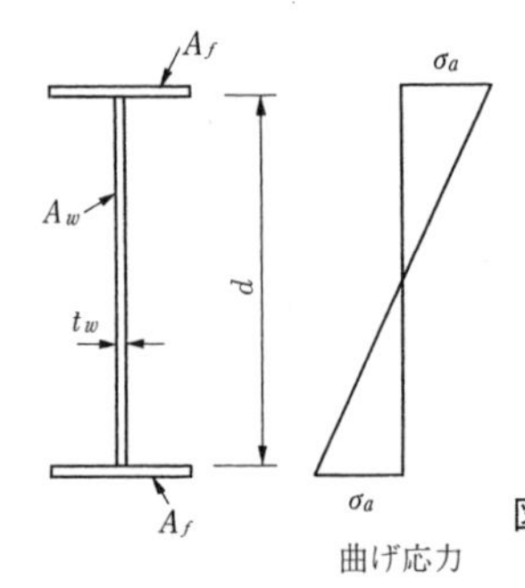

図 4.91　2軸対称I形断面

設計曲げモーメントは支間に沿って変化すること，これに伴ってフランジ断面も変化させるのが普通であること，さらにここに考慮されていない補剛材，連結板などがあることを考えると，M として設計モーメントの最大値を用いたうえで，上の式からえられた値よりやや下まわるあたりが最適の桁高であろう。最適桁高の理論式あるいは経験式は式（4.107）のほかにもあるが，複雑な構造物の真の経済性はこのような単純な扱いでは評価することが困難で，いずれにせよ，これらは単なる参考値あるいは目安を与えるにすぎない。実際の桁高は，経済性はもちろんであるが，そのほか前述の桁下高制限，たわみ制限，接続するほかの構造物との取りあいなど，構造および機能上，さまざまな要因を考慮して決められる。橋梁のように既往の設計経験が豊富な構造物では，それらが大いに参考となる。

〔4〕 **ウェブ断面の決定** 　桁高が決まればウェブ高もほぼ決まったことになる。したがってつぎに，その板厚を幅厚比や作用応力に対する許容値との比較から決定する。しかし，桁高が特に低い場合や支点付近を除いては，ウェブは応力的には比較的余裕があるのが普通である。そこで，プレートガーダーの場合には，剛性の面で支障がなければ，また腐食や製作運搬中の取扱いを考慮した最小板厚制限[1)]をおかさなければ，板厚を薄くし，局部座屈に対しては補剛材を配置するのが一般的である。曲げモーメントに抵抗するフランジ断面を経済的に選ぶのには，ウェブ高をなるべく大きくし，しかもウェブ断面積を小さくするのがよしとされている。しかし，みだりに水平補剛材を増やすような設計は得策ではなく，あまりに薄い板を用いることは製作を難しくし，かえって不経済になる。

〔5〕 **フランジ断面の決定** 　すでに定まった諸元から，式（4.106）によりフランジの所要断面積を求めることができる。また，上下フランジの断面積の和がウェブ断面積にほぼ等しいのが最適ともいわれている[8]。しかし，一般に圧縮フランジと引張フランジとでは許容曲げ応力度が異なることから，これらも単なる目安を与えるにすぎない。普通のプレートガーダーでは座屈が問題になる圧縮フランジのほうが引張フランジより大きな断面積を必要とするが，鋼・コンクリート合成桁（4.7.4項参照）では逆になる。どちらかといえば，フランジも板幅をある程度とるほうが安定感のある断面となるし，他部材の取付けにも都合がよいが，他方，幅厚比制限を守ることはもちろん，有効幅にも注意する必要がある。4.4.2項〔2〕で述べたように，支間が長い場合にはフランジ断面を適当に変化させる。幅の広い箱桁ではフランジにも補剛材を付ける〔図4.64（b）参照〕。

〔6〕 **応力度の照査** 　以上の手順により，仮定された断面の作用応力度が許容値を超えないことを照査する。もし超えることがあったり，逆にあまりに

1） わが国の鋼道路橋では，構造部材に用いる鋼材の板厚は8mm以上，ただし形鋼のウェブでは7.5mm以上としている。

許容値を下まわって不経済な設計となるときは断面を修正する。

〔7〕 **桁の剛度の照査**　たわみ制限が設けられているような構造物であれば，この段階でたわみの照査を行う。単純支持プレートガーダー橋の場合，衝撃を含まない活荷重による最大たわみと支間の比を，道路橋では1/500，鉄道橋（在来線）では1/800（支間50m未満）あるいは1/700（支間50m以上），新幹線では状況により1/1600～1/2500を超えてはならないとしている。

〔8〕 **補剛材の設計**　支点上の端補剛材および荷重集中点の垂直補剛材の断面を前に述べたように圧縮力を受ける柱と考えて決定する。つぎに，もし必要ならば，座屈を防ぐための中間垂直補剛材および水平補剛材の配置およびそれらの断面を設計規準に従って定める。溶接継手が重ならないよう，垂直補剛材のフランジ・ウェブ接合線側にはスカラップ（図3.20）をあけ，水平補剛材は垂直補剛材のところで切る。水平補剛材は現場継手でも切ってよい（図**4.92**参照）。

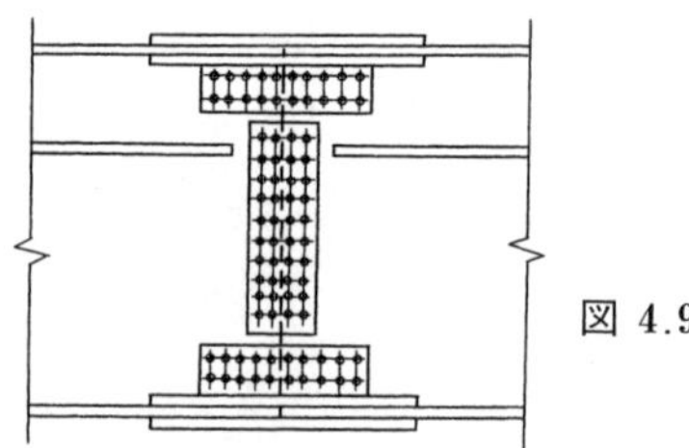

図 4.92　現場継手位置での水平補剛材

〔9〕 **現場継手の設計**　多くの場合，現場継手は高力ボルト接合によっている。フランジとウェブはそれぞれについて所要の力を伝達すよう連結するが，現場でも溶接継手を採用することがある。

〔10〕 **二次部材などの設計**　引き続き，横桁など接続する構造部材，横構・対傾構など二次部材，支承などの設計に移る。適当な段階で死荷重の照査を行い，当初の仮定とあまりに（例えば5%以上）違っていれば，断面を変更し，上述の手順を繰り返す。

4.5 軸力と曲げを受ける部材

4.5.1 一　　　般

ラーメン，アーチ，塔柱はいうに及ばず，引張材や圧縮材でも偏心のある場合など，軸方向力と曲げを同時に受ける部材はかなり多い。この種の部材でも，外力の作用のもとで部材軸の変形を無視しうるならば重ね合わせの定理が成り立ち，軸力と曲げによるそれぞれの結果を単に加え合わせればよい。しかしながら，**図 4.93** のように曲げによって部材がたわみ，そのたわみが無視しえないとすると，軸方向力による付加曲げモーメントを考慮しなければならなくなる。このように，軸力と曲げの相互作用を考えた部材を**梁-柱**（beam-column）と呼ぶことがある。

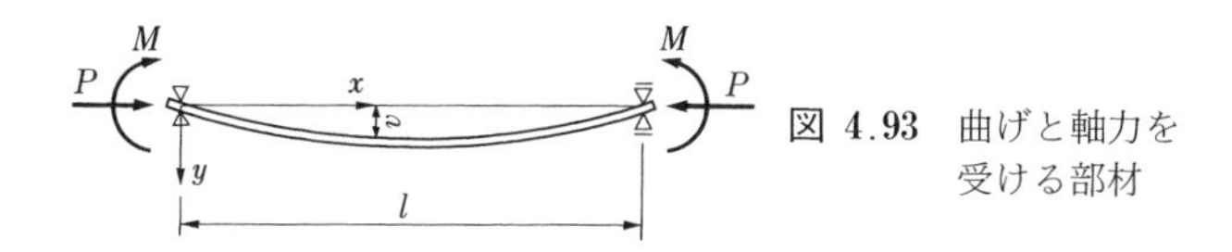

図 4.93　曲げと軸力を受ける部材

なお，これらの部材の中には，軸力と曲げモーメントとが独立に作用する場合，偏心軸方向力を受ける柱のように同じ原因によって軸力と曲げが作用する場合，さらには吊橋の塔のようにその中間の性格，すなわち，軸力を及ぼしているケーブル反力ならびにこれと別の風などによる横方向荷重双方から曲げが作用している場合などがある。本節では，最も基本的な，軸方向力と曲げモーメントが独立に作用しているまっすぐな棒部材を対象とする。

4.5.2 塑性崩壊強度

着目する断面に軸力 P と曲げモーメント M が作用するとき，弾性域内での直応力度は

$$\sigma=\frac{P}{A}+\frac{M}{I}y \tag{4.108}$$

で，**図 4.94**(a) のような分布をなし，その最大値は断面係数を W として

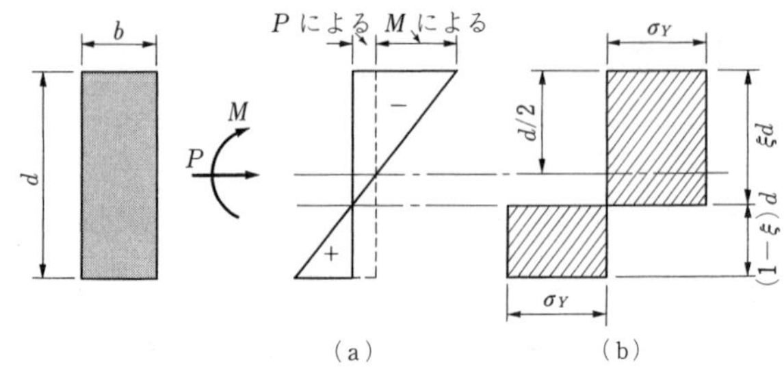

図 4.94　長方形充実断面の直応力分布

$$\sigma_{\max}=\frac{P}{A}+\frac{M}{W} \tag{4.109}$$

である。ここに A, I はそれぞれ断面積，断面2次モーメント，y は中立軸からの距離とする。この最大応力が降伏点 σ_Y に達したときを限界状態とするならば，降伏軸力 $P_Y=\sigma_Y A$，降伏モーメント $M_Y=\sigma_Y W$ として

$$\frac{P}{P_Y}+\left|\frac{M}{M_Y}\right|=1 \tag{4.110}$$

のような軸力と曲げモーメントの相関式が得られる。

しかし，4.3.1項で述べたように，鋼のような完全弾塑性体（図3.12）とみなしうる材料であると，座屈が生じない限り，曲げモーメントが単独に作用する場合には，式（4.80）に示した全塑性モーメント $M_p=\sigma_Y Z$ までは曲げモーメント M を増加させることができる。軸力 P が同時に作用する場合には，全断面が降伏してこれ以上 P も M も増すことができないという塑性崩壊終局状態は図4.94（b）の応力分布に達したときである。

いま同図に示すような長方形充実断面を例にとれば，断面積 $A=bd$，塑性断面係数 $Z=bd^2/4$ であるから，同図（b）の応力分布に対応する軸力と曲げモーメントはそれぞれつぎのようになる。

$$P=\sigma_Y(2\xi-1)\,db=(2\xi-1)\,P_Y$$

$$M=2\times\sigma_Y(1-\xi)\,d\times(\xi d)/2\times b=4\xi\,(1-\xi)\,M_p$$

両式から ξ を消去すると

$$\left(\frac{P}{P_Y}\right)^2+\left|\frac{M}{M_p}\right|=1 \tag{4.111 a}$$

これが断面の塑性崩壊の限界を表す式で，**図 4.95** のような軸力と曲げモーメントの相関曲線がかける。

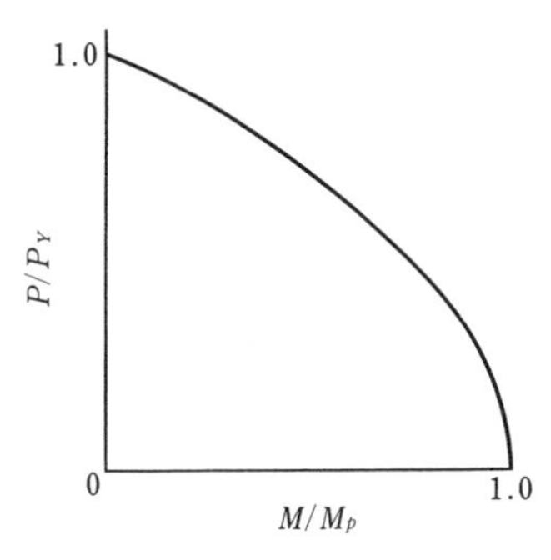

図 4.95 長方形充実断面における曲げと軸力の相関曲線

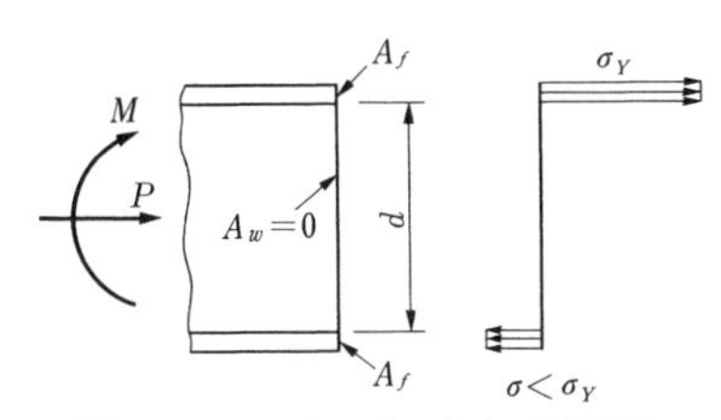

図 4.96 フランジからなる断面の塑性崩壊

鋼桁でも，全断面が降伏するまでいかなる座屈も生じなければこのような議論が成り立つが，その場合でも断面形状が変わると相関式は変わる。例えば極端な例として，フランジ断面に比べウェブ断面は無視しうるほど薄い I 形断面に軸力 P と曲げモーメント M が作用する場合を考えると，**図 4.96** に示すように，一方フランジの応力は降伏点に達しない状態で，もはや P も M も増やせなくなり，このとき A_f を断面積として

$$P = (\sigma_Y - \sigma) A_f$$

$$M = (d/2)(\sigma_Y + \sigma) A_f$$

この断面では $P_Y = 2\sigma_Y A_f$，$M_p = \sigma_Y A_f d$ であるから

$$\frac{P}{P_Y} = \frac{1}{2}\left(1 - \frac{\sigma}{\sigma_Y}\right), \qquad \frac{M}{M_p} = \frac{1}{2}\left(1 + \frac{\sigma}{\sigma_Y}\right)$$

したがって

$$\frac{P}{P_Y} + \left|\frac{M}{M_p}\right| = 1 \tag{4.111 b}$$

となり，長方形充実断面の場合とは異なる相関式となる。**図 4.97** に示すように，実際の鋼桁はこれら両者の中間で，式（4.111 b）に近いものとなろう。

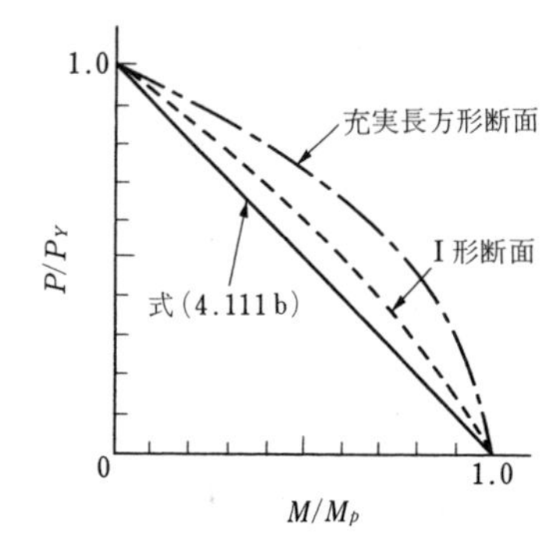

図 4.97　曲げと軸力を受ける I 形断面の塑性崩壊

4.5.3　曲げによる変形の影響

図 4.93 に示す両端ヒンジ，軸圧縮力 P と曲げモーメント $M=M_0$ を外力として受ける一定断面の直線部材を考えよう。曲げモーメントを受けるこの部材は曲げ変形をする。たわみを v とするとき，曲げのつり合い式は

$$EI\frac{d^2v}{dx^2}=-(M_0+Pv) \tag{4.112 a}$$

であるから

$$\frac{d^2v}{dx^2}+\alpha^2 v=-\frac{M_0}{EI},\qquad \alpha=\sqrt{\frac{P}{EI}} \tag{4.112 b}$$

この微分方程式の解はつぎのようになる。

$$v=A\sin\alpha x+B\cos\alpha x-\frac{M_0}{P}$$

$x=0$，$x=l$ で $v=0$ なる境界条件から積分定数 A，B を定めれば

$$v=\frac{M_0}{P}\left(\frac{1-\cos\alpha l}{\sin\alpha l}\sin\alpha x+\cos\alpha x-1\right) \tag{4.113}$$

したがって，任意の位置 x における曲げモーメントは

$$M(x)=-EI\frac{d^2v}{dx^2}=M_0\left(\tan\frac{\alpha l}{2}\sin\alpha x+\cos\alpha x\right) \tag{4.114}$$

その最大値は中央点 $x=l/2$ で生じ

$$M_{\max}=M\left(\frac{l}{2}\right)=M_0\sec\frac{\alpha l}{2} \tag{4.115}$$

すなわち，この sec（$\alpha l/2$）はたわみによる付加曲げモーメント P_v に起因する，内力としての曲げモーメントに対する増幅係数にあたる。

sec関数は1より大きいため，軸圧縮力 P の存在はつねに曲げモーメントを増幅させるが，P が引張力の場合は逆の効果をもたらす。したがって，引張力が作用する場合は，それによる付加曲げを無視することは安全側となる。軸力と曲げが作用する場合の軸力として圧縮力が問題になっているのはこのためである。

$\alpha l=\pi$ のとき，すなわち P が式（4.9）のオイラーの座屈荷重 P_E になると，sec（$\alpha l/2$）は無限大となる。

式（4.109）の M をいま求めた式（4.115）の $M_{\max}$ で置き換えると，支間中央断面の最大応力度は

$$\sigma_{\max}=\frac{P}{A}+\frac{M_{\max}}{W}=\frac{P}{A}+\frac{M_0}{W}\sec\frac{\alpha l}{2} \tag{4.116}$$

となる。

ところで，sec 関数の逆数であるcos 関数にテイラー級数展開を適用し，近似的に

$$\cos\frac{\alpha l}{2}\fallingdotseq 1-\frac{1}{2}\left(\frac{\alpha l}{2}\right)^2=1-\frac{P}{8EI/l^2}\fallingdotseq 1-\frac{P}{P_E} \tag{4.117}$$

が成立するものとすると，式（4.115）は

$$M_{\max}=\frac{M_0}{1-\dfrac{P}{P_E}} \tag{4.118}$$

そして式（4.116）は

$$\sigma_{\max}=\frac{P}{A}+\frac{M_0}{W\left(1-\dfrac{P}{P_E}\right)} \tag{4.119}$$

となる。さらに式（4.110）から，材料が降伏しない範囲で加えうる軸力と曲げモーメントの相関式はつぎのようになる。

$$\frac{P}{P_Y}+\frac{M_0}{M_Y\left(1-\dfrac{P}{P_E}\right)}\leqq 1 \tag{4.120}$$

部材に作用する曲げモーメントが一定でない場合，あるいは部材の中間で横方向荷重が作用する増合は M_0 の代わりに等価換算曲げモーメント

$$M_{eq} = C_m M_0 \tag{4.121}$$

を考えればよい。不等曲げモーメントの場合のこの等価換算曲げモーメント係数 C_m は，近似的に，式（4.85 b）で示した $1/C = 0.6 + 0.4\chi \geqq 0.4$ としてよい。

4.5.4　梁-柱の耐荷力

前項までの扱いは降伏あるいは塑性崩壊に至るまで，いかなる形式の座屈も起こらないことを前提とした。しかし鋼構造部材では，純圧縮（$M = 0$），純曲げ（$P = 0$）いずれの場合にも，最大応力が σ_Y に達する前，あるいは断面力が P_Y，M_p に達する前に，座屈によって強度が支配されることが多い。そこで，これまでの P_Y，M_p（あるいは M_Y）の代わりに，座屈を含めたより一般的な耐荷強度 P_{cr}，M_{cr} を用いて

$$\frac{P}{P_{cr}} + \frac{C_m M_0}{M_{cr}\left(1 - \frac{P}{P_E}\right)} \leqq 1 \tag{4.122}$$

を軸力と曲げが作用する部材の安定照査式とするのが妥当であろう。この式は式（4.121）の M_{eq} を用いてつぎのようにも書ける。

$$\frac{M_{eq}}{M_{cr}} \leqq \left(1 - \frac{P}{P_E}\right)\left(1 - \frac{P}{P_{cr}}\right) \tag{4.123}$$

部材を構成する板要素の局部座屈については，すでに述べたことと基本的に変わるところはない。

4.5.5　設　計　規　範

〔1〕　応力の照査　　応力の照査は軸方向力が引張の場合も圧縮の場合も必要である。ただし，引張の場合には，式（4.108）におけるように，単純に軸引張力による応力度と曲げモーメントによる応力度を加え，これが引張応力度の制限値以下であればよい。

軸圧縮力 P と断面主軸 y 軸，z 軸まわりの曲げモーメント M_y，M_z が作用する場合には，圧縮応力度の制限値を σ_{ca} とすれば前項に述べたことから

$$\frac{P}{A_g}+\frac{M_y}{I_y\left(1-\dfrac{P}{P_{Ey}}\right)}y_c+\frac{M_z}{I_z\left(1-\dfrac{P}{P_{Ez}}\right)}z_c \leqq \sigma_{ca} \tag{4.124}$$

なる条件が満足されなければならない。ここに，A_g は総断面積，I_y，Iz はそれぞれ y 軸，z 軸まわりの断面 2 次モーメント，y_c，z_c はそれぞれ中立軸から圧縮縁までの距離，P_{Ey}，P_{Ez} はそれぞれ y 軸，z 軸に関するオイラーの座屈荷重である。

〔**2**〕　**安定の照査**　　部材の座屈に対する安定の照査は式（4.122）に安全率を考慮した式によって行われる。1 方向曲げと軸圧縮力がともに加わった場合には，曲げモーメントが作用する面内と面外についてそれぞれ照査が必要になるが，2 方向曲げを考えれば，それはつぎの式に統一される。

$$\frac{P}{P_{ca}}+\frac{M_y}{M_{ya}\left(1-\dfrac{\gamma P}{P_{Ey}}\right)}+\frac{M_z}{M_{za}\left(1-\dfrac{\gamma P}{P_{Ez}}\right)}\leqq 1 \tag{4.125}$$

ここに，P_{ca} はy，z 軸に関するそれぞれの許容座屈荷重のうちいずれか小さいほうの値，M_{ya} は横倒れ座屈を考慮した強軸（y 軸）まわりの許容曲げモーメント，M_{za} は弱軸（z 軸）まわりの許容曲げモーメントである。鉄道構造物設計標準では，通常の部材では $\gamma P \ll P_E$ であるとして上式の（　）内を 1 とした照査式を，道路橋示方書では省略することなく $\gamma=1/0.8$ として，上式を応力表示に変換した式を与えている。

4.5.6　耐震性向上をめざした鋼製脚柱

阪神・淡路大震災において，曲げと圧縮を受ける鋼製橋脚の脆性的破壊や局部座屈が発生した。すなわち，補剛材で形成された四角断面柱では角溶接部の割れ，断面変化部の局部座屈など，円形断面柱では全周局部座屈（提灯型座屈）やこれに続く破断現象である。その後の研究により，脆性破壊を防ぎ，じん性を向上させる構造細目として，つぎのような例が推奨されている（図 **4.98**）。

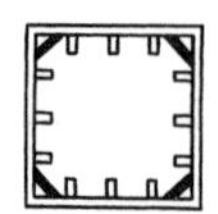

（a）角部をコーナープレート
により補強した構造

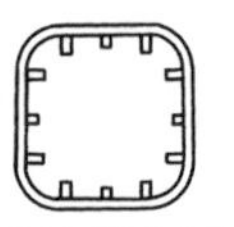

（b）角部を円弧状とし
角溶接部をなくした構造

（c）母材の鋼管の外側にすき間を
あけて鋼板を巻き立てた構造

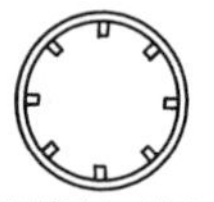

（d）鋼管内に縦リブを
設けた構造

図 4.98　耐震性向上をめざした鋼橋脚の例

四角断面柱に対して

a）角部内側を鋼板により補剛

b）角部に丸みを付け，角溶接部をなくす

c）角部の溶接は十分な溶け込みを確保するようにし，併せて板厚方向の材質の機械的性質の保証

d）補剛板の座屈パラメーター〔式（4.47)〕の制限を厳しくする

円形断面に対して

a）径厚比の制限を厳しくする

b）鋼管内に縦リブを付ける

c）母材の鋼管の外側に，さびを防ぐ軟質の樹脂などを充てんしたすき間を介して，鋼板を巻き立てる。

そのほか，鋼製柱の内部にある高さまでコンクリートを充てんすることも有効とされている。

4.6　ねじりを受ける部材

4.6.1　一　　　般

都市内の曲線をえがく高架橋，高速道路のインターチェンジなどにみられる曲線桁，幅の広い橋に偏って荷重がのった場合，桁に直交して剛結されたほかの桁に荷重がのるとき，あるいはせん断中心を通らない荷重を受ける梁など，ねじり（torsion）を受ける部材は多い。4.4.3項の〔2〕の梁の横倒れ座屈においても，ねじれ変形に関する式〔4.4.3項の〔2〕の式（ii）〕をわれわれはすでに扱った。

ただし，上に挙げたいずれの場合も，部材はねじりのみを受けるのではなく，曲げが同時に作用している。われわれの分野ではこのようにねじりと曲げを同時に受けるのが普通であるが，実際の設計では両者の作用を重ね合わせればよく，したがって本節では，ねじりによって鋼構造部材にどのような応力が生じるかを学ぶことにする。

4.6.2　ねじりによる応力

〔1〕　充実断面における応力分布　　部材まわりに断面を回転させようとするモーメントを**ねじりモーメント**あるいは**トルク**（torque）という。まず最も簡単な例として，図**4.99**のようなまっすぐな充実断面丸棒（半径 a ）に外力としてのねじりモーメント T が作用し，それにより任意の位置 x の断面が φ なるねじれ変位（回転）を生じたとする。丸棒のような点対称の断面ではねじれ変形後も断面は平面を保つ。このとき，断面の中心から r の距離にある点は円周方向に $r\varphi$ だけ回転し，dx 離れた断面上の対応する点は $r(\varphi+d\varphi)$ だけ回転する。したがって，図（b）にみるように，はじめ軸に平行であった直線はこの円周上で $r(d\varphi/dx)$ だけ回転し，これはせん断ひずみ γ_{xs} にあたる。s は断面内円周方向を示す。したがって弾性範囲内では

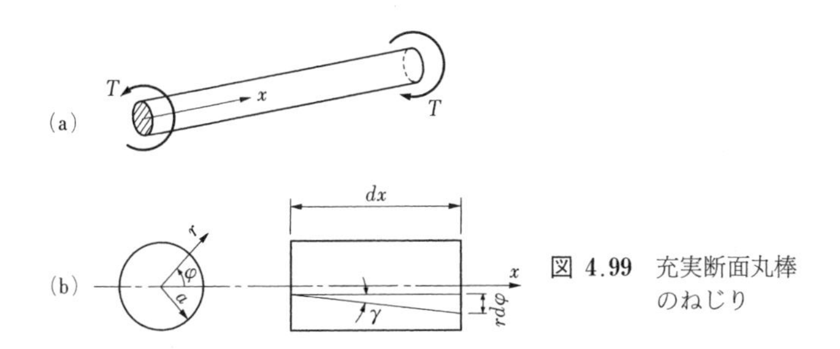

図 **4.99**　充実断面丸棒のねじり

$$\tau_{xs} = G\gamma_{xs} = Gr\frac{d\varphi}{dx} = Gr\omega \tag{4.126}$$

なるせん断力が断面の円周方向に生じることになる。ここに G は材料のせん断弾性係数〔式（4.74）〕，単位長さあたりのねじれ角 $\omega = d\varphi/dx$ はねじり率と呼ばれ，ねじりモーメントが一定であれば全長にわたって一定である。

式（4.126）のせん断応力の断面中心に関するモーメントの総和は外力とつり合っていなければならない。すなわち

$$\begin{aligned} T &= \int_A \tau_{xs} r dA = \int_0^a (Gr\omega)\, r\, (2\pi r)\, dr \\ &= \mathrm{G}\left(\frac{\pi a^4}{2}\right)\omega = GJ\omega = GJ\frac{d\varphi}{dx} \end{aligned} \tag{4.127}$$

ここに，$J = \int_A r^2 dA$ は断面に固有の定数で，サン・ブナン（St.Venant）のねじり定数，GJ はサン・ブナンのねじり剛性，あるいは単にねじり剛性という。サン・ブナンのねじり定数は曲げの場合の断面2次モーメントと似たもので，やはり長さの4乗の次元をもつ。式（4.127）は曲げの問題とつぎのように似た対応関係にある。

曲　げ：　曲げモーメント＝曲げ剛性×曲率

ねじり：　ねじりモーメント＝ねじり剛性×ねじり率

式（4.126）および式（4.127）から

$$\tau_{xs} = \frac{T}{J} r \tag{4.128}$$

すなわち，**図4.100**に示すように，断面内のせん断応力は円周の接線方向に，中心からの距離に比例した大きさで分布する。これ以外の応力は生じない。

角棒，例えば長方形充実断面になると，円形断面のように簡単ではないが，ねじりモーメントによって生じる応力がせん断応力であることには変わりなく，作用方向や分布も丸棒の場合に似ているともいえる。すなわち，鋼構造部材の構成要素である1枚の薄い板では**図4.101**のようなせん断応力が生じる。この場合，説明は省略するが，$t \ll b$ ならばサン・ブナンのねじり定数および

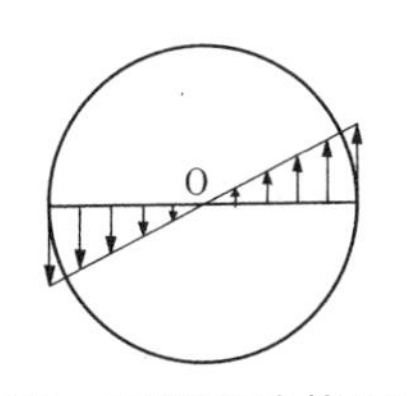

図 4.100　充実断面丸棒のねじりによるせん断応力

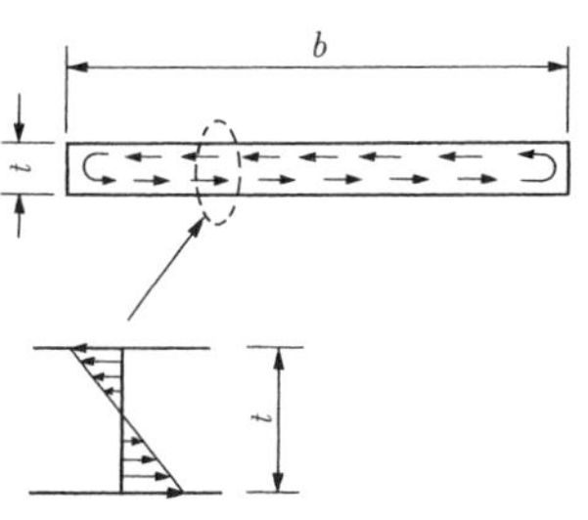

図 4.101　薄板のねじりによるせん断応力

せん断応力はつぎのようになる。

$$J \fallingdotseq \frac{1}{3} bt^3 \tag{4.129}$$

$$\tau_{yz} = \frac{2T}{J} y \tag{4.130}$$

薄板における上の結果は，このような板を集成したI形，溝形などの薄肉開断面にも適用できる。このとき，断面全体のサン・ブナンのねじりモーメントは個々の板要素のサン・ブナンのねじりモーメントの和となり，I 形断面におけるせん断応力分布は**図 4.102** のようになる。一方，サン・ブナンのねじり定数も構成板要素のそれの和であって，次式で与えられる。

$$J = \frac{1}{3} \sum_{i=1}^{n} b_i t_i^3 \tag{4.131}$$

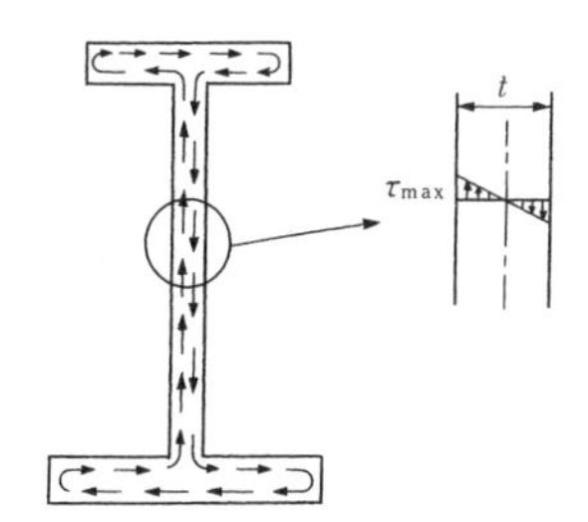

図 4.102　I 形断面のねじりによるせん断応力

〔2〕　**薄肉閉断面における応力分布**　　まず，円形薄肉断面にねじりモーメントが作用した場合を考えよう。これは先の充実円形断面の中の部分がなくな

っただけのことと考えられるから，ねじりによる応力は**図 4.103** に示すようなせん断応力分布となるはずである。板厚中心線の半径を a，板厚を t とすれば，サン・ブナンのねじり定数は

$$J=\int_A r^2 dA=\int_{a-(t/2)}^{a+(t/2)} r^2(2\pi r)dr=2\pi\int_{a-(t/2)}^{a+(t/2)} r^3 dr=2\pi a^3 t\left(1+\frac{t^2}{4a^2}\right)$$

したがって $a\gg t$ ならば

$$J\fallingdotseq 2\pi a^3 t \tag{4.132}$$

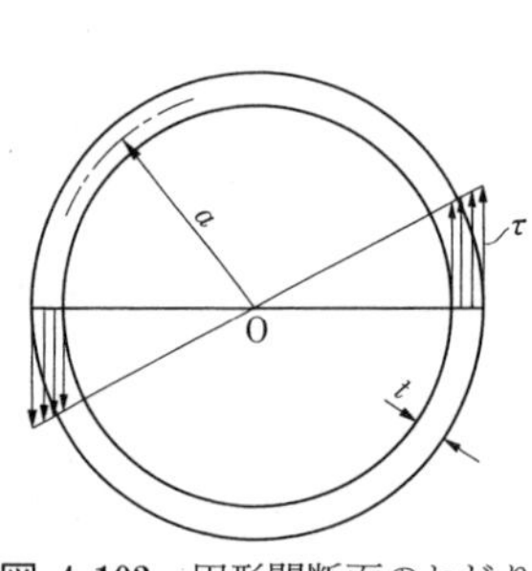

図 4.103　円形閉断面のねじりによるせん断応力

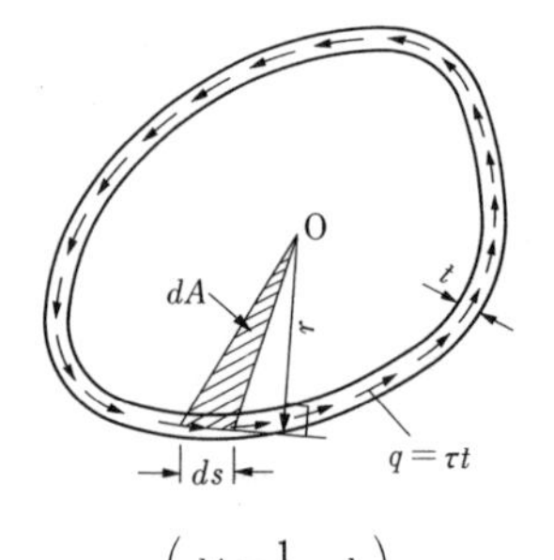

図 4.104　任意薄肉閉断面のねじりによるせん断流

また，板厚が薄ければ板厚に沿うせん断応力の変化はさして問題でなく，板厚中心線上の円周方向せん断応力で代表できるとすれば，その値は

$$\tau=\frac{T}{J}a \tag{4.133}$$

となる。

板厚に沿ってせん断応力がほぼ一定とすれば，式（4.68）で定義したせん断流 $q=\tau t$ を用いることができる。ここでは直応力は存在しないから，式(4.67)より，閉断面におけるねじりによるせん断流は一定である。**図 4.104** に示す任意の薄肉閉断面を考えるとき，せん断流によるねじり中心まわりのモーメントの総和と作用外力としてのねじりモーメント T はつり合っていなければならないので

$$T = \oint qrds = q\oint rds \qquad \text{(i)}$$

ここに，r は中心Oから板厚中心線の接線におろした垂線の長さで，$\oint \cdots ds$ は板厚中心線，s 座標に沿って一周する積分を意味する。ところが，rds は中心Oが微小要素 ds をはさむ三角形（図中斜線を施した部分）の面積 dA の2倍に等しいので，板厚中心線に囲まれた全面積を A とすれば

$$\oint rds = 2A \qquad \text{(ii)}$$

となる。したがって，式（i），（ii）からつぎの関係が導かれる。

$$T = 2Aq \qquad (4.134)$$

ところで，先に図4.99にみたように，はじめ軸に平行であった部材上の直線はねじりモーメントを受けて $r\,(d\varphi/dx) = r\omega$ だけ回転する。さらに，ねじりによるせん断応力 τ_{xs} のもとでせん断ひずみ $\gamma_{xs} = \tau_{xs}/G$ が生じる。したがって，**図4.105**の薄肉閉断面上の点Bは ds 離れた点Aに対し，上記二つの要因による，つぎのような部材軸（x 軸）方向の相対変位をする。

$$du = -(r\omega)ds + \gamma_{xs}ds = \left(\frac{\tau}{G} - r\omega\right)ds \qquad \text{(iii)}$$

しかし閉断面では，du を全周にわたって積分した結果は，断面のずれがないことから，0でなければならない。すなわち

$$\oint\left(\frac{\tau}{G} - r\omega\right)ds = \oint \frac{\tau}{G}ds - \oint r\omega ds = 0 \qquad \text{(iv)}$$

ここで，G，ω および $q = \tau t$ は一定であるから，式（iv）は

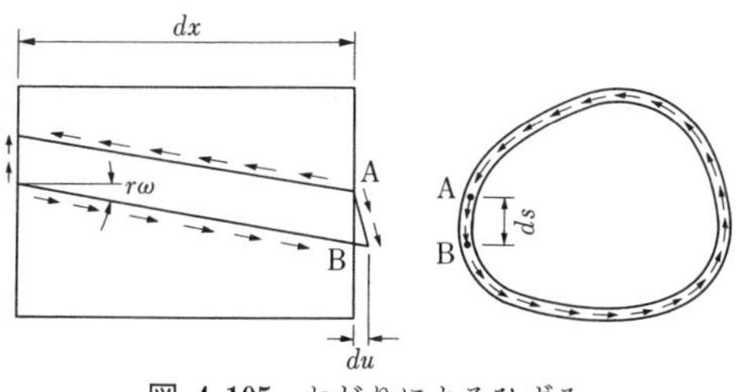

図 4.105　ねじりによるひずみ

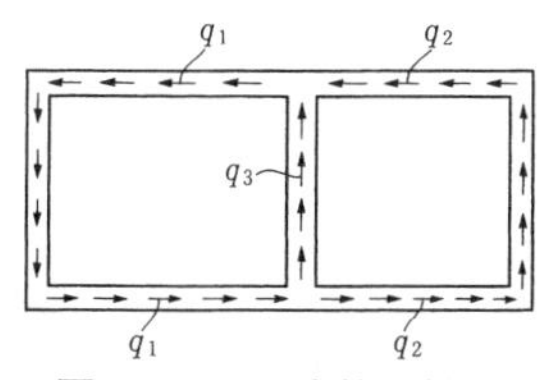

図 4.106　2室箱形断面

$$\frac{q}{G}\oint\frac{1}{t}ds-\omega\oint rds=0 \tag{v}$$

となる。よって，式（ii）を用いると，ねじり率は

$$\omega=\frac{d\varphi}{dx}=\frac{q}{2GA}\oint\frac{1}{t}ds \tag{4.135}$$

したがって，式（4.127），式（4.134）および式（4.135）を組み合わせると

$$J=\frac{4A^2}{\oint\frac{1}{t}ds} \tag{4.136}$$

となり，薄肉閉断面に対するサン・ブナンのねじり定数の一般式が得られた。円形閉断面にこれを適用すれば，もちろん式（4.132）の結果を得る。

多室閉断面がねじりを受ける場合にも，せん断流の合流，分流，例えば図**4.106**の2室の箱形断面では $q_1=q_2+q_3$ なる関係に注意すれば，これまで述べた考え方を準用できる。

〔3〕　**薄肉開断面部材の反りねじり**　　図**4.107**（a）に示すI形断面部材がねじられると，断面は回転変位 φ のほか，断面のゆがみ，すなわち部材軸方向の変位 u を伴う。この変位はフランジ端部にいくほど著しく，上からみる

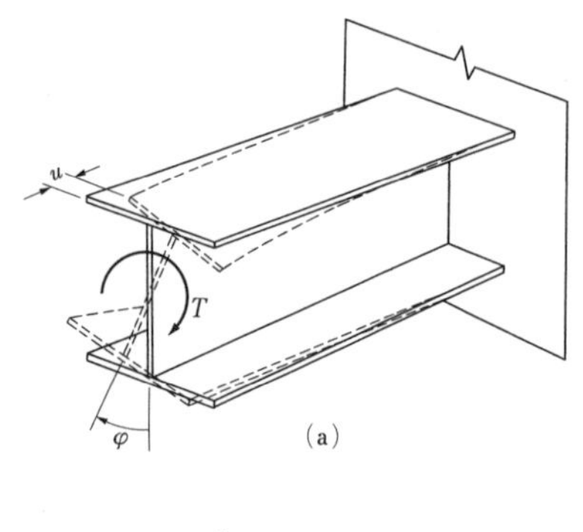

(a)

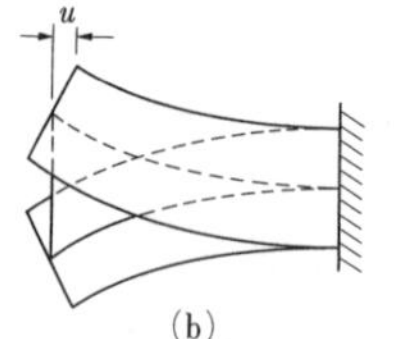

(b)

図 4.107　I形断面部材のねじり

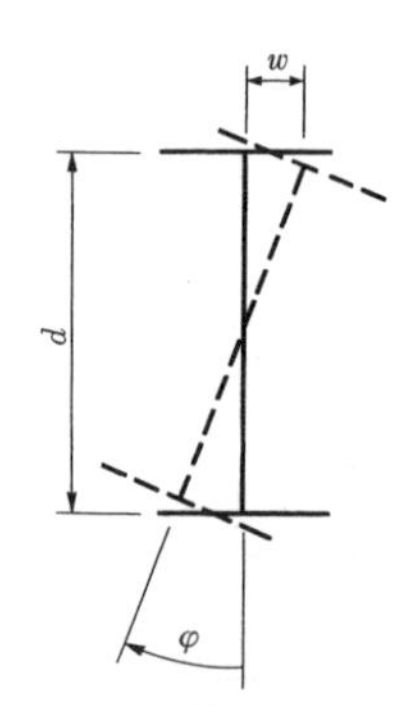

図 4.108　I形断面のねじれ変形

と同図（b）のように変形している。このような，ねじりに伴って生じる軸方向変位を**反り**（warping）と呼ぶ。ここの反りが拘束されている場合，あるいはねじりモーメントが部材軸方向に一定でない場合，円形断面以外の断面，特に開断面では，前項までのサン・ブナンのねじりのほかに，以下のような現象を考えないと，ねじりによる応力を正しく評価できない。この種の理論を反りねじり，あるいは曲げねじりの問題という。

さて，断面がφなるねじれ変位（回転）をすると，**図 4.108** に示す高さ d の I 形断面のフランジはウェブとの接合点で $w=(d/2)\varphi$ なる水平横方向の変位をする。すなわちフランジは水平方向にたわむ。ここのたわみに対応する横曲げモーメントとせん断力はそれぞれ

$$M_f=-EI_f\frac{d^2w}{dx^2}=-EI_f\left(\frac{d}{2}\right)\frac{d^2\varphi}{dx^2} \tag{4.137}$$

$$S_f=\frac{dM_f}{dx}=-EI_f\left(\frac{d}{2}\right)\frac{d^3\varphi}{dx^3} \tag{4.138}$$

となる。ここに EI_f はフランジ 1 枚の水平方向の曲げ剛性である。上下のフランジではこれらの向きは逆である。したがって，d だけ離れた上下フランジに生じるせん断力 S_f によるモーメントは

$$T_w=S_fd=-EI_f\ \frac{d^2}{2}\cdot\frac{d^3\varphi}{dx^3} \tag{4.139}$$

となる。ゆがみに対するウェブの抵抗を無視するとしても，この T_w はこれまでに考えていなかった内力としての付加ねじりモーメントである。式（4.139）における $I_f(d^2/2)$ は断面の形状，寸法に固有の定数であるので，これをI_wとおき，反りねじり定数[1)]という。

前項で議論したサン・ブナンのねじり項〔式（4.127）参照〕といま導いた反

1) 反りねじり定数 I_w の次元は長さの 6 乗であることに注意してほしい。I 形以外の断面についても I_w は計算できるが，一般的にはかなりやっかいである。興味ある読者は巻末の参考文献〔9〕などを参照されたい。

りねじりの項を加え合わせたものが外力モーメント T とつり合うわけで

$$GJ\frac{d\varphi}{dx}-EI_w\frac{d^3\varphi}{dx^3}=T \tag{4.140}$$

が直線部材のねじりの一般式である。ここに，GJをすでに述べたようにサン・ブナンのねじり剛性または単純ねじり剛性，EI_w を反りねじり剛性または曲げねじり剛性という。

以上のことから，ねじりモーメントが作用する薄肉断面部材に発生する応力は一般にはつぎの三つからなる。

（1）　サン・ブナンのねじりによるせん断力：τ_s〔**図 4.109**（a）〕　これについては前項〔1〕,〔2〕に述べた。

（2）　反りねじりに伴うせん断力：τ_w〔同図（b）〕　式（4.138）の S_f によるせん断応力で，I 形断面ではフランジに沿って働く。

（3）　反りねじりに伴う軸方向直応力：σ_w〔同図（c）〕　式(4.137)のM_f による直応力で，I 形断面ではフランジの水平曲げによる応力。

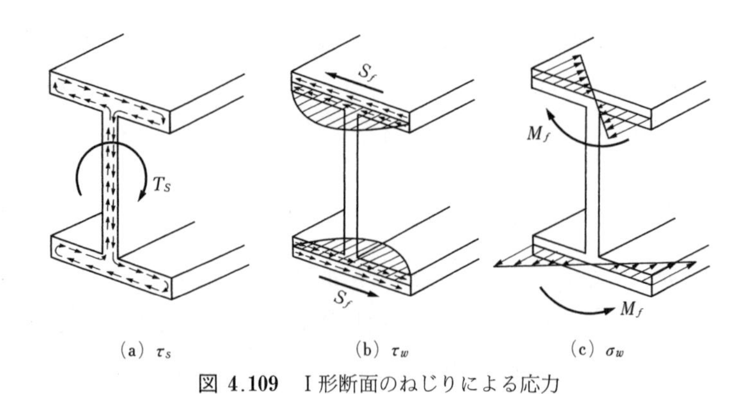

（a）τ_s　　（b）τ_w　　（c）σ_w

図 4.109　I 形断面のねじりによる応力

4.6.3　鋼構造部材のねじり

薄肉断面である鋼構造部材においては，ねじり剛性およびねじりによる応力について，つぎのことを念頭に置く必要がある。

1)　開断面と閉断面とではサン・ブナンのねじり定数の算定式が異なるうえ

〔式（4.131）と式（4.136）参照〕，その値は閉断面におけるほうが格段に大きい。例えば，**図4.110**に示す板厚一定の正方形薄肉断面を取り上げよう。

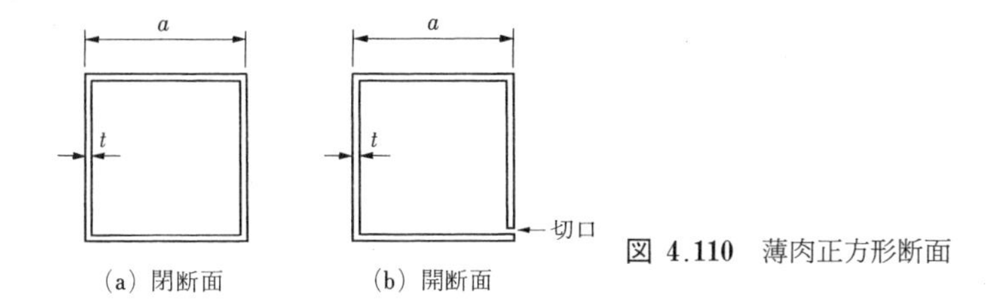

図 4.110 薄肉正方形断面

閉断面〔同図（a）〕の場合，式（4.136）から

$$J_c = \frac{4(a^2)^2}{4a/t} = a^3 t$$

他方，同図（b）のように断面の一端を切断し，開断面とした場合には，式（4.131）より

$$J_0 = \frac{1}{3} \times 4 \times at^3 = \frac{4}{3}at^3$$

したがって両者の比は $J_c/J_0 = (3/4)(a/t)^2$ であって，橋の設計において局部座屈を考えなくてよい限界の幅厚比 $a/t = 40$ をとるとき，同じ材料を使いながら，閉断面は開断面に比べて何と1 000倍以上のねじり抵抗を有する。

2） サン・ブナンのねじりだけとってみても，開断面と閉断面とではせん断応力分布の様子がまったく異なることは**図4.111**にみるとおりである。

3） このようなせん断応力の違いから，同じ形の断面でも，切口を設けた開断面とこれをつなげた閉断面とでは，せん断中心がまったく異なる位置にくる（4.4.1項参照）。

4） ねじりに伴う軸方向変位（反り）は閉断面より開断面のほうが格段に大きい。したがって，反りねじりの効果は開断面のほうが顕著である。前述のサン・ブナンのねじり剛性の差異と相まって，**図4.112**にみるように，ねじり定数比 $\varkappa$〔式（4.94参照〕の値は断面形状によって大きく変わる。

すなわち，式（4.140）は薄肉断面部材のねじりの一般式ではあるが，一般に，

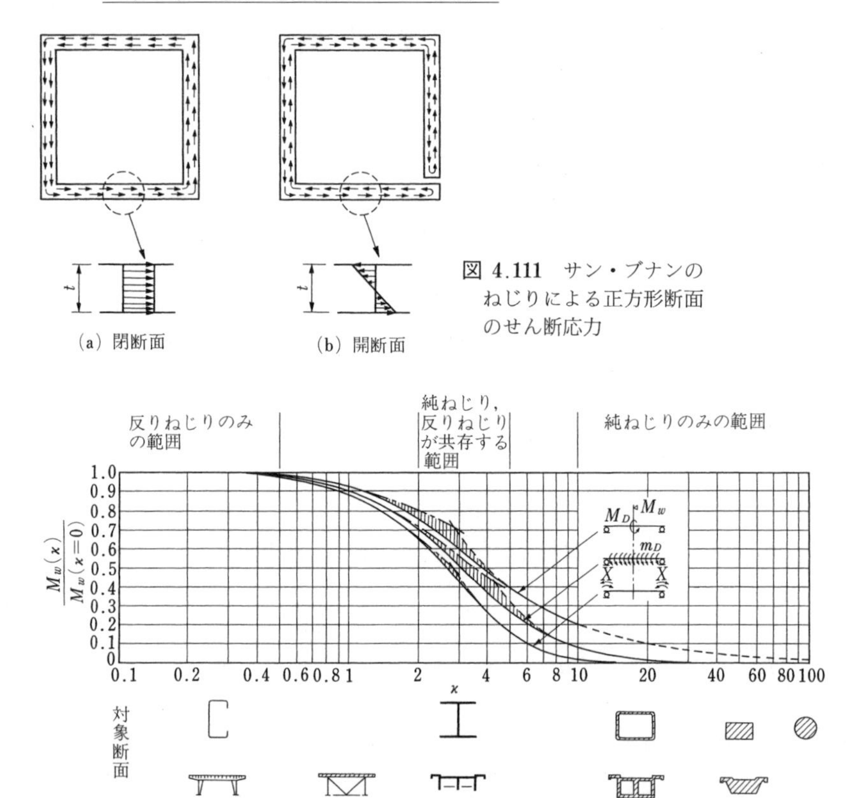

図 4.111　サン・ブナンのねじりによる正方形断面のせん断応力

図 4.112　ねじり定数比（Kollbrünner/Basler : “Torsion”, Springer, 1966 より）

充実度の大きい断面や薄肉閉断面ではサン・ブナンのねじりの項，薄肉開断面では反りねじりの項が他方に比べてはるかに支配的である。ちなみに，道路橋示方書では，$\varkappa < 0.4$ の場合にはサン・ブナンのねじりによる応力度を，$\varkappa > 10$ の場合には反りねじりによる応力度を，それぞれ無視することができるとしている。ただし，式（4.94）の定義から明らかなように，たとえ GJ 自体があまり大きくなくても，支間 l が大きいと $\varkappa$ の値は大きくなりうることに注意したい。

4.7 特殊な構造部材

4.7.1 鋼　床　版

〔1〕 定義と特徴　鋼床版（orthotropic steel deck）とは，縦横に補剛材（リブ）を溶接した鋼板を面外からの荷重に抵抗する部材として用いるもので，似たような構造ながら，4.3.2 項の〔4〕で述べた補剛材は面内力を受ける点で差異がある。1 枚の薄い鋼板では強度，剛性に乏しく，厚くすると重く不経済になることから，このような構造が考え出されたのである。

鋼床版は橋，船，建築物など広い範囲の構造物の床として用いられるが，図 **4.113** にみるように，桁のフランジとして兼用されることが多い。この場合はフランジとしての面内圧縮力と面外荷重による曲げが同時に作用する。しかし，本項では，冒頭に述べた面外荷重を受ける構造部材としての要点を，特に道路橋に用いられる場合についてまとめておこう。床として用いるこの種の構造では，当然のことながら，リブ（rib）は裏側のみに溶接される。

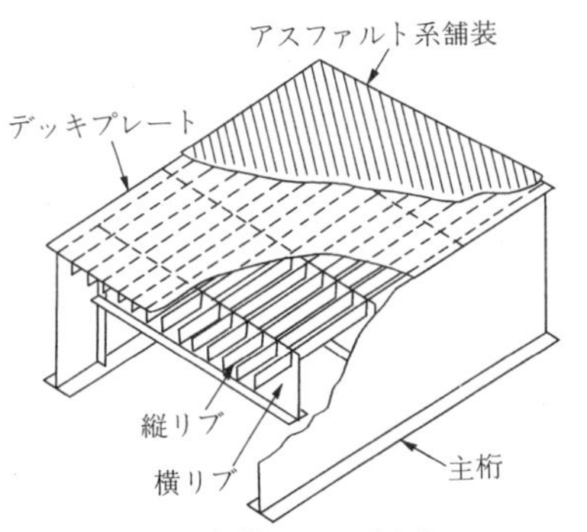

図 4.113　主桁フランジとしての鋼床版（日本道路協会：道路橋設計便覧より）

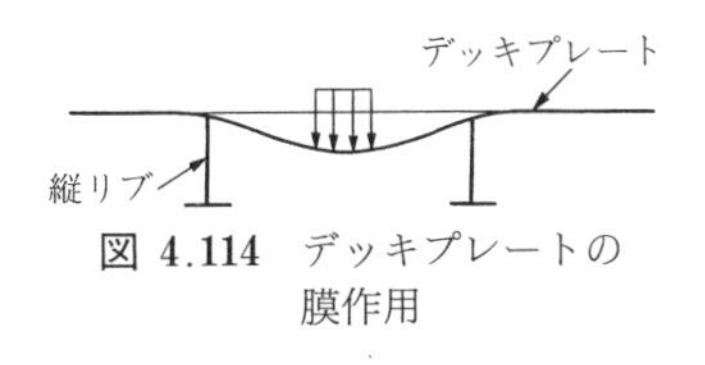

図 4.114　デッキプレートの膜作用

鋼床版の第一の特色は，同じ強度をもたせるのに，鉄筋コンクリートスラブなどコンクリート系の床構造に比べて軽量なことにある。したがって，橋では長支間の場合に有利となる。第二の特徴は，ある部分が降伏してもその後の耐荷力の余裕が大きいことである。これは，縦横のリブが組み合わさった格子構造であるため，不静定次数が高いことと，デッキプレートがたわむと図 **4.114** のようにリブでアンカーされた引張材としての働きも現れるという**膜作用**

(membrane action) が期待できることの2点に負っている。他方，鋼床版の製作には大量の溶接作業を要するので工数が多く，小規模な構造では不経済となり，溶接によるひずみや繰返し荷重による疲労にも注意しなければならない。

〔2〕 **構造形態**　前節までの構造部材が棒状のもの，たとえ広がりがあったとしても棒状部材の構成要素としての話であったのに対し，鋼床版は平面的な構造部材であるという点に特色がある。図4.113のようにほかの桁に支持されている場合に，桁方向の補剛材を**縦リブ**，これに直交するものを**横リブ**という。横リブはかなり広い間隔で配置し，比較的大きな断面とするので，横桁と呼ぶほうがふさわしいことがある。他方，縦リブは小さい断面のものを密に配置する。縦リブには平鋼，山形鋼，T形鋼などの開断面のもの〔**図4.115**（a）〕と，半円，U字，台形など閉断面のもの〔同図（b）〕とがある。前者は施工が容易であり，後者はねじりに強いため荷重分配作用にすぐれる，といった特徴がある。リブ間隔は前者で30～40 cm，後者で60～70 cm程度である。**図4.116**のように，小さいほうのリブは連続して，これに直交する大きいほうのリブのウェブに孔をあけて貫通させる。

なお，デッキプレートの上には防食，耐摩耗，すべり止めなどの目的で舗装を施したり，シートを敷いたりする。道路橋の場合は接着層を介して，防水に留意した5～8 cm厚のアスファルト系舗装を施す。

〔3〕 **構造解析**　鋼床版の構造解析に際しては，ふつうつぎの二つの構造

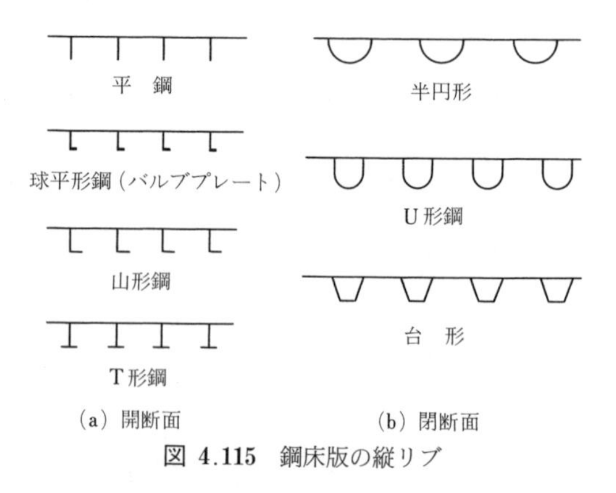

図 4.115　鋼床版の縦リブ

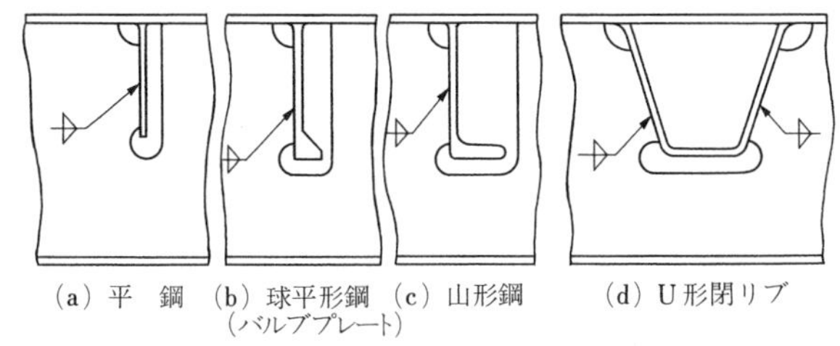

図 4.116 縦リブと横リブの交差部

系に分けて扱う。

Ⅰ. 主桁に支持された，縦横のリブからなる板付き格子桁

Ⅱ. リブに支持された連続等方性板としてのデッキプレート

場合によっては，Ⅰをさらに主桁に支持された横桁と，横桁に支持されたデッキプレートと縦リブからなる1方向補剛板とに分けることがある。Ⅱの系では先に述べた膜作用もあり，応力のうえではあまり問題にしないのが普通で，むしろ主桁フランジとしての設計上の制約，あるいは舗装の亀裂防止の面からたわみが大きすぎては困るということで，デッキプレートの板厚は規制される。

このような縦横のリブを配した構造の解析理論にはつぎの二つの立場がある。

（1） 縦横のリブに着目し，板付き格子桁と考える骨組構造としての扱い

すなわち，縦横のリブはたがいに弾性支持された直交する梁群と考える〔図 **4.117**（a)〕。デッキプレートは有効幅分だけをリブのフランジとして扱う。高次の不静定構造として解析することになる。

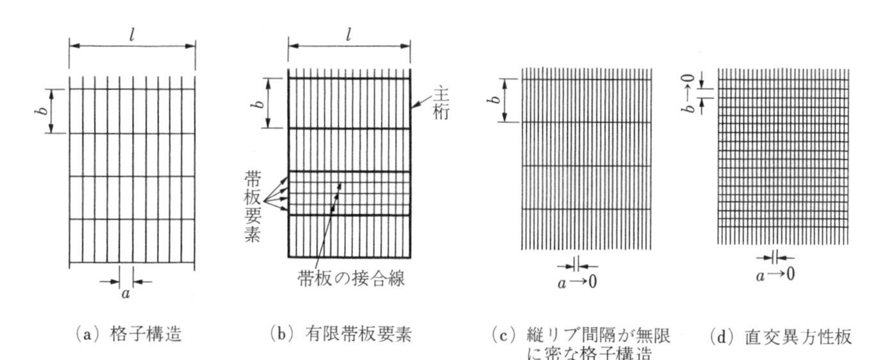

図 4.117 鋼床版の解析モデル

（2）　リブをならして，全体を直交異方性平板と考える板構造としての扱い

剛性をならして考える場合，縦横のリブの断面，間隔が異なるので，当然，直交2方向の曲げ剛性が異なる。このような板を直交異方性板という[1)]〔図4.117（d）〕。板面に垂直な荷重 $p(x,y)$ によるそのたわみ w に関する支配方程式はつぎのように表される。式の誘導は他書に譲るが，等方性平板の場合の式（4.40）と比較して，共通点，相違点を考えてほしい。

$$B_x\frac{\partial^4 w}{\partial x^4}+2H\frac{\partial^4 w}{\partial x^2\partial y^2}+B_y\frac{\partial^4 w}{\partial y^4}=p(x,y) \tag{4.141}$$

ここに，B_x，B_y はそれぞれ x 方向，y 方向の単位幅あたり曲げ剛性，H は有効ねじり剛性である。例えば x 方向のリブ間隔を a，デッキプレートのフランジとしての有効幅を含めた1本のリブの曲げ剛性を EI_x とすれば，$B_x=EI_x/a$ である。また有効ねじり剛性は近似的に

$$H=\mu\sqrt{B_xB_y} \tag{4.142}$$

と表すことがある。係数 μ は構造によって異なり，ねじり剛性のある閉断面リブを用いた場合0.4あるいはそれ以上であるが，開断面リブの場合は0.2程度とされている。

上述二つの立場のいずれをとるにせよ，かなりやっかいな計算を必要とするので，それぞれ簡略計算法や実用計算図表が用意されている。このほか，図4.117（c）のように上の両者を組み合わせた解法や，同図（b）のように縦リブとデッキプレートを一体の帯板要素とする有限帯板法などがある。

4.7.2　鋼　管　部　材

〔1〕　**種類と特徴**　　円形断面の鋼管は鋼構造に幅広く用いられており，そのため材料や製法も構造用として準備されたものがある。すなわち，既製の一般構造用炭素鋼管にはSTK材なる規格の鋼種があり，その製品としては，溶接でとじ合わせる溶接鋼管，熱間圧延加工による継目なし（シームレス）鋼管あるいは鍛接鋼管があるが，道路橋の主要部材にはアーク溶接または電気抵抗

1）ちなみに，鉄筋コンクリートスラブも一般に直交異方性板であり，式（4.142）の μ は1にとってよいとされている。

溶接による鋼管を使うこととされている。これとは別に，多くの構造用鋼管は，一般の構造物に用いられると同じ鋼板を成形ローラーにより円筒形に曲げ加工したうえ，合わせ目を溶接してつくられる。

鋼管部材はこのように特別な方法によって製作されるが，

ｉ）断面が方向性をもたないので，弱軸，強軸を気にせずに使える

ⅱ）断面積のわりに回転半径が大きく，全体座屈に対して有利である

ⅲ）閉じた曲面構造であり，局部座屈にも比較的強い（4.3.2項の〔6〕参照）

ⅳ）閉断面部材であるので，ねじり剛性が大きい（サン・ブナンのねじりのみ考えればよい）

ｖ）表面が滑らかで保守が容易，かつ閉断面であるため耐食性の面で有利である

ⅵ）流体抵抗が小さい（しかし細長い部材ではカルマン渦による振動に注意）

ⅶ）美観に優れている

といった利点がある。ｉ）～ⅲ）の理由から，特に圧縮部材として有利であり，ｖ），ⅵ）の特徴から海洋構造物によく用いられる。

〔2〕 耐荷性状と許容応力度

（a）圧縮　方向性を考えなくてよいという点を除けば，全体座屈についてはほかの断面と変わるところはない。局部座屈についてはすでに4.3.2項の〔6〕で述べた。耐食性の面で有利であることからもかなり薄肉とすることもできるが，道路橋では半径と板厚の比を200までと制限している。

（b）曲げ　曲げ部材としては鋼管にあまり利点はないが，薄肉鋼管の曲げ挙動には一つ大きな特徴がある。それは，曲げを受けると**図4.118**のように断面が変形して扁平となり，その結果断面2次モーメント，すなわち曲げ剛性が低下し，同図に示す荷重・変位曲線にみるように耐荷力の限界が現れることである。これを屈服現象と呼んでいる。もちろん，その前に圧縮縁での局部座屈が起これば，それが耐荷力を支配する限界状態となる。

曲げのほかに，圧縮も受ける鋼管脚柱の耐震性向上の手だてについては，前に4.5.6項で述べた。

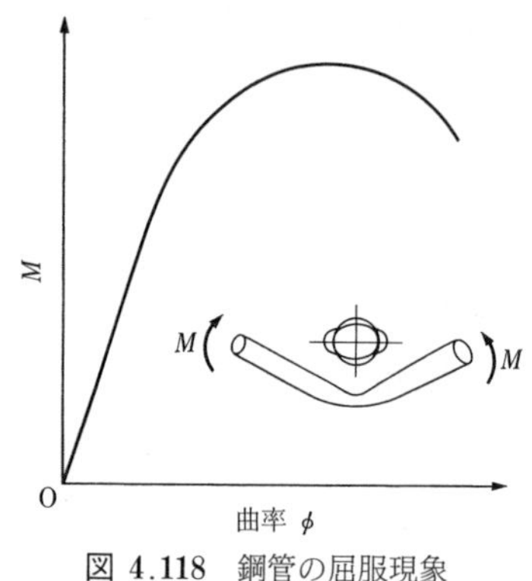

図 4.118　鋼管の屈服現象

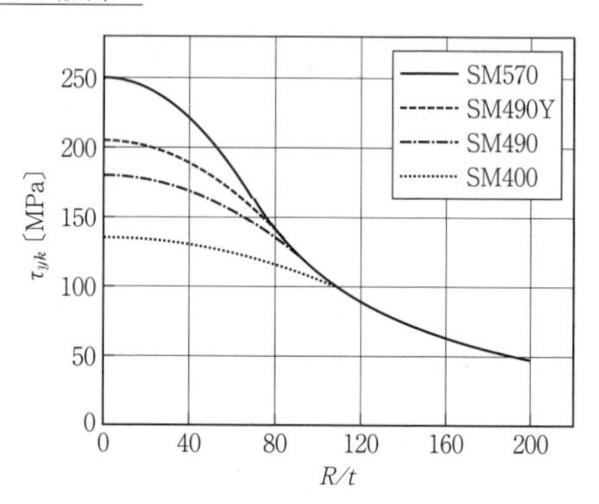

図 4.119　鋼管の局部せん断座屈に対する特性値（日本道路協会：道路橋示方書より板厚 40 mm 以下）

（c）せん断・ねじり　鋼管の弾性域内でのせん断座屈応力〔MPa単位〕については，シリング（Shilling）によるつぎの理論式がある。

$$\tau_{cr} = 0.733E\left(\frac{t}{R}\right)^{5/4}\left(\frac{R}{l}\right)^{1/2} \tag{4.143}$$

ここに，t は板厚，R は鋼管の半径，l は補剛材などによる板の固定点間距離である。道路橋示方書では，l を次項に述べる補剛材最大間隔，安全率を 1.8 として，局部せん断座屈強度の特性値 τ_{yk} を規定し，上式を簡略化した

$$\tau_{yk} = \frac{12\,500}{R/t} - 15 \tag{4.144}$$

を弾性域の，これに連なる放物線式を非弾性域の局部せん断座屈強度の特性値として規定している（**図 4.119** 参照）。なお，補剛材を設けない場合は，一般の部材より低い，R/t に無関係な一定のせん断座屈強度の特性値を定めている。さらに，この特性値を用いてせん断応力度の制限値 τ_{ud} は抵抗係数等を乗じてつぎのように定められている。

$$\tau_{ud} = \xi_1 \xi_2 \Phi \tau_{yk} \tag{4.145}$$

ここで，地震時以外の荷重の組合せにおいては，上記の係数は $\xi_1 = 0.90$，$\xi_2\Phi = 0.85$ に設定されている。

同じ示方書では，せん断応力 τ が軸力と曲げによる軸圧縮応力 σ と組み合わされるとき

$$\frac{\sigma}{\sigma_{cud}} + \left(\frac{\tau}{\tau_{ud}}\right)^2 \leqq 1.0 \tag{4.146}$$

なる座屈照査式を規定している。ここで，σ_{cud} は鋼管の圧縮応力度の制限値，τ_{cud} は式（4.145）で定義されるせん断応力度の制限値である。

（d） **補剛材**　軸方向力を受ける箱形断面のトラス部材などでも，部材の接合部である格点，横構などの取付け部，現場継手の両側では断面内にダイヤフラム（隔板）を設けることにしているが，より薄肉の鋼管部材では，局部座屈や局部的な変形を防ぐため，より密に竹の節のようなダイヤフラムまたは環補剛材を設けることが必要である。道路橋示方書では，厚肉の場合を除き，その最大間隔を鋼管外径の3倍とするのを原則としている。

4.7.3 曲　面　板

円筒殻である前項の円形断面鋼管もその一種ではあるが，曲面板からなる構造を殻あるいはシェル(shell)と呼ぶ。一般的特徴としては，アーチ作用のため，同じ厚さの平板に比べて剛性が向上し，内圧のみを受ける構造では膜作用による引張りで抵抗できるため，かなりの薄肉構造とすることができる。

構造設計の面では，立体的構造であって，面内荷重作用と面外荷重作用の問題を分離できないため，平板の場合よりやっかいである。例えば，**図 4.120** にみるように，曲面であるがために，板の面内方向の力が板面直角方向の成分も有することになる。

曲面板の不安定現象の一つに，横荷重のもとでの飛移り現象（snap-through）がある。浅いアーチにも起こる現象で，**図 4.121** に示すように，荷重がある極値に達すると，変位が突然別の安定な状態に飛び移る。この現象をはじめとし

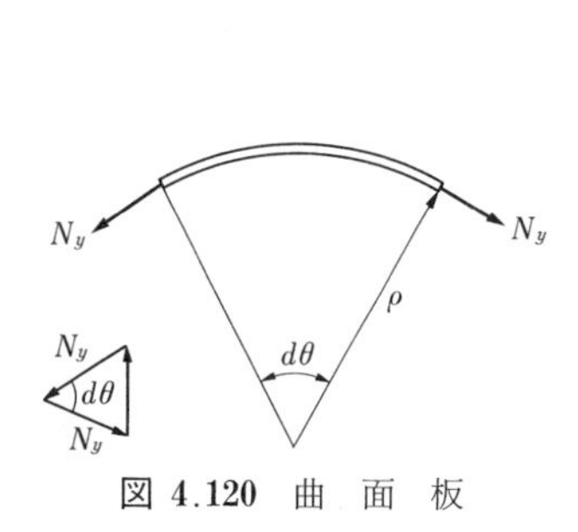

図 4.120　曲　面　板

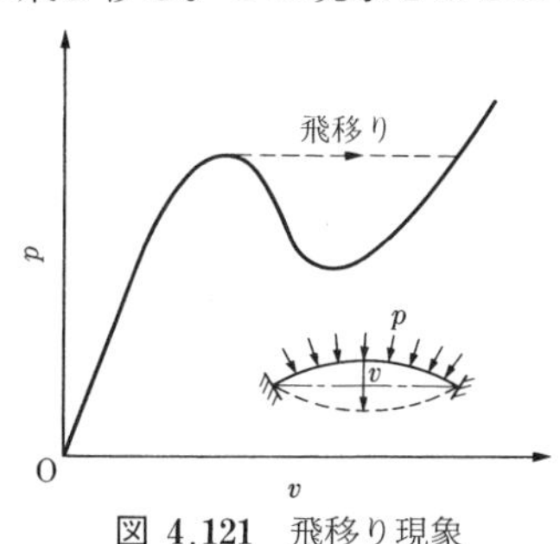

図 4.121　飛移り現象

て，一般に殻の座屈解析は有限変位理論による非線形問題として扱われる。

4.7.4 合　成　桁

〔1〕 **一般**　同一断面内で異なる材料からなる部分を一体として働かせるようにした構造を**合成構造**（composite structure）という。異なる材料とはいっても，土木・建築の分野では現在のところ鋼・コンクリート合成構造がほとんどで，両者それぞれの特色を生かし，欠点を補うよう工夫される。建築に以前から使われている鉄骨鉄筋コンクリート（SRC）構造，短中支間の橋桁として広く用いられている合成桁などはもはや特殊な構造とはいえず，土木分野でも脚柱をはじめとして合成構造の利用範囲は急速に拡大しているが，ここでは代表例である合成桁に関する要点を述べる。

引張に弱いコンクリート断面を圧縮側に配し，引張に強いが薄肉断面では座屈が問題となる鋼桁をずれ止め（shear connector）によってしっかり結合し，一体の曲げ材として働かせるようにしたものが合成桁である。このコンクリート断面は複数の鋼桁に支持される鉄筋コンクリートスラブとし，合成桁の圧縮フランジとして軸方向力を受けると同時に，鉛直方向荷重を受ける床版としての役割を兼ねさせるのが普通である。

合成桁を設計するに先立ってつぎのことがらを念頭に置く必要がある。

（1） コンクリートが硬化してはじめて合成桁として機能する。したがって，現場打ちコンクリートを用いる場合，死荷重（自重）に対してまで合成作用を期待するとなれば，コンクリートが固まって強度を発揮するまで，仮足場などで桁を支えておいてやらなければならない。そこで，自重以外の荷重に対してのみ合成桁として設計するのが普通である。これを**活荷重合成**という。

（2） コンクリートは引張に弱いので，鉄筋コンクリート床版が鋼桁の上に位置する通常の合成桁は正の曲げモーメントに対して有効である。中間支点上で負の曲げモーメントが働く連続桁やカンチレバー桁に合成桁を用いようとすると，特別な工夫が必要になる。

〔2〕 **曲げ応力**　異なる材料を一体とした構造断面に働く応力を評価する場合に問題となるのは材料によるヤング率の違いである。このため，断面積や

断面2次モーメントをどちらかの材料に換算して計算を行う。鋼に換算するとすれば，鋼のヤング率 E_s とコンクリートのヤング率 E_c の比を

$$n=\frac{E_s}{E_c} \tag{4.147}$$

として，**図4.122**に示すようにフランジとしての有効幅分のコンクリート断面を $1/n$ 倍し，合成桁としての断面積 A_v，断面2次モーメント I_v，および中立軸の位置をつぎのように求める。

$$A_v \fallingdotseq As+\frac{1}{n}A_c \tag{4.148}$$

$$I_v \fallingdotseq I_s+\frac{1}{n}I_c+A_s d_s^2+\frac{1}{n}A_c d_c^2 \tag{4.149}$$

$$d_s=\frac{A_c}{nA_v}d, \qquad d_c=\frac{A_s}{A_v}d \tag{4.150}$$

ここに，A_s，A_c は鋼桁，コンクリートスラブそれぞれの断面積，I_s，I_c は鋼桁，コンクリートスラブそれぞれの断面2次モーメント，d_s，d_c は鋼桁の重心，コンクリートスラブの重心それぞれの合成桁中立軸Vからの距離である。式(4.148) および式 (4.149) が近似式となっているのは，鉄筋コンクリートスラブにおける桁軸方向の鉄筋断面を無視しているからである。

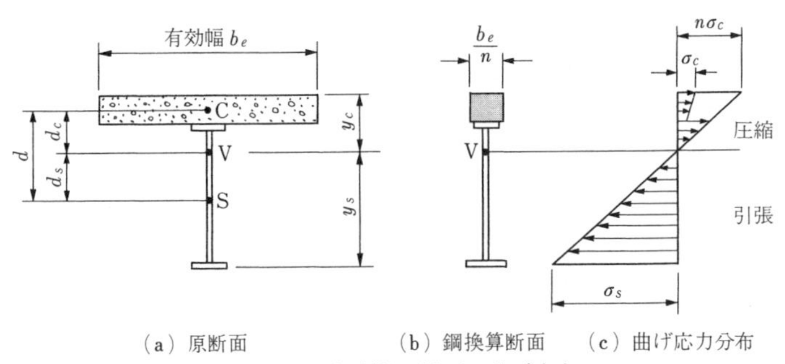

図 4.122　合成桁の断面と曲げ応力

合成桁としての応力を求める場合，上記の諸式を用いて得られるのは鋼についての値であるから，コンクリート部分における応力は再び $1/n$ 倍して戻してやらなければならない。すなわち，曲げモーメント M による応力度は次式で計算され，図4.122 (c) のようになる。

$$\left.\begin{array}{ll}\text{コンクリート部：} & \sigma_c = \dfrac{M}{nI_v}y_c \\ \text{鋼　　　　　部：} & \sigma_s = \dfrac{M}{I_v}y_s\end{array}\right\} \tag{4.151}$$

鋼のヤング率 E_s は鋼種によらずほぼ一定であるが，コンクリートのヤング率は材料強度などに左右される。しかしながら，合成桁の設計においては式（4.147）のヤング率比 n は7を標準としている。n の値を多少変えても，結果的には設計にそれほど大きな影響はないので，このことはそう気にすることはない。

合成桁では鋼桁部断面の大部分は引張側にあり，その圧縮フランジもコンクリートスラブに固定されているので，座屈に対する安全性は高い。したがって，高張力鋼の使用に適した構造といえる。なお，コンクリートに引張応力を受けもたせるのは好ましくなく，したがって合成桁の中立軸は鋼桁断面内に収まるようにするのがよい。

鋼桁，コンクリートスラブそれぞれの断面決定に都合のよいように，**図4.123**に示すように，合成桁に作用する曲げモーメント M を，鋼部，コンクリート部それぞれに作用する軸方向力と曲げモーメントに分けて考えることがある。これらの間にはつぎの条件式が成立しなければならない。ここで N は軸方向力，M は曲げモーメントで，脚添字 s，c はそれぞれ鋼部，コンクリート部に対する値であることを示す。$d = d_s + d_c$ は鋼部，コンクリート部それぞれの重心の間隔，I_v は式（4.149）による合成桁の鋼換算断面2次モーメントである。

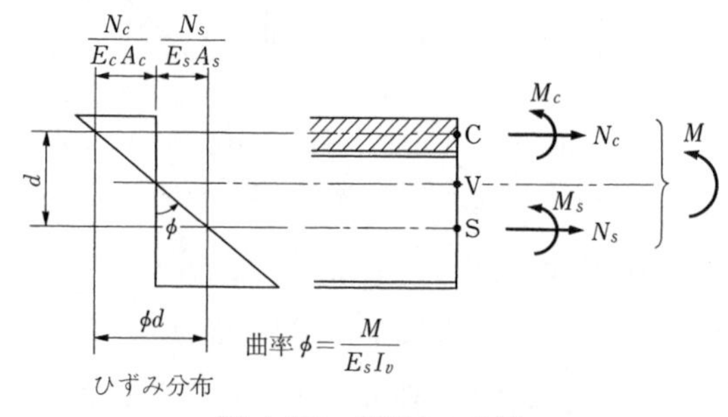

図 4.123　断面力の分解

$$
\text{つり合い条件}\begin{cases}\text{モーメント：} & M_c + M_s + N_c d = M & (4.152\,\mathrm{a}) \\ \text{軸方向力：} & N_c + N_s = 0 & (4.152\,\mathrm{b})\end{cases}
$$

$$
\text{変形適合条件}\begin{cases}\text{直ひずみ：} & \dfrac{N_c}{E_c A_c} + \dfrac{N_s}{E_s A_s} = \dfrac{M}{E_s I_v} d & (4.153\,\mathrm{a}) \\ \text{曲　　率：} & \dfrac{M_c}{E_c I_c} = \dfrac{M_s}{E_s I_s} = \dfrac{M}{E_s I_v} & (4.153\,\mathrm{b})\end{cases}
$$

このうち，ほかの3式については説明の必要はないであろうが，3番目の式(4.153 a）の条件については図4.123に添えたひずみ分布を参照されたい。合成桁においても，曲げ変形を生じた後の断面の平面保持の仮定に変わりなく，このことから式（4.153 a）の条件が成り立つことになる。

式（4.152)，(4.153）の四つの条件から四つの未知数 M_c，N_c，M_s，N_s が求められる。曲げと軸力を受けるコンクリート部，鋼部それぞれの応力は式(4.108）によって計算される。

〔3〕 **合成桁特有の応力**　純粋の鋼構造部材では問題にならないが，コンクリートと合成されたがために考慮されなければならない応力としてつぎのようなものがある。

（a） **温度差による応力**　鋼とコンクリートの線膨張係数は同じ（$\alpha = 1.2 \times 10^{-5}$）であるが，コンクリート部と鋼部の間に温度差があると，一方の膨張変形を他方が拘束するため，内部応力が発生する。いま簡単のため，鋼部，コンクリート部それぞれの温度は一定とし，コンクリート部のほうが鋼部より t〔℃〕だけ温度が高いとする。この場合，各部の応力はつぎのような考え方に従って計算される。

i）鋼部とコンクリート部が結合されていないとすれば，コンクリート部は $\varepsilon_c = \alpha t$ だけよけいに伸びる〔図**4.124**（a）参照〕。

ii）しかし実際には両者の間にずれはないので，仮にコンクリート部重心に $P' = E_c A_c \varepsilon_c$ なる圧縮力を加え，i）のひずみをもとに戻してやる〔同図（b）参照〕。これにより，コンクリート部には $\sigma_c = P'/A_c = E_c \varepsilon_c$ なる圧縮応力が加わる。

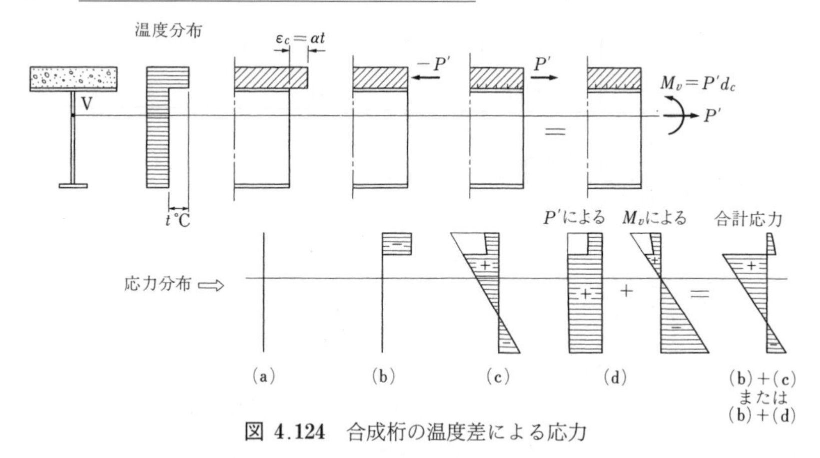

図 4.124　合成桁の温度差による応力

iii）そのうえで鋼部とコンクリート部を結合し，加えた仮の力 P' を除く。このとき，仮に作用していた力と反対方向の力が合成断面に加わったことになる〔図 4.124（c）参照〕。

iv）前項 iii）の効果は，合成断面重心に働く軸圧縮力 $P_v = P'$ と曲げモーメント $M_v = P'd_c$ に置き換えても変わらない〔同図（d）参照〕。

v）結局，各部に働く応力は引張を正として

$$
\left.
\begin{aligned}
&\text{コンクリート部：}\quad \sigma = \frac{1}{n}\left(\frac{M_v}{I_v}y_c - \frac{P'}{A_v}\right) + \frac{P'}{A_c} \\
&\text{鋼　　　　　部：}\quad \sigma = \frac{M_v}{I_v}y_t - \frac{P'}{A_v}
\end{aligned}
\right\} \qquad (4.154)
$$

となる。ただし，$P' = E_c A_c \alpha t$，$M_v = P'd_c$ である。

（b）　コンクリートのクリープによる応力　　合成後に載荷される死荷重やプレストレスなど，持続荷重が加わると，一定の応力のもとでもコンクリートのひずみが時間 t の経過とともに増大する。この現象を**クリープ**（creep）と呼び，これによって合成桁には応力を生じる。コンクリートのクリープによる合成桁の応力解析は前項の温度差による応力の場合と同じような考え方で進めればよい。

この場合，コンクリートのひずみ ε_c は外力の作用による弾性ひずみ ε_e とクリープひずみ $\varepsilon_{cr}(t)$ の和であって

$$\varepsilon_c = \varepsilon_e + \varepsilon_{cr}(t) = \varepsilon_e(1+\varphi_t) = \frac{\sigma_c}{E_c/(1+\varphi_t)} \tag{4.155}$$

と表される。ここに $\varphi_t = \varepsilon_{cr}(t)\ /\varepsilon_e$ をクリープ係数という。設計で問題になるのは ε_c が最大になる $t\rightarrow\infty$ のときの最終クリープ係数 φ_1 で，その値はコンクリートの材齢，温度，湿度，荷重などにより異なるが，合成桁の設計では $\varphi_1 = 2.0$ を標準としている。応力計算にあたっては，式（4.155）から，クリープの影響を考慮したコンクリートの見掛けのヤング率 $E_c(1+\varphi_1)$ を導入する。すなわち，合成桁としての断面換算を行う場合，n の代わりに $n(1+\varphi_1)$ を用いればよい。

（c） コンクリートの乾燥収縮による応力　合成桁ではコンクリートの乾燥収縮によるスラブの変形が鋼桁に拘束されるため，やはり内部応力が生じる。コンクリートの最終収縮ひずみは合成桁の場合 $\varepsilon_s = 2\times10^{-4}$ を標準としている。このコンクリートの乾燥収縮によって応力が生じると，これも持続応力であるために，やはりクリープが起こる。応力計算の方法は温度差やクリープによる前項（a），（b）の考え方に準じる。

〔4〕 ずれ止め　ずれ止めは合成構造の機能を確保するため最も重要な要素である。合成桁におけるずれ止めは，コンクリート部と鋼部の間に働くせん断力に抵抗し，桁が全体としてたわむとき，コンクリート部が鋼部から浮き上がるのを防ぐという二つの役割をもっている。

代表的なずれ止めとしては，**図 4.125**（a）のスタッド（stud）と，同図（b），（c）に示す輪形鉄筋付きのブロックジベルまたは溝形鋼があり，いずれも上

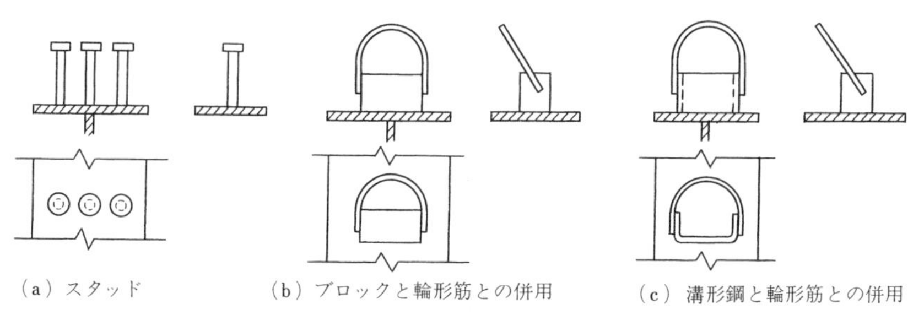

図 4.125 ずれ止めの種類

記二つの役割を考えた形状となっているが，現在ではスタッドが最も広く用いられている。桁に働くせん断力を S とすれば，コンクリートスラブと鋼桁の間には単位長さあたり，つぎのずれ力が作用する。

$$H = \frac{SG_c}{I_v} \tag{4.156}$$

ここに，G_c は鋼に換算したコンクリート部の，合成桁中立軸に関する断面1次モーメントである。したがって，ずれ止めが支間方向に p なる間隔で設けられるとすれば，ずれ止め1個あたりに働くせん断力は

$$T = Hp \tag{4.157}$$

である。

単純支持桁の場合，設計せん断力は支点に近づくほど大きい。また，コンクリート部と鋼部の温度差やコンクリートの乾燥収縮によってコンクリート部と鋼部の接触面に生じるせん断力も，側面すみ肉溶接継手における応力分布と同様な理由から，端部において大きい。したがって，ずれ止めは支点に近いところで密な配置となる。ずれ止めは原則的には小さいものを小間隔で配するのが望ましいが，密にしすぎるとずれ止め，コンクリート双方の施工に支障をきたし，間隔が広すぎると適切な合成作用が期待できないので，それぞれの形式について最小間隔と最大間隔をおさえている。

ずれ止めは鋼桁に溶接されたうえでコンクリートスラブの中に埋め込まれるので，つぎの3種の強度が問題になる。

① ずれ止め自体の曲げ強度とせん断強度

② ずれ止めを鋼桁のフランジに取り付けるすみ肉溶接のせん断強度

③ ずれ止めに接するコンクリートの支圧強度

このうち①と③に関連して，橋の設計規準ではスタッドのせん断力の制限値(単位N) をつぎのように定めている。

$$\left.\begin{array}{ll}\dfrac{H}{d}\geqq 5.5\text{ の場合：} & Q_i=12.2d^2\sqrt{\sigma_{ck}}\\[2ex] \dfrac{H}{d}<5.5\text{ の場合：} & Q_i=2.23dH\sqrt{\sigma_{ck}}\end{array}\right\}\tag{4.158}$$

ここに，H，d はスタッドのそれぞれ高さと軸径，σ_{ck} はコンクリートの設計基準強度（MPa）である。スタッドが高い場合はスタッドのせん断破壊が，低い場合にはコンクリートの支圧破壊が設計を支配すると考えて，上式のように，前者はスタッドの断面積，後者ではスタッドとコンクリートの支圧面積にそれぞれ比例する形になっているのである。

4.8 部 材 の 連 結

鋼構造における各種の接合方法と，それらの継手の設計の考え方についてはすでに第3章で詳しく述べた。したがってここでは，部材と部材の連結がどのような構造になっているかを，代表的な二つの場合について簡単にふれておく。

4.8.1 桁とほかの部材との連結

部材の連結にあたっては，所要の力が無理なく，安全に伝達されなければならない。桁がほかの部材に単純支持されている場合には，支点反力を伝達できればよいので，例えば大きな桁に小さな桁を接合する場合，**図 4.126**（a）のように連結板または小さいほうの桁のウェブを利用して，小さいほうの桁のウェ

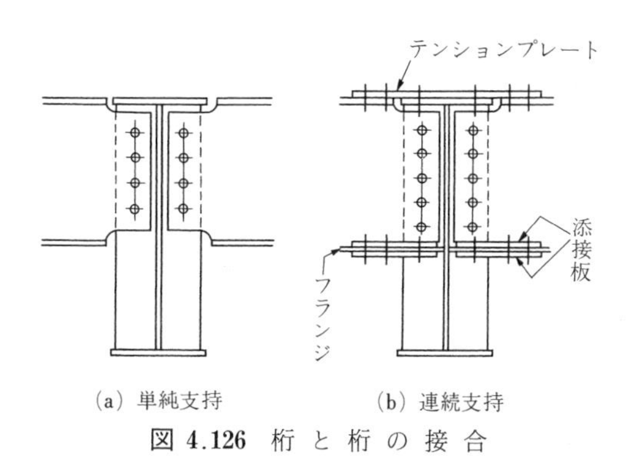

図 4.126 桁 と 桁 の 接 合

ブを大きいほうの桁の垂直補剛材に接合すればよい。しかし，大きいほうの桁をまたいで小さい桁が連続梁として設計されている場合には，さらに曲げモーメントも伝達されなければならず，図4.126（b）に示すように，フランジをも連結する。部材が取り付けられる側には補剛材なりダイヤフラムを設ける。

桁を柱に連結する場合も同様のことがいえる。

図4.127に示すラーメン構造の隅角部は両側の部材の曲げ剛性を完全に連続させるのはもちろんであるが，応力の流れが複雑であるので，せん断遅れによるフランジ有効幅の減少，応力集中の問題など，設計には特に注意を要するところである。ダイヤフラムの適切な配置，ウェブの補剛などが必要になる。同図（c）のように，ラーメンの隅角部は一体の工場製作部分とし，現場継手はこれをはずして桁の側にもってくることが多い。

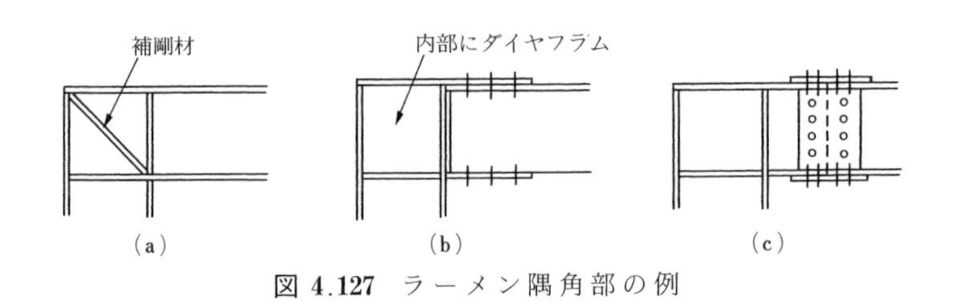

図 4.127　ラーメン隅角部の例

桁に横構，対傾構など細いトラス部材を連結する場合には，桁のフランジや垂直補剛材に次項で述べるガセットを取り付けて連結板とするのが普通である。

4.8.2　トラスの格点構造

〔1〕 **H形・箱形断面部材の場合**　トラス構造では理論上格点で各部材がヒンジ結合されるとしているが，実際には**図4.128**のように，ガセット板（または単に**ガセット**：gusset）なる板を用いて連結しているのが普通である。腹材を連結するガセットは弦材の腹板を格点部で突き出させたものを用いている。ガセットは部材を連結する高力ボルトまたはリベットが配置できる十分な広さをもち，応力を伝えうる断面をもち，かつ応力の流れが滑らかで，応力集中を生じないような形状のものでなければならない。他方，拘束による二次応

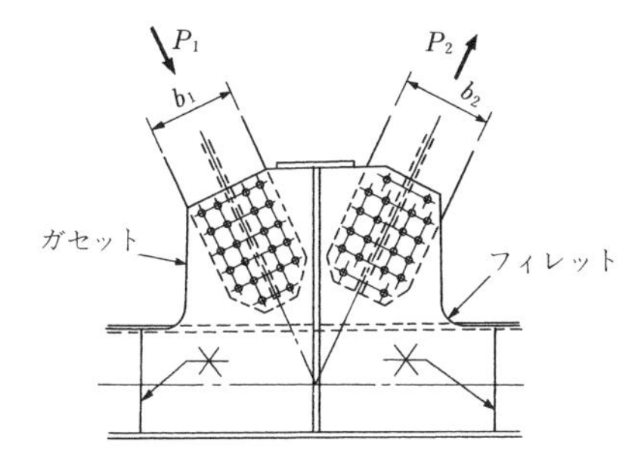

図 4.128 トラス格点のガセット

力の低減を図るよう，大きすぎることなく，かつ製作・架設ならびに維持の便をも考えた簡潔な構造でなければならない。

H形あるいは箱形断面部材の場合は2枚のガセットが腹材を挟み込む形となり，橋の設計ではその厚さをつぎのように規定している。

$$t\,〔\mathrm{mm}〕= C\frac{P}{b} \geqq t_0\,〔\mathrm{mm}〕 \tag{4.159}$$

$t_0 = 9$（道路橋），11（鉄道橋）

ここに，P はガセットに連結される1部材の最大作用力〔kN〕，b はガセットに連結される一部剤のガセットに接する材片の幅〔mm〕で，C は2程度の値をとる定数である。上式は経験的なもので確たる理論的根拠はない。

応力集中を避けるため，図4.128に示すように，ガセットの隅角部には丸味（フィレット）を付ける。部材の格点部にダイヤフラムを設けるべきことはすでに述べたとおりである。

〔2〕 鋼管トラスの場合　鋼管トラスの格点構造にはガセットを用いる場合（**図4.129**）のほか，直接鋼管どうしを溶接する分岐継手（**図4.130**）がある。鋼管構造の格点におけるガセットは1枚で，鋼管表面に溶接せざるをえないが，薄肉の鋼管は外から径方向の集中荷重を受けると局所変形を生じやすいので，通しガセットとするか，リブで補強してやる必要がある。

直結方式の分岐継手は鋼管構造ならではの方法である。ただし，それだけに応力分布の特性，局部変形，継手効率など注意を要する点が多く，例えば図

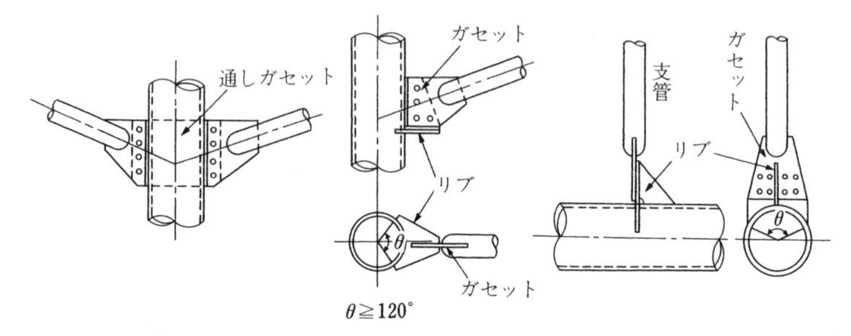

図 4.129　鋼管構造のガセット継手（日本道路協会：道路橋示書より）

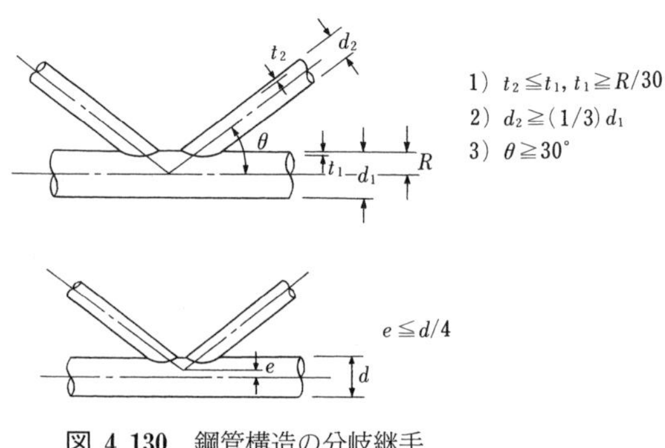

図 4.130　鋼管構造の分岐継手
（日本道路協会：道路橋示方書より）

4.130 に示すような形状，寸法上の制限が課せられている。集中荷重が作用する格点部や支承部には，局部変形を防ぐための環補剛材やダイヤフラムを設けて補強する。

演　習　問　題

〔**4.1**〕　一端ヒンジ，他端埋込みの柱（図**P-4.1**）に軸方向圧縮力が作用する場合の座屈荷重を導け。部材の長さをl，曲げ剛性をEIとする。

〔**4.2**〕　幅 200 mm，厚さ 10 mm の等しい 3 枚の板を溶接して，図**P-4.2**（a）のような I 形断面の圧縮材をつくった。これらの板の材料は降伏点 σ_y なる完全弾塑性体とする。残留応力の分布が図P-4.2（b）のようであるとしたとき，強軸まわりの曲げ座屈荷重 P_{cr} が部材の細長比によってどう変化するかを，無次元化した P_{cr}/P_Y と

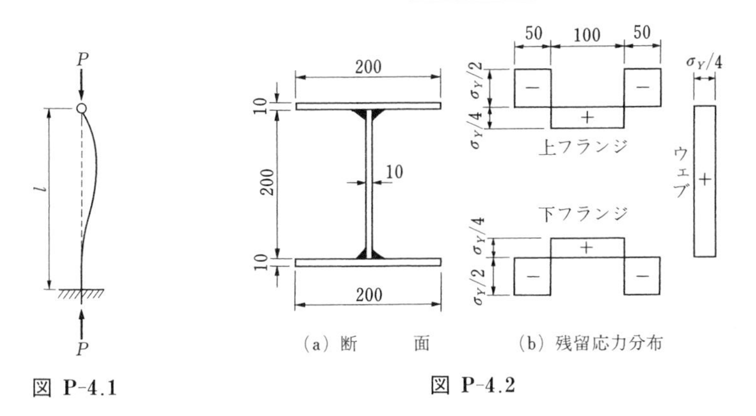

図 P-4.1　　図 P-4.2

換算細長比 $\lambda = (l/r)(1/\pi)\sqrt{\sigma_Y/E}$ との関係で示せ。ただし P_{cr} は接線係数法によって求めた耐荷力，$P_Y = \sigma_Y A$，A は断面積である。

〔**4.3**〕 前問と同じ断面で，材料も完全弾塑性体ではあるが，今度は図**P-4.3**に示すように，ウェブの材料の降伏点はフランジのそれの1/2である場合について，前問と同様の関係を調べよ。ただし，ここでは残留応力の影響はないものとする。

（注：総断面積を A とするとき，座屈が起こらなくても，この部材の P_{cr} は $P_Y = \sigma_Y A$ まで達しえないことに注意せよ。）

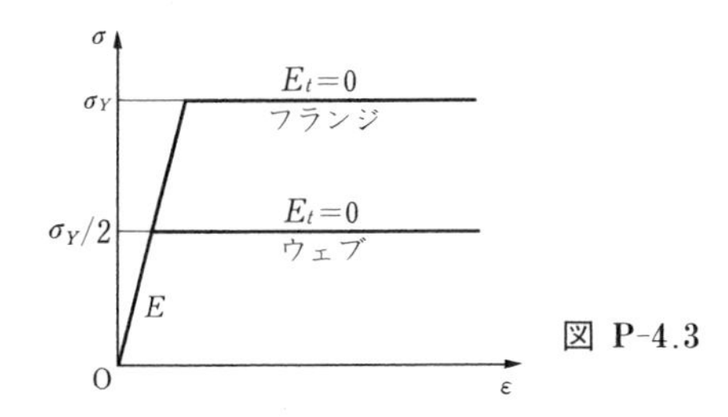

図 P-4.3

〔**4.4**〕 前問〔4.3〕の部材断面の強軸まわりの換算係数 E_r を求めよ。弱軸まわりについてはどうか。

〔**4.5**〕 2.5 MNの軸方向圧縮力を受ける有効座屈長8 m，薄肉正方形断面の鋼圧縮部材の辺長 a と板厚 t をつぎの条件のもとに定めよ。ただし $a \gg t$ と考えてよい。

i ）軸圧縮応力度の制限値は $\sigma_{cud} = \xi_1 \xi_2 \Phi \rho_{crg} \sigma_Y$ とする。ただし，$\xi_1 = 0.9$，$\xi_2 = 1.0$，$\Phi = 0.85$，$\sigma_Y = 235$ MPa，ρ_{crg} は式（4.35）参照。

ii ）局部座屈を防ぐため，$t/a \geqq 1/40$ とする。

iii）使用しうる最小板厚は8mmで，板厚はmm単位の整数値とする。

〔**4.6**〕 完全弾塑性体材料からなる断面に曲げを加えると，**図P-4.6**のO→A→BなるBなる曲げモーメント M と曲率 ϕ の関係を得る。全塑性モーメント M_p に達した後，点Bで除荷すると，同図のB→C→D→Eの経路をたどる。このとき，A，B，C，D，E各状態における断面の曲げ応力度分布を図示せよ。

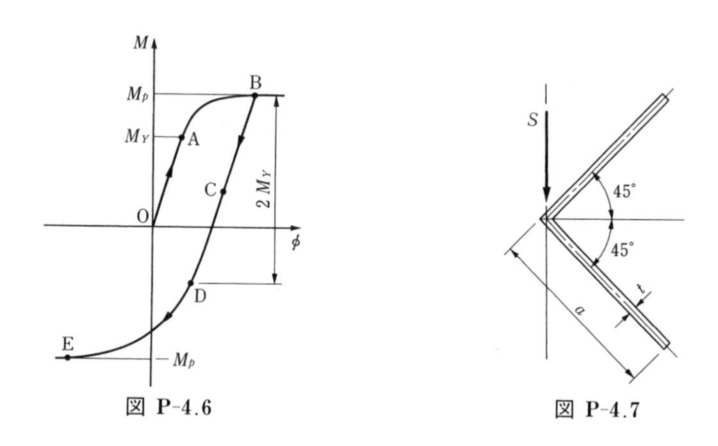

図 P-4.6　　**図 P-4.7**

〔**4.7**〕 **図P-4.7**の薄肉等辺山形断面における，せん断力 S によるせん断応力度の分布を示せ。

〔**4.8**〕 板厚中心の半径200mm，板厚8mmなる円形断面の鋼管に250kNのせん断力が作用するときの最大せん断応力度を求めよ。

〔**4.9**〕 **図P-4.9**のような偏心圧縮力 P を受ける直線部材における最大曲げモーメントを導け。ただし，e は l に比べて小さいものとし，部材の曲げ剛性を EI とする。

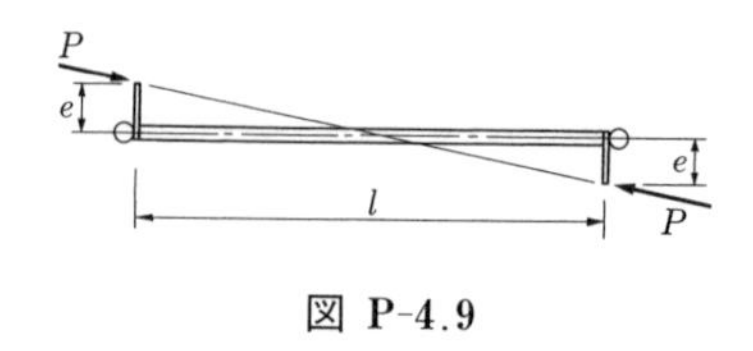

図 P-4.9

〔**4.10**〕 板厚中心の半径 a，板厚 t なる薄肉の円形断面部材におけるサン・ブナンのねじり定数を求め，この断面の1か所を切断して開断面にした場合と比較せよ。つぎに，$a=200\,\mathrm{mm}$，$t=10\,\mathrm{mm}$ なる場合の許容最大ねじりモーメントを計算せよ。ただし許容せん断応力度を $\tau_a=80\,\mathrm{MPa}$ とする。

〔**4.11**〕 板厚および断面積がそれぞれ等しい薄肉の円形断面と正方形断面の回転半径を比較せよ。いずれも板厚は辺長あるいは半径に比べてきわめて小さいものとする。

〔**4.12**〕 図**P-4.12**に示す合成桁断面について，つぎの諸量を計算せよ。ただし，鋼とコンクリートのヤング率比 $n=E_s/E_c=7$ とし，ずれ止めは十分機能しているものとする。

(a) 中立軸の位置

(b) 断面2次モーメント

(c) 正の曲げモーメント $M=1.5\,\mathrm{MN\cdot m}$ による鋼桁部の最大応力度

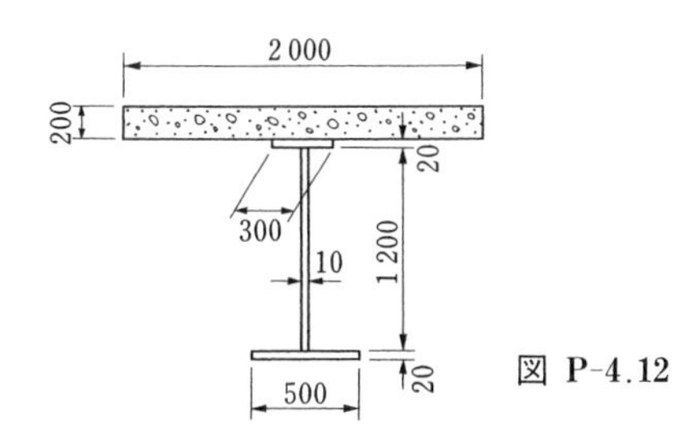

図 **P-4.12**

終　章

結びとして

作用外力や目的とする機能に違いこそあれ，用いる素材が共通しており，力学原理の基本に変わるところがない以上，本書で学んだ事柄は，いずれの種類の鋼構造物にも共通した基礎となるものである。その一方で，いざ具体的な構造物を設計し，施工しようとすると，おのおのの構造物にはその分野の伝統に根ざし，積年の経験と実績に基づいた特有の考え方なりしきたりがあることに気づく。このことは体験によらなければ会得できない面が多い。しかし，実務に携わらなければ，そのような実体験が得られないということでは必ずしもない。まずさしあたり，簡単な構造物でもよい，設計の演習を行ってみることがその第一歩であろう。さらに，製作や架設の現場を見学できればそれに越したことはないが，すでに使われている，あるいは工事中の身のまわりのいろいろな鋼構造物，例えば橋とか建築物とか，鉄塔，水門などを注意して眺めるだけでも，思いあたることが数多く見いだせるであろう。

鉄資源は幸いにわりあい豊富であり，コンクリートとともに鋼は当分構造材料の主役の座を占めていくことになろう。鋼材がさらに改良され，構造形態のうえでの工夫改良が進めば，適用範囲も一段と拡大されるに違いない。引張，圧縮，曲げ，ねじりを基本的な力の作用とし，棒，ケーブル，平板，曲面板を基本的な部材の形態として，それらの組合せによって構造物がつくられるという点では変わりなかろうが，個々の中味と組合せ方には将来新たな展開が予想され，またそれがなければ進歩は期待できない。その際，技術の進歩は新たな形の問題を生み，それを見逃すと事故につながりかねないことを，われわれは過去の歴史的経緯から知っている。したがって，ここに学んだ基本的事項をいかに応用し，適切な判断を加えて実地の問題に取り組むかが将来の発展につながるであろう。

付録：鋼構造物の製図[1]

A1. 一　般

図面は立体的な物体，技術者の着想を線，記号，文字，数字などを組み合わせ用いて平面上に表現したものであって，工学上の情報の創造，伝達，保存の手段として欠かせないものである。このような図面をつくる作業を製図という。近年，コンピュータの授けをかりる自動製図も実用化されているが，技術者がみずからの手で図面を作成しなければならない場合がなくなることはないであろう。

また，図面から情報を読みとること，すなわち読図ができなければ，図面を情報伝達の手段として利用することはできない。

以上のように，他人に見せるもの，他人のかいたものから情報を読みとる，という図面の性格からして，図面は共通の約束ごとに従って作成されなければならない。そこで，国際的にはISO（International Standards Organizationの略），国内的には日本規格協会によるJIS（日本産業規格：Japanese Industrial Standardsの略）では，そのような製図のしきたりに関する原則的事項を定めている。例えば，図面の大きさ，尺度，切断を表す図形，説明記号，寸法表示の方法，線の太さ・用い方などである。

しかしながら，図面については専門分野ごとに，独自の習慣あるいは実用面からの慣行がある。対象とする物体の大きさ，複雑さ，形状の特殊性などから，どうしてもこのような相違は認めざるをえない。そこで，例えばJISでは製図通則（JIS Z 8302）で工業製図全般の原則を示しながら，これに加えてJIS A 0101「土木製図（通則）」があり，さらに土木学会では「土木製図基準」を制定している。

A2. 図面の種類

構造工学関係の図面には計画図，設計図，製作図，施工図，透視図などがある。このうち最も重要な位置を占めるのは設計図である。設計図には，対象とする構造物の役割，設計条件なども付記され，たとえ設計計算書なしでも，この図面だけで構造物に関するすべての最終的な情報が含まれていなければならない。製作図あるいは施工図は設計図をもとに製作，施工の作業に用いられる形にかかれたものである。

透視図は目で見た感じで構造物を表現した図面である。透視図法によって描かれる

1）ここでの図は土木学会編「土木製図基準」より引用させていただいたことをお断りしておく。

が，これから構造物の形状，寸法を正しく読みとり，あるいは製作，施工のもとにするには適さない。しかし，陰影や場合によってはさらに色彩を施し，構造物の形状の概念を視覚的に得るには有効で，特に近年，設計段階で景観上の配慮をする場合とか，説明用の完成予想図として，土木構造物にもしばしば用いられるようになった。

以下に，前述の「土木製図基準」のうち鋼構造の設計図面に関する事項をかいつまんで説明することにするが，そもそも設計図とは通常つぎの3種からなる。

1）一般図：構造物全体の位置，形式，諸元，構造の概要を示す図

2）構造図：部材の形状・寸法，部材を構成する素材の材種・寸法とその製作組立てを示す図

3）詳細図：必要に応じ，特定部分の詳細を示す図

材料表も一般に図面の中に収められる。

A3．製図の規則

（1） **図面の大きさ**　構造物の図面にはA0判からA4判までの大きさの用紙を用い，A4を除き，長手方向を左右にするのを正位置とする。図面には周囲にA0～A2で10mm，A3およびA4で5mmの余白を残して太い輪郭線をかき，この中に図を配置する。

（2） **投影法**　投影法には正投影図法，斜投影図法，透視図法などがあるが，設計図は正投影のうち第三角法（図 **A1**）によるのを原則とする。ただし，平面図，側面図などの配置にはあまりこだわらず，誤解を招くことのない限り，合理性のほうを重んずる。例えば橋では，横から見た姿が構造物の形を最もよく表しているので，これがいわば正面図（図 A1のA）となり，上下面図については慣習によって図 A1のとおりにはかかれず，同図のEと逆方向から投影した下フランジあるいは下弦材の図

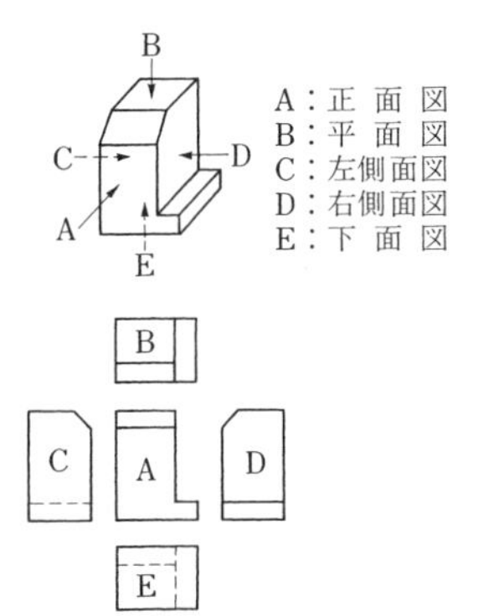

図 A1　第三角法の投影

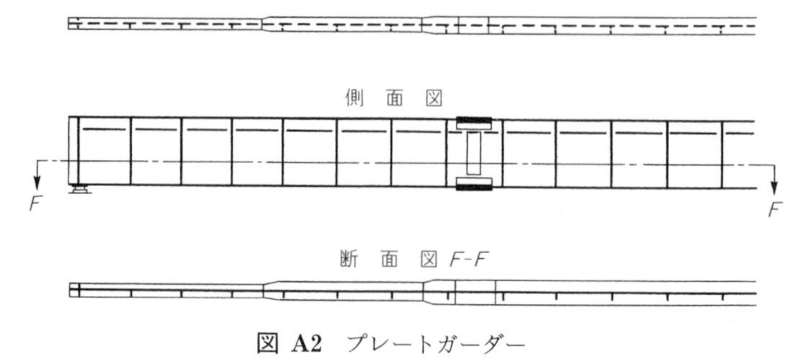

図 A2　プレートガーダー

がEの位置にくるのが普通である（図 A 2）。また同じ橋でさえ，道路橋と鉄道橋とでは図の配置や投影位置が若干異なる。これらについては，機会があれば実例によって理解されたい。

対象とする構造物を効果的に表すのに断面図を適宜利用する。また，斜面をもつ物体の場合などは斜面に直角方向からみた補助投影図を併用する（例えば図 A 3）。

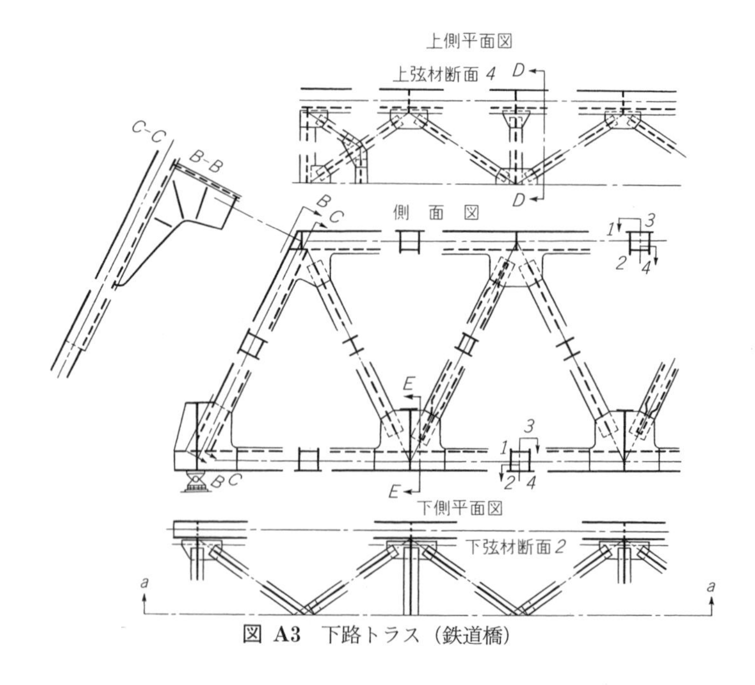

図 A3　下路トラス（鉄道橋）

（3） **尺度**　土木構造物の規模は広範にわたるので，縮尺も適宜選ばなければならないが，あまりに不統一でも困る。一般にはつぎのいずれかの縮尺を用いるのを原則とする。

一般図：　1/100，1/200，1/500

構造図：　1/10，1/20，1/25，1/30，1/40，1/50

詳細図：　1/1，1/2，1/5，1/10，1/20

トラスなどの構造図では，同じ図の中で，骨組線の縮尺と部材構成を示す図の縮尺とを変えてかくのが普通である（図 A3）。こうすることにより，細部の表示がかきやすく，見えやすくなる。

（4） **図の配置**　すでに（2）で述べた事項もあるが，そのほかに

1）重複を避け，できるだけ図が簡単になるよう，配置に工夫する。

2）左右対称な物体については片側のみかくのが普通である。この場合，必ず対称軸にあたる中心線を明記する。中心線を境に，片側を外形を表す図，他方の側を断面図とすることも多い。

3）見えない部分の形を示すのに用いる破線ができるだけ少なくてすむように，投影方向を選ぶ。

4）長い一様な構造は途中を省略することがある。

5）各図面とも，右下隅に標題欄を設け，図名，尺度，設計者名，期日などを記す。

（5） **線**　線の種類および太さによりつぎのように使い分ける。

a. 実線

ⅰ）太線：部材の厚さを1本の線で示す場合[1)]の見える部分の形を示す線，輪郭線など。

ⅱ）中細線：普通の見える部分の形を示す線など。

ⅲ）細線：寸法表示に用いる線，破断線など。

b. 破線（中細線）　見えない部分の形を示す線など。

c. 一点鎖線

ⅰ）太線：切断図を示す線。

ⅱ）細線：中心線，基準線など。

d. 二点鎖線（細線）　想像線，細い一点鎖線と区別する必要のあるとき。

なお，細線は薄線ではないことに注意のこと。線の太さに区別を付け，使い分けることによって，図面は見やすくなる。この観点からの太線，中細線，細線の太さの比は4：2：1程度である。

1）以前，板の断面は2本の平行な中細線でかいていたが，現在では，薄い板は1本の太い実線で示すようにしている。

（6）文字・数字　文字や数字は書体，大きさともに，同一図面の中で統一して記入する。狭いスペースに寸法数字を記入しなければならないからといって，ほかより小さく書くことは避けたい。工夫しだいでこれは可能である（例えば**図 A 4**）。構造物の図面では，文字・数字の高さはふつう 4 mm を用いるものとする。図面における文字・数字は活字的な書体で書く。このためにレタリング器具やテンプレート，型紙を使うことがある。

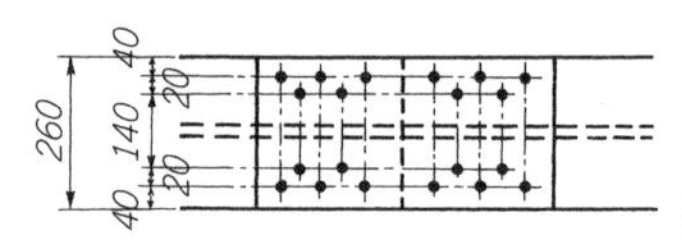

図 A4　狭い場所での寸法記入

（7）寸法の表示　寸法は形状を最も明らかに表すのに必要かつ十分なものを，なるべく重複を避け，かつ計算をしなくてすむよう記入する。もちろん，図を理解しやすくするためのある程度の重複はさしつかえない。

a. 寸法の単位　たとえ大きな構造物でも，寸法はmm単位で記入し，この場合，単位記号は付けない。ほかの単位を用いる場合は単位記号を付けなければならない。4 桁以上の数字は 3 桁ごとに間隔をあけて書く。

b. 寸法線　それが示す寸法の方向に平行に，なるべく物体を示す図の外部に引くものとする。寸法線は物体から適当に離してかき，何本か平行に引くときは 7 mm 間隔を標準とする（**図 A 5**）。

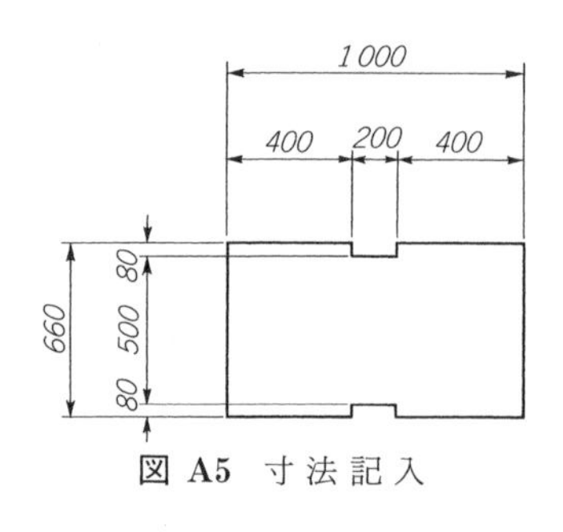

図 A5　寸 法 記 入

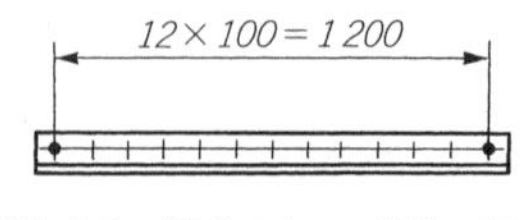

図 A6　等分される寸法の記入

c. 寸法記入　土木製図では寸法線を中断せず，その上ほぼ中央に寸法線からわずかに離して寸法数字を記入する。横から見る形で記入する場合には，右側から見て記入する。個々の部分の寸法の合計または全体の寸法は，順次個々の部分の寸法の外側に記入する（以上図 A 5 参照）。等間隔でいくつか連続する区分の寸法は 7 × 120 = 840（左辺の最初の数字は区分の数）または 7 @ 120 = 840（@はatの意味）のように記することができる（**図 A 6**）。

d. 寸法矢印　寸法を区切る箇所には寸法線の両端に矢印を付ける。場所が狭くて矢印を付ける余地あるいは寸法を記入する余地のない場合には，外側から矢印を付けるとか，黒点で代用することができる（図 A 7）。また，厚さを1本の太い線で表示した場合には図 A 8のようなかき方がある。

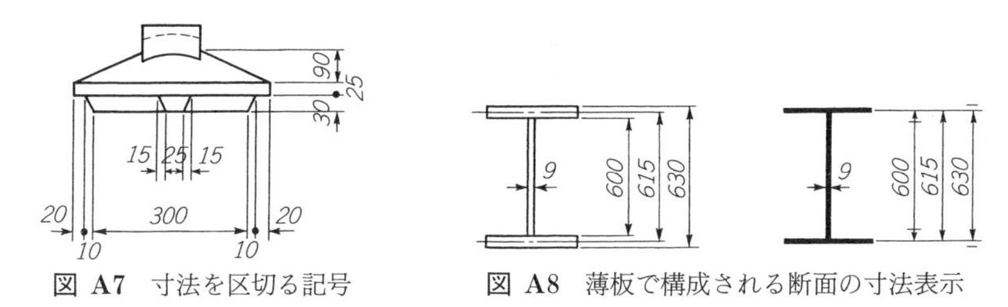

図 **A7**　寸法を区切る記号　　図 **A8**　薄板で構成される断面の寸法表示

e. 寸法補助線　寸法を示す部分の両側から，寸法の方向に直角に，寸法線をわずかに越えるまで延長してかく線である（図 A 4～ A 8）。寸法線を越えて不必要に長く延ばさないこと。寸法記入の関係上特に必要な場合には，寸法の方向に対して適当な角度で引き出してもよい。

（8）**材料の表示**　板や形鋼の寸法は下記のような表示方法で記入する。

a. 板　数量－板記号･幅×厚さ×長さ（材種）という順序で書き，寸法はその材を切り取るのに必要な長方形の寸法である。例えば

2 － PL 150 × 32 × 1 000（SM 490 Y）

最後の材種は必要がなければ省略してよい。また，プレートガーダーのフランジのように長さの長い材料では，上述の表示を寸法線の上に書いてもよい（図 A 9）。

b. 形鋼　やはり，数量・形鋼記号・形鋼寸法という順序で記す。例えば図 A 10

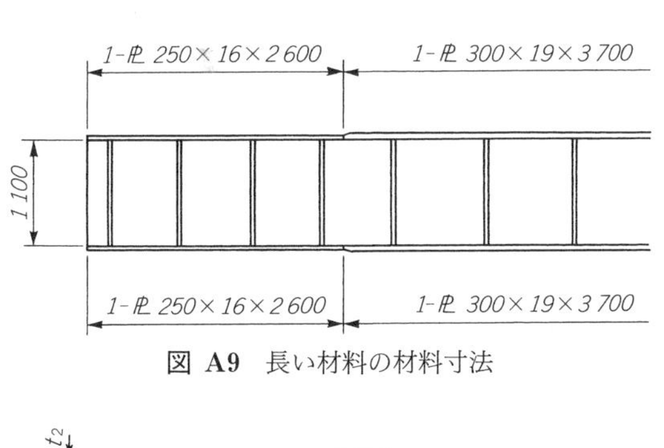

図 **A9**　長い材料の材料寸法

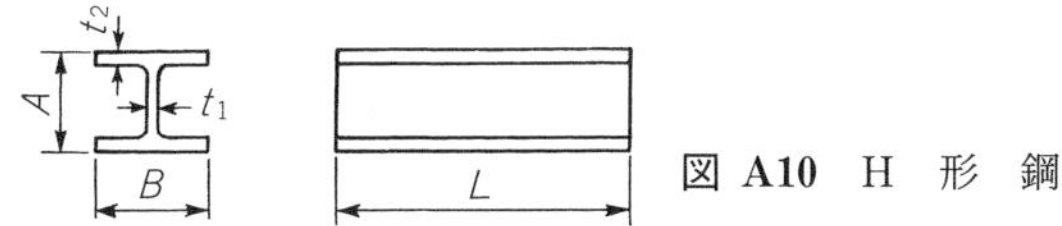

図 **A10**　H　形　鋼

表 A1　おもな溶接記号の例

種　　類	溶　接　部	実　形	記号による図示
Ⅱ形開先溶接	矢の側 または 手前側	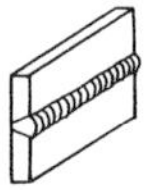	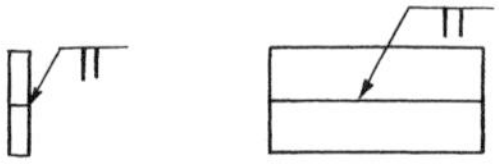
	矢の反対側 または 向側	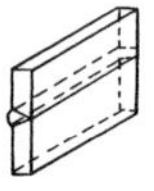	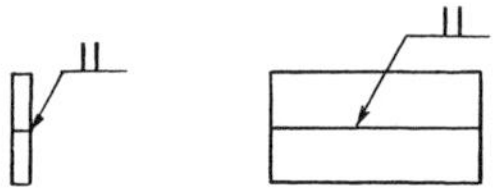
	両側	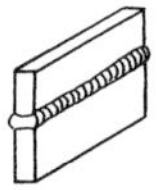	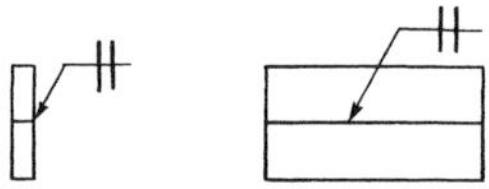
X形開先溶接	両側	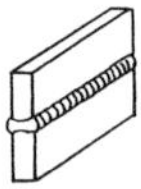	
V形開先溶接	矢の側 または 手前側	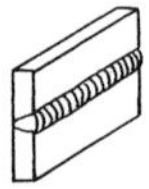	
連続すみ肉溶接	矢の側 または 手前側	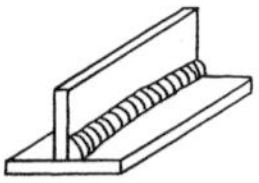	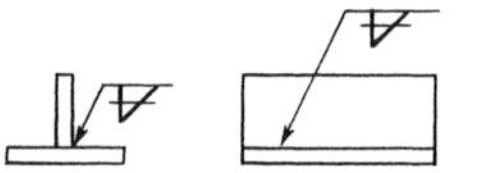
	矢の反対側 または 向側	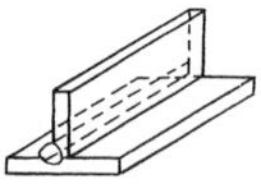	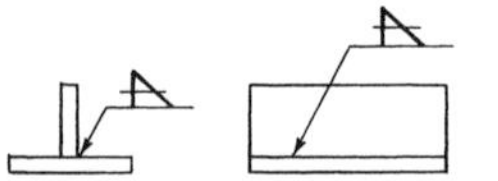
	両側	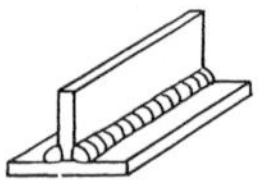	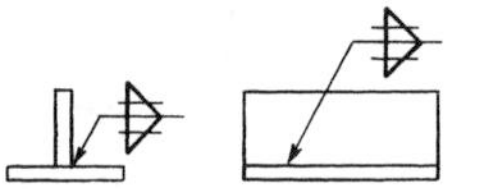
	脚長 6 mm の場合	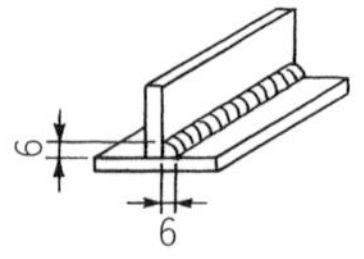 6 6	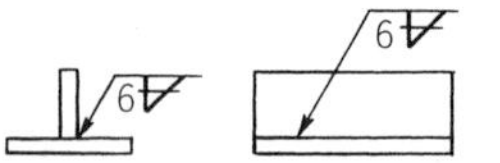 6 6

のH形鋼の場合には

$$1 - \mathrm{H}A \times B \times t_1 \times t_2 \times L$$

（9）　**接合の表示**　　溶接記号はJIS Z 3021による。よく用いられる例を表 A1に示す。開先溶接の場合には寸法引出線の先に開先形状の記号を記す。すみ肉溶接は，片側からのみの場合には寸法引出線の片側に三角記号を，両側よりの溶接の場合は寸法引出線の両側に三角記号をかき，いずれもサイズ（脚長）を記す。

ボルト接合においては，ボルト中心線を細い実線でかき，その線上に，工場ボルトの場合は白丸，現場ボルトの場合は黒丸でボルト位置を示す（図 A4)。軸が投影面に平行なボルトはかかないのを普通とする。リベット接合におけるリベットの表示法はボルトのそれに準ずる。

（10）**仕上げ記号**　　仕上げ記号はJIS B 0601に従い，表面あらさによって三角記号で示す。三角記号で示す。三角記号の数の多いほど，滑らかな仕上げである。

参　考　文　献

本書の内容について，もう少し詳しく調べたい，もっと深く学びたいというときに参考となる書籍を挙げておこう。

1章

〔1〕　伊藤　學・尾坂芳夫：設計論（土木工学体系15），彰国社，1980

2章

〔2〕　堀川浩甫：土木材料<鋼材>（大学講座土木工学8），共立出版，1975

〔3〕　三浦　尚：土木材料学（土木系大学講義シリーズ8），コロナ社，1986

〔4〕　鋼材倶楽部編：土木技術者のための鋼材知識，技報堂，1968

〔5〕　㈳日本鋼構造協会編：鋼構造物の疲労設計指針・同解説，技報堂出版，1993

3章

〔6〕　溶接学会編：溶接工学の基礎，丸善，1982

〔7〕　日本鋼構造協会編：わかりやすい溶接の設計と施工，技報堂出版，1986

4章

〔8〕　伊藤　學：構造力学（森北土木工学全書3），森北出版，1971

〔9〕　山崎徳也・彦坂　熙：構造解析の基礎，共立出版，1978

〔10〕　小松定夫：構造解析学Ⅰ，Ⅱ，丸善，昭57

〔11〕　西野文雄・長谷川彰夫：構造物の弾性解析（新体系土木工学7），技報堂出版，1983

〔12〕　青木徹彦：構造力学（土木系大学講義シリーズ5），コロナ社，1986

〔13〕　前掲〔7〕

さらに4章の中での引用文献として，以下はいずれも雑誌「橋梁と基礎」所載のもの

〔14〕　伊藤文人：局部座屈と全体座屈の連成問題，1981年2月号，pp.16〜18

〔15〕　西野文雄・三木千寿・鈴木　篤：道路橋示方書Ⅱ鋼橋編改定の背景と運用（8），13章ラーメン構造，1981年10月号，pp.10〜13

〔16〕　長谷川彰夫・堀口隆良・西野文雄：プレートガーダーの耐荷力に関する一考察（上，下），1977年4月号，pp.25〜32；5月号，pp.8〜12

〔17〕　東海鋼構造研究グループ（代表：福本唀士）：鋼構造部材の抵抗強度の評価と信頼性設計への適用（上，下），1980年11月号，pp.33〜41；12月号，pp.38〜44

演習問題略解

第2章

〔**2.1**〕（a）破断までの伸びが大きいことは，延性に富む材料であることを意味し，降伏発生後塑性崩壊荷重に至るまでの余裕の確保，破壊の予告を可能にする。鋼材では炭素，マンガンなどの含有量，熱処理などに影響される。

（b）脆性破壊に対する抵抗（じん性）の確保。材質，応力集中源の形状，温度，荷重の性質（衝撃的外力であるか）に左右される。

〔**2.2**〕高張力鋼を用いても有利でないことがありうるのは

1）応力変動が顕著な場合。一般に高張力鋼は疲労に敏感。

2）脆性破壊，溶接欠陥への対処が十分行えない場合。

3）剛性が特に問題となる場合。ヤング率が変わらないため，断面が小さくてすむ分，剛性が低下する。

4）圧縮を受ける場合。前項の剛性低下に関連するもので，この場合の座屈現象については本書4.3節，4.4節などで詳述。

ともかく，材料節減があまり期待できない場合には，材料費・加工費の単価が高いだけに，高張力鋼の使用はかえって不経済となる。

〔**2.3**〕x 方向に力を加えた場合，試験片に体積変化がないものとすれば，$(1+\varepsilon_x)\times(1-\nu\varepsilon_x)^2=1$。したがって，$\varepsilon_x \ll 1$ であるから

$$\nu=\frac{1}{\varepsilon_x}\left(1-\frac{1}{\sqrt{1+\varepsilon_x}}\right)=\frac{1}{\sqrt{1+\varepsilon_x}}\left(\frac{1}{2}-\frac{1}{8}\varepsilon_x+\cdots\cdots\right)\fallingdotseq 0.5$$

鋼材のポアソン比がこれより小さいということは，体積増加を意味する。

〔**2.4**〕$l=200\,\mathrm{cm}$，$A=\pi\times0.5^2=0.785\,\mathrm{cm}^2$，$P=15\,\mathrm{kN}$

1）$\sigma_x=\dfrac{P}{A}=\dfrac{15\,000}{0.785}=191\,\mathrm{MPa}$，　$\varepsilon_x=\dfrac{\sigma_x}{E}=\dfrac{191}{2.0\times10^5}=0.09\%$

2）$\varepsilon_x=\Delta l/l$ から，$\Delta l=\varepsilon_x l=0.000\,9\times200=0.18\,\mathrm{cm}$

3）$\varepsilon_y=\varepsilon_z=-\nu\varepsilon_x=\Delta a/a$ で，$\nu=0.3$，$\varepsilon_x=9\times10^{-4}$，$a=1\,\mathrm{cm}$ なることから，$\Delta a=-0.000\,27\,\mathrm{cm}$（縮み量）。

第3章

〔**3.1**〕a をのど厚とすれば，$\tau=500\,000/(4\times300a)\leqq103\,\mathrm{MPa}$ から，$a\geqq 4.03\,\mathrm{mm}$，すなわちサイズ $s=\sqrt{2}\,a=5.71\,\mathrm{mm}\rightarrow s=6\,\mathrm{mm}$ とする。67ページ，i)，ii）の条件も満足している。

〔3.2〕　桁に関して，$I = 247\,000\,\mathrm{cm}^4$, $G_y = 28 \times 1.2 \times 50.6 = 1\,700\,\mathrm{cm}^3$。したがって，フランジとウェブの接合部における $\tau = 1\,100\,000 \times 1\,700 / (247\,000 \times 2a) \leqq 1\,030$ から，$s = \sqrt{2}\,a \geqq 0.52\,\mathrm{cm} \rightarrow s = 6\,\mathrm{mm}$ とする。67 ページ，ｉ)，ⅱ）の条件も満足している。

〔3.3〕　展開したのど厚（$6/\sqrt{2} = 0.4\,\mathrm{cm}$）断面の $I = 178\,000\,\mathrm{cm}^4$。したがって

$$\sigma = \frac{M}{I}y = \frac{20 \times 10^6}{1.78 \times 10^5} \times 51.62 = 5\,800\,\mathrm{N/cm^2} = 58.0\,\mathrm{MPa}$$

〔3.4〕　着目断面が図 **E 3.4** の破断面を考えるときの純幅 b_n は

破断面Ⅰの場合：　$b_n = 310 - 3 \times 25 = 235\,\mathrm{mm}$

破断面Ⅱの場合：　$b_n = 310 - 25 - 4 \times \left(25 - \dfrac{50^2}{4 \times 60}\right) = 226.7\,\mathrm{mm}$

破断面Ⅲの場合：　$b_n = 310 - 25 - \left(25 - \dfrac{50^2}{4 \times 60}\right) - 25 - \left(25 - \dfrac{50^2}{4 \times 60}\right)$

$= 230.8\,\mathrm{mm}$

したがって，破断は断面Ⅱで起こるとして，道路橋示方書，限界状態 1 に対して照査を行う。母材の引張応力度の限界値は，表 2.4 より

$P_j = \sigma_{tyd} b_n t = 179 \times 226.7 \times 10 = 406\,\mathrm{kN}$

連結板の厚さの合計は同じ鋼種の母材の厚さより大きいから問題ない。高力ボルトから決定される伝達力の制限値は

$P_j = nm\xi_1 \Phi_I P_{ju} = 5 \times 2 \times 0.90 \times 0.85 \times 66 = 505\,\mathrm{kN}$

結局，この継手の引張力の制限値は母材断面からきまり，406 kN。

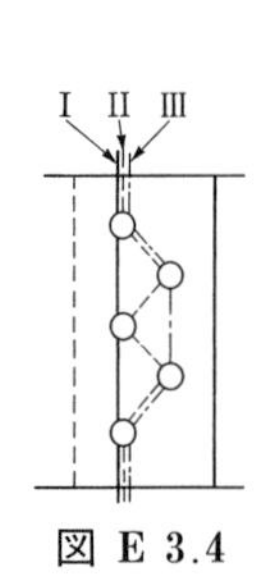

図 E 3.4

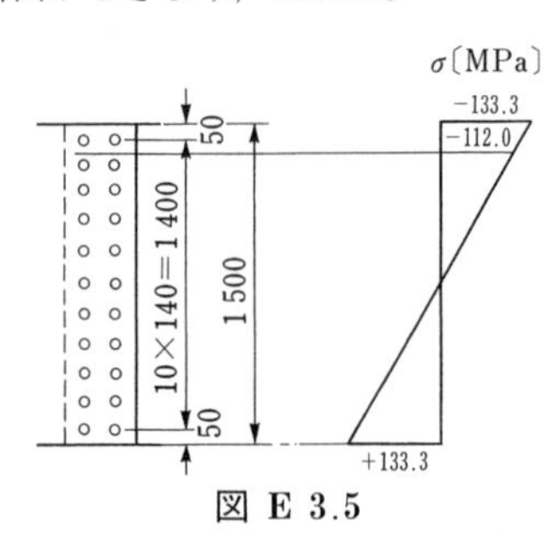

図 E 3.5

〔3.5〕（ａ）　図 **E 3.5** のようにボルト位置を仮定する。第 1 列のボルト群が受けもつ力

$$P_1 = \frac{133.3 + 112.0}{2} \times \left(5 + \frac{14}{2}\right) \times 1.2 = 177\,\mathrm{kN}$$

まず，限界状態1に関して照査を行う。表3.5から，F10T，M22ボルトの場合$P_{ju}=82$ kN，ボルト1本あたりの制限値は$P_{ju1}=m\cdot\xi_1\cdot\Phi\cdot P_{ju}=125.5$ kN

所要本数：$n_1=177/P_{ju1}=1.41$　→　2本使用

以下の各列も最小ボルト本数規定より2本とする。

せん断力に対してボルト1本あたりの作用力は，$P_s=300/22=13.6$ kNであり，ボルト1本あたりの制限値P_{ju1}以下であるため問題ない。

合成力に対し照査を行う。ボルト1本あたりの合成力は

$$\sqrt{(P_1/2)^2+(P_s)^2}=89.5\ \text{kN}\leqq P_{ju1}=125.5\ \text{kN}$$

つぎに限界状態3に対して照査を行う。ボルト1本あたりの制限値は

$$P_{ju3}=m\cdot\xi_1\xi_2\Phi_3\cdot\tau_{uk}\cdot A_s=158.2\ \text{kN}$$

曲げモーメントに対する照査を行う。腹板の断面2次モーメントは

$$I_w=1\,500^3\times12/12=3\,375\times10^6\ \text{mm}^4$$

ボルト群に生じる曲げモーメントは

$$M=\frac{\sigma I_w}{y}=\frac{133.3\times3\,375\times10^6}{750}=5.999\times10^8\ \text{Nmm}$$

このモーメントを2列のボルトの支圧力で分担するので

$$\Sigma y_i^2=(140^2+280^2+420^2+560^2+700^2)\times2\times2=4\,312\,000\ \text{mm}^2$$

外縁部のボルト1本あたりに生じる力P_{sd}とその照査

$$P_b=\frac{M}{\Sigma y_i^2}y_i=\frac{5.999\times10^8}{4\,312\,000}700=97.38\ \text{kN}\leqq\frac{y_i}{y_n}P_{ju3}=\frac{700}{750}158.2=147.3\ \text{kN}$$

つぎに，曲げモーメントとせん断力が同時に作用する場合の照査を行う。

$$\sqrt{P_b^2+P_s^2}=97.4\ \text{kN}\leqq P_{ju3}=158.2\ \text{kN}$$

（b）　連結板は両側からおのおの8mm厚（道路橋示方書最小厚）をあてる。連結板の断面積A_sと断面2次モーメントI_sは，以下に示すように腹板の断面積A_wと断面2次モーメントI_wより大きいので問題はない。

$$A_s=150\times1.6=240\ \text{cm}^2\leqq A_w=150\times1.6=180\ \text{cm}^2$$

$$I_s=150^3\times1.6/12=450\,000\ \text{cm}^4\leqq I_w=3\,375\times102\ \text{cm}^4$$

（c）　腹板の引張応力度の制限値は表2.4より240MPaのため$240\times0.75=180$ MPa >133.3 MPaであるから，比例的に1列目の所要ボルト本数$n_1=1.41\times(180/133.3)=1.91<2$本。ほかの事項についても同様に照査する。

第4章

〔**4.1**〕　固定端に座標原点をとる。式（4.12）の一般解

$$v=A\sin\alpha x+B\cos\alpha x+Cx+D,\qquad \alpha=\sqrt{P/EI_z}$$

に端末条件をあてはめれば，$D=-B$，$C=-\alpha A$を得た後，座屈方程式

$$\begin{vmatrix} \sin\alpha l & \cos\alpha l \\ \sin\alpha l-\alpha l & \cos\alpha l-1 \end{vmatrix}=0$$

が導かれる。これから $\tan\alpha l=\alpha l$ となり，その解は $\alpha l=4.483$。したがって

$$P_{cr}=\left(\frac{4.483}{7}\right)^2 EI_z=2.046\frac{\pi^2 EI_z}{l^2}\fallingdotseq\frac{\pi^2 EI_z}{(l/0.7)^2}$$

〔**4.2**〕 $P=P_Y/2$ でフランジ先端部（おのおの 50 mm 幅）が降伏。

i）$0\leqq P_{cr}<\frac{1}{2}P_Y$：　弾性座屈域で，$\frac{P_{cr}}{P_Y}=\frac{1}{\lambda^2}$（オイラー座屈）

ii）$\frac{1}{2}P_Y\leqq P_{cr}<P_Y$：　弾性核部分の $I_{ez}=2\,873\,\mathrm{cm}^4$。一方，全断面については $I_z=5\,080\,\mathrm{cm}^4$。したがって式（4.30）から

$$\frac{P_{cr}}{P_Y}=\frac{I_{ez}/I_z}{\lambda^2}=\frac{0.566}{\lambda^2}\qquad(\text{図 E4.2})$$

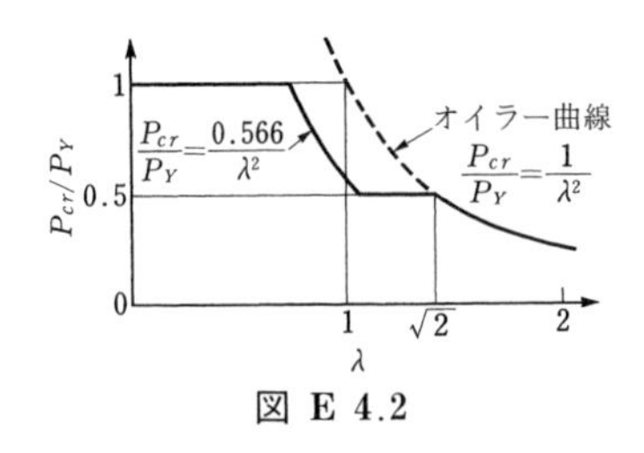

図 E 4.2

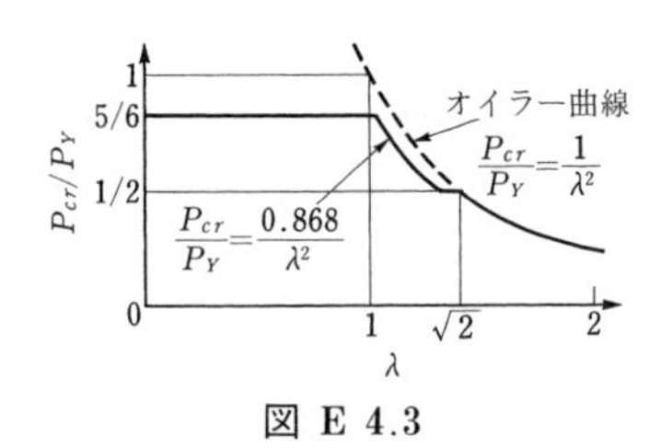

図 E 4.3

〔**4.3**〕 $P=P_Y/2$ でウェブ降伏。また，全断面降伏となる荷重はフランジ1枚の断面積を A_F，ウェブの断面積を A_W として

$$P_{\max}=\sigma_Y(2A_F)+\left(\frac{1}{2}\sigma_Y\right)A_W=\sigma_Y\left(\frac{5}{6}A\right)=\frac{5}{6}P_Y$$

i）$0\leqq P_{cr}<\frac{1}{2}P_Y$：　　前問に同じ。

ii）$\frac{1}{2}P_Y\leqq P_{cr}<\frac{5}{6}P_Y$：　　$I_{ez}\fallingdotseq 4\,410\,\mathrm{cm}^4$ であることから

$$\frac{P_{cr}}{P_Y}=\frac{4\,410/5\,080}{\lambda^2}=\frac{0.868}{\lambda^2}\qquad(\text{図 E4.3})$$

〔**4.4**〕 問題になるのは $(1/2)P_Y\leqq P_{cr}<(5/6)P_Y$ の領域である。

i）強軸まわり　　図 **E4.4** を参照してまず断面内の力のつり合い条件（$\int_A\Delta\sigma dA=0$）から $y_0=1.01\,\mathrm{cm}$。そして式（4.18）を計算して，$E_r=(4\,696/5\,080)\times E=0.924E$ を得る。したがって

$$\frac{P_{cr}}{P_Y}=\frac{0.924}{\lambda^2}$$

この結果は，図 E4.3 においてオイラー曲線と前問の接線係数による曲線との中間にくる。

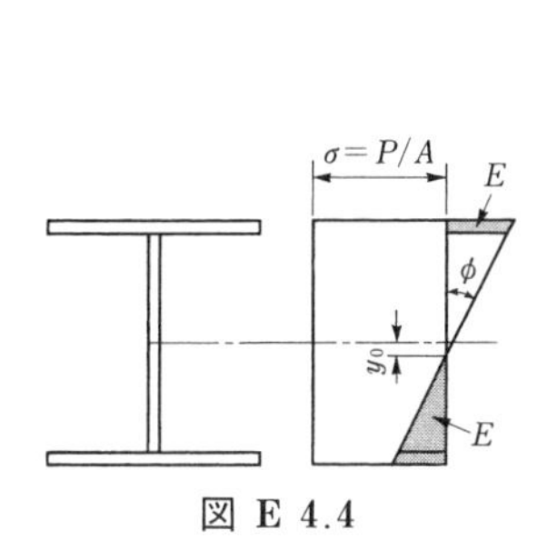

図 E 4.4

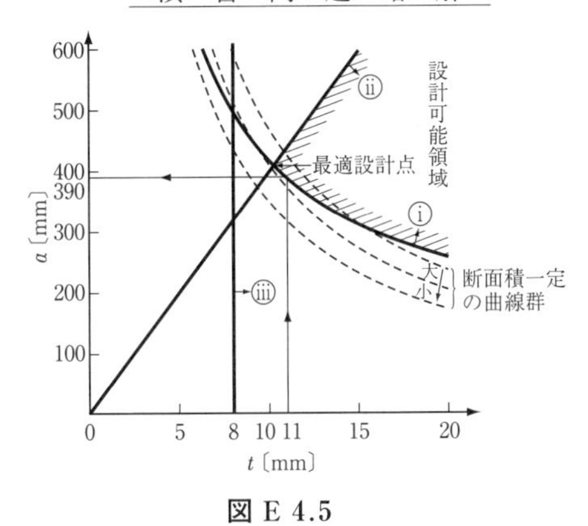

図 E 4.5

ⅱ）弱軸まわり　　もともとウェブの曲げ剛性への寄与がほとんどないので，ウェブの降伏の影響は無視しうる。すなわち，$0 \leqq P_{cr} \leqq (5/6)\ P_Y$ の全領域にわたってオイラー座屈式とほとんど変わらない。

〔**4.5**〕　$A = 4at$，$I \fallingdotseq (2/3)a^3 t$，したがって断面回転半径 $r = a/\sqrt{6}$。細長比は $l/r = 8\,000\sqrt{6}/a = 19\,600/a$。設計の制約条件は

ⅰ）$\sigma = \dfrac{P}{A} = \dfrac{2.5 \times 10^6}{4at} \leqq \sigma_{cud} = 199.4 - \dfrac{20\,950}{a}$

ⅱ）$a \leqq 40t$

ⅲ）$t \geqq 8$〔mm〕

ⅰ），ⅱ）の両式を連立させて解き，得られた t がⅲ）を満足するか否かという順序で計算もできるが，**図 E4.5** のような図式解法もある。すなわち，ⅰ）～ⅲ）を満足する設計可能領域の中で $A = 4at$ を最小にする解が最も経済的な設計である。板厚は整数〔mm〕でなければならないことから，$t = 11$ mm，$a = 390$ mm とする。

〔**4.6**〕　点B以降は逆向きの曲げモーメントを加えていく（除荷）と考えればよい。**図 E4.6** の結果となる。

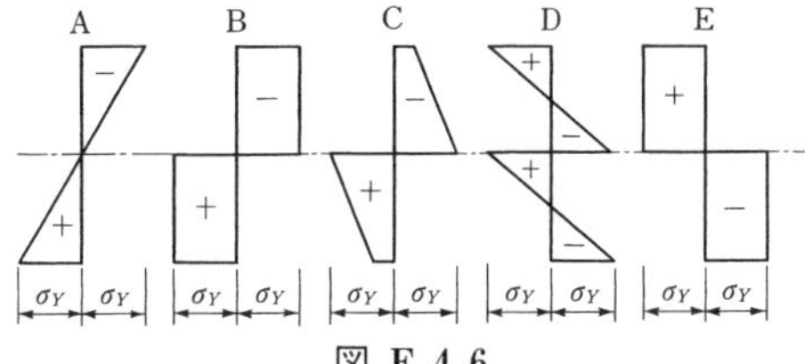

図 E 4.6

〔**4.7**〕　上下対称であるから上半部についてのみ考える。この断面のせん断中心はせん断力作用点に一致する。**図 E4.7**（a）のように座標軸をとれば $(-y) = (a - s) \times \cos 45°$ である。したがって式（4.72 b）から

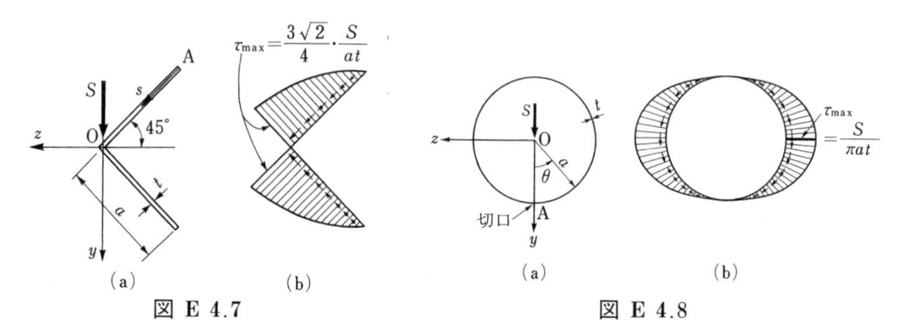

(a) (b)

図 E 4.7

(a) (b)

図 E 4.8

$$\tau=-\frac{S}{tI_z}\int_0^s ytds=\frac{S}{I_z}\int_0^s\frac{\sqrt{2}}{2}(a-s)ds$$

$t\ll a$ とすれば $I_z\fallingdotseq a^3t/3$ であるから

$$\tau=\frac{3\sqrt{2}S}{2a^3t}\left(a-\frac{s}{2}\right)s \qquad 〔図 E4.7(b)〕$$

〔**4.8**〕 図 **E4.8**(a)を参照して $y=a\cos\theta$, $I_z\fallingdotseq\pi a^3t$

i)図 E4.8(a)の点Aに切口を設け開断面とする。式(4.72a)から

$$q_0=-\frac{S}{I_z}\int_0^s ytds=-\frac{tS}{I_z}\int_0^\theta(a\cos\theta)(ad\theta)=-\frac{Sa^2t}{I_z}\sin\theta$$

ii)つぎに切口を閉じて与えられた閉断面にすると，式(4.75)による不静定せん断流は

$$q'=-\frac{\oint(q_0/t)ds}{\oint(1/t)ds}=\frac{S}{\pi a}\cdot\frac{\int_0^{2\pi}\sin\theta d\theta}{\int_0^{2\pi}d\theta}=0$$

iii)したがって，この場合は求める $q=q_0$ で

$$\tau=\frac{q_0}{t}=-\frac{Sa^2}{I_z}\sin\theta=-\frac{S}{\pi at}\sin\theta$$

与えられた数値を代入すれば

$$\tau_{max}=\frac{S}{\pi at}=\frac{250\,000}{\pi\times20\times0.8}=49.7\text{ MPa}$$

〔**4.9**〕 図 4.25と同じ座標軸，変位を用いれば支配方程式は

$$\frac{d^2v}{dx^2}+\alpha^2\left[v+e\left(1-\frac{2}{l}x\right)\right]=0,\qquad \alpha^2=\frac{P}{EI}$$

境界条件を考慮してこれを解き，さらに $M(x)=-EI(d^2v/dx^2)$ から

$$M(x)=Pe\left[\cos\alpha x-\frac{\sin\alpha x}{\tan(\alpha l/2)}\right]$$

〔**4.10**〕 閉断面のとき〔式(4.136)〕：　$J_c=\frac{4\times(\pi a^2)^2}{2\pi a/t}=2\pi a^3t$

開断面のとき〔式(4.131)〕：　$J_0=\frac{1}{3}(2\pi a)t^3=\frac{2}{3}\pi at^3$

したがって，$J_c/J_0=3(a/t)^2$。

閉断面の場合，式(4.134)から$T = 2(\pi a^2)t\tau \leqq 2\pi a^2 t\tau_a$。したがって$\tau_a = 80$ MPa, $a = 20$ cm，$t = 1$ cmならば

$$T_a = 2\pi \times 20^2 \times 1 \times 80 = 201 \text{ kN}\cdot\text{m}$$

〔**4.11**〕 板厚を t，正方形断面の辺長を a，円形断面の半径を R とする。

正方形断面：　$A_s = 4at$，$I_s \fallingdotseq (2/3)a^3 t$，　$r_s = \sqrt{I_s/A_s} = a/\sqrt{6}$

円 形 断 面：　$A_c = 2\pi Rt$，$I_e \fallingdotseq \pi R^3 t$

$A_s = A_c$ から $R = 2a/\pi$ である。したがってこれを上式に代入すれば，$A_c = 4at$, $I_e \fallingdotseq 8a^3 t/\pi^2$。したがって円形断面の回転半径は $r_c = \sqrt{I_c/A_c} = \sqrt{2}\,a/\pi$ 。ゆえに$r_c/r_s = 1.103$で，円形断面のほうが約10%大きい。

〔**4.12**〕（1）コンクリート断面：　$A_c = 200 \times 20 = 4\,000$ cm^2, $I_c = (1/12) \times 200 \times 20^3 = 133\,333$ cm^4

（2）鋼断面：

	A_s〔cm^2〕	y〔cm〕	$G_z = A_s y$〔cm^3〕	I_0〔cm^4〕
1 Fl. Pl.	30 × 2 = 60	61	3 660	223 280
1 Web Pl.	125 × 1 = 120	0	0	144 000
1 Fl. Pl.	50 × 2 = 100	− 61	− 6 100	372 733
Σ	280		− 2 440	739 413

重心軸の鋼桁中心よりの偏心量：　$\delta = G_z/A_s = 2\,440/280 = 8.7$ cm

重心軸に関する断面2次モーメント：　$I_s = I_0 - A_s\delta^2 = 718\,220$ cm^4

（3）合成断面

$$A_v = 280 + 4\,000/7 = 851 \text{ cm}^2,\ d = 10 + 2 + 60 + 8.7 = 80.7 \text{ cm}$$

a）中立軸の位置（図4.122参照）：式（4.150）から $d_s = 54.2$ cm，$d_c = 26.5$ cm

b）断面2次モーメント：式（4.149）から $I_v = 1\,961\,092$ cm^4

c）最大応力度：鋼桁下縁で生じ，式（4.151）から $\sigma_{st} = 82$ MPa

索　　引

〔ふ〕

〔へ〕

〔ほ〕

〔ま〕

〔み〕

〔め〕

〔も〕

〔や〕

〔ゆ〕

〔よ〕

〔ら〕

〔り〕

〔る〕

〔れ〕

〔ろ〕

〔わ〕

―― 著者略歴 ――

伊藤　學（いとう　まなぶ）

1953年　東京大学工学部土木工学科卒業
1959年　東京大学大学院博士課程修了，工学博士
　　　　東京大学講師
1961年　東京大学助教授
1972年　東京大学教授
1991年　東京大学名誉教授
　　　　埼玉大学教授
1997年　拓殖大学教授
2001年　拓殖大学定年退職

主要著書：「構造力学」（森北出版），「耐風構造」（共著：丸善），「設計論：土木工学体系15」（共著：彰国社）

奥井　義昭（おくい　よしあき）

1983年　埼玉大学工学部建設工学科卒業
1985年　埼玉大学大学院修士課程修了
1985年　川崎重工業株式会社
1989年　埼玉大学助手
1993年　博士（工学）（東京大学）
1993年　埼玉大学助教授
1996
～97年　デルフト工科大学客員研究員
2009年　埼玉大学教授
　　　　現在に至る

鋼　構　造　学
Steel Structures

2020年 3月 10日　初版第1刷発行
2021年 3月 10日　初版第2刷発行

検印省略

著　　者　伊　藤　　　學
　　　　　奥　井　義　昭
発 行 者　株式会社　コロナ社
　　　　　代 表 者　牛来真也
印 刷 所　富士美術印刷株式会社
製 本 所　有限会社　愛千製本所

112-0011　東京都文京区千石4-46-10
発 行 所　株式会社　コ　ロ　ナ　社
CORONA PUBLISHING CO., LTD.
Tokyo Japan
振替 00140-8-14844・電話(03)3941-3131(代)
ホームページ　https://www.coronasha.co.jp

ISBN 978-4-339-05269-5　C3051　Printed in Japan　（大井）